Finanz- und Wirtschaftsmathematik im Unterricht Band 1

Peggy Daume

Finanz- und Wirtschaftsmathematik im Unterricht Band 1

Zinsen, Steuern und Aktien

 Springer Spektrum

Peggy Daume
Institut für Mathematik und ihre Didaktik
Europa-Universität Flensburg
Flensburg, Deutschland

ISBN 978-3-658-10614-0   ISBN 978-3-658-10615-7 (eBook)
DOI 10.1007/978-3-658-10615-7

Die Deutsche Nationalbibliothek verzeichnet diese Publikation in der Deutschen Nationalbibliografie;
detaillierte bibliografische Daten sind im Internet über http://dnb.d-nb.de abrufbar.

Springer Spektrum
© Springer Fachmedien Wiesbaden 2016

Gedruckt auf säurefreiem und chlorfrei gebleichtem Papier.

Springer Fachmedien Wiesbaden GmbH ist Teil der Fachverlagsgruppe Springer Science+Business Media
(www.springer.com)

Für meine Familie

Vorwort

Als der Springer-Verlag im September 2014 mit der Bitte an mich herantrat, Vorschläge zur Überarbeitung meines im Jahr 2009 erschienenen Buches „Finanzmathematik im Unterricht" zu unterbreiten, fiel mir der Wunsch vieler Lehramtsstudierender meiner Vorlesung „Finanzmathematik" wieder ein: „Können Sie nicht auch etwas zu Zinsen, Krediten, Steuern und Ökonomischen Funktionen aufschreiben?". Die meisten Studierenden – ebenso wie die Mathematiklehrkräfte in meinen Fortbildungen zum selben Thema – wollen diese fachwissenschaftlichen Inhalte im Unterricht ausprobieren und wünschen sich ähnliche Vorschläge wie ich sie im genannten Buch zu den Themen Aktien und Optionen bereits vorstellte. So entstand die Idee, das ursprüngliche Buch auf zwei Bände aufzuteilen. Nach einer fachwissenschaftlichen und fachdidaktischen Analyse schließen sich zu den gewünschten Themen konkrete Unterrichtseinheiten an. Im vorliegenden Buch werden zwei Unterrichtseinheiten zum Thema Aktien erneut aufgegriffen und durch die Themen Zins- und Tilgungsrechnung sowie Einkommen- und Mehrwertsteuer ergänzt. Im zweiten Band dieser Reihe erläutere ich gemeinsam mit einem Kollegen Unterrichtseinheiten zu Optionen und ökonomischen Funktionen.

Zur Arbeit mit diesem Buch: An vielen Stellen des Buches verwende ich reale Daten. Dies gilt es bei der Unterrichtsplanung zu berücksichtigen. So kann es vorkommen, dass die gewählten Zinssätze nicht mehr aktuell sind. Ebenso ist es möglich, dass sich Aktienkursentwicklungen nicht mathematisch ideal verhalten. Möchten Sie in Ihrem Unterricht mit zeitnahen Daten arbeiten, ist es äußerst wichtig, die Daten vor dem Einsatz im Unterricht zu überprüfen, um unangenehme Überraschungen zu vermeiden. Verhalten sich die Aktienrenditen tatsächlich wie gewünscht, spricht nichts gegen eine Anwendung im Unterricht. Generell empfehle ich das folgende Vorgehen, um den eigenen Arbeitsaufwand möglichst gering zu halten: Zur Einführung in die Thematik wird das jeweils im Buch vorgestellte Datenmaterial untersucht. Mit diesem möglicherweise (zum Zeitpunkt des Einsatzes im Unterricht) älteren Datenmaterial ist jedoch sichergestellt, dass eine Weiterarbeit im Unterricht ohne größere Probleme möglich ist. Möchte man auf aktuelles Datenmaterial nicht verzichten, können zum Abschluss eines Themas zeitnahe Daten dahingehend untersucht werden, wie sich diese im Rahmen der erarbeiteten Modelle verhalten. Weichen die Verteilungen der neu untersuchten Daten zu stark vom Idealverhalten ab, können mögliche Ursachen hierfür diskutiert werden. Ebenso ist eine kritische Auseinandersetzung mit den zugrunde liegenden Modellen in diesen Fällen unumgänglich. Um zudem die Unterrichtsplanung zu erleichtern, stehen alle Einführungsbeispiele, Excel-Dateien und Comics unter der folgenden Adresse als Zusatzmaterial zur Verfügung: http://www.pdaume.de.

Für einen unkomplizierten Unterrichtseinstieg reicht es aus, sich zunächst mit dem dritten Teil des Buches zu beschäftigen. Die anderen Teile können zur Vertiefung auch später studiert werden.

Links und Fehler: Für alle im Buch angegebenen Internetseiten übernehme ich keine Verantwortung. Mit Stand vom 01. Juni 2015 habe ich alle Links kontrolliert und dabei keine Unregelmäßigkeiten festgestellt. Sollten Sie dennoch bemerken, dass sich die Links geändert haben, teilen Sie mir dies bitte mit. Gleiches gilt für den Fall, dass Sie neue interessante Links entdecken. Ebenso freue ich mich, wenn Sie mir mitteilen, falls Sie Fehler in meinem Buch gefunden haben.

Danke: Ohne die Unterstützung vieler Kollegen, Studierender und Freunde wäre dieses Buch kaum möglich gewesen. Daher möchte ich an dieser Stelle all denjenigen meinen Dank aussprechen, deren Mitwirkung und konstruktive Kritik zum Gelingen dieses Buches beitrugen. Für die sorgfältige Korrektur des Manuskripts und die anregenden Rückmeldungen danke ich besonders Jens Dennhard, Annika Frommhold, Robert Melzer, Alexander Rehling und Michael Schmitz, die viele Stunden ihrer Freizeit opferten. Mein ganz besonderer Dank geht an Philipp Brunckhorst für seine intensive Datenrecherche. Ebenso danke ich Rebekka Voss. Von ihr stammen die Comics in diesem Buch. Weiterhin danke ich Ulrike Schmickler-Hirzebruch und Ariane Beulig für die Betreuung seitens des Springer-Verlages. Schließlich und vor allem gilt der Dank meiner Familie, die mich bei der Fertigstellung des Buches nachsichtig ertrug.

Hamburg, Juni 2015   Peggy Daume

Inhaltsverzeichnis

Teil III   Vorstellung der Unterrichtseinheiten

Einleitung

„Schüler wollen Wirtschaft als Fach – Grüne nicht"

Dieses Zitat aus der „Frankfurter Allgemeine" vom 11.01.2014 spiegelt die derzeitigen bildungspolitischen Diskussionen in Deutschland wider. Nachdem diverse Studien (vgl. Abschn. 6.2.1) in jüngerer Vergangenheit vielen Deutschen „Finanziellen Analphabetismus" bestätigen, sind zwei bildungspolitische Positionen zu erkennen. Der Forderung nach einer Einführung eines eigenständigen Faches Wirtschaft[1] steht der Vorschlag einer Integration von wirtschaftlichen Inhalten in den bestehenden Fächerkanon gegenüber. Vertreter beider Standpunkte sind sich jedoch einig darüber, dass finanzielle und wirtschaftliche Themen zur Allgemeinbildung gehören. Unabhängig davon, ob sich eine der beiden Positionen im Laufe der Zeit durchsetzt, greifen wir den Wunsch nach einer so genannten ökonomischen Allgemeinbildung in Schulen in diesem Buch auf. Ziel ist es, Unterrichtseinheiten mit finanz- und wirtschaftsmathematischen Themen zu entwickeln. Diese sollen einerseits die Forderungen, die im Zusammenhang mit der aktuellen bildungspolitischen Diskussion um eine ökonomische Allgemeinbildung stehen, andererseits die Forderungen nach einem anwendungsorientierten Mathematikunterricht berücksichtigen. Dabei wird an einen zeitgemäßen Mathematikunterricht der Anspruch gestellt, dass er nicht nur mathematisches Faktenwissen und schematische Lösungsverfahren vermittelt, sondern auch die Ausbildung der Fähigkeit des funktionalen, flexiblen Einsatzes von mathematischem Wissen in kontextbezogenen Problemfeldern zum Ziel hat (vgl. Baumert et al. 2001, S. 245). Um dieses Ziel zu erreichen, – und diese Erkenntnis ist nicht neu – genügt es nicht, die „reine Mathematik" als Gegenstand des Mathematikunterrichts zu erachten, vielmehr muss der Unterricht durch verschiedene anwendungbezogene Problemfelder bereichert werden. Die Probleme sollten derart gestaltet sein, dass sie den Schülern[2] die Bedeutung der Mathematik in unserem Leben aufzeigen, einen Bezug zur Lebenswelt der Schüler herstellen und gezielt das eigenständige Denken schulen. Die Untersuchung von finanziellen und wirtschaftlichen Fragestellungen im Mathematikun-

---

[1] Baden-Württemberg plant 2016 die Einführung des Schulfachs Wirtschaft.
[2] Aus Gründen der Lesbarkeit wird nur die männliche Form verwendet. Sie gilt dann entsprechend für das weibliche und männliche Geschlecht.

© Springer Fachmedien Wiesbaden 2016
P. Daume, *Finanz- und Wirtschaftsmathematik im Unterricht Band 1*,
DOI 10.1007/978-3-658-10615-7_1

terricht kann somit einen wesentlichen Beitrag zur geforderten ökonomischen Bildung leisten, wie wir in diesem Buch aufzeigen möchten.

Das vorliegende Buch ist in drei Teile gegliedert und spiralförmig aufgebaut. Einzelne Themen werden in den unterschiedlichen Teilen erneut aufgegriffen und unter verschiedenen Aspekten betrachtet.

Im ersten Teil wird die Finanz- und Wirtschaftsmathematik exemplarisch als Teilgebiet der angewandten Mathematik vorgestellt. Dabei werden insbesondere Fragen zur Zins- und Tilgungsrechnung (Kap. 2 und 3), zur mathematischen Betrachtung von Steuern (Kap. 4) und zur Modellierung künftiger Aktienkursentwicklungen (Kap. 5) aufgegriffen.

Der zweite Teil bildet den didaktischen Theorie- sowie Begründungsrahmen und verbindet damit den ersten und dritten Teil dieses Buches. Hierbei wird unter verschiedenen Aspekten die Relevanz der Finanz- und Wirtschaftsmathematik für den Mathematikunterricht der Sekundarstufen I und II diskutiert. Die Kap. 6 und 7 zeigen auf, welchen Beitrag finanzmathematische Themen zu einem allgemeinbildenden und anwendungsbezogenen Mathematikunterricht leisten können.

Im dritten Teil werden Unterrichtsvorschläge für einen anwendungsorientierten Mathematikunterricht mit finanz- und wirtschaftsmathematischen Inhalten vorgestellt, in denen die im zweiten Teil aus den theoretischen Überlegungen gezogenen Konsequenzen berücksichtigt werden. Diese Unterrichtsvorschläge sind für den Unterricht der Sekundarstufen I und II konzipiert und widmen sich im Einzelnen den folgenden Themen:

- **„Sparen für den Führerschein"**: Mathematische Bewertung von verschiedenen Finanzprodukten unter Berücksichtigung linearer und exponentieller Verzinsung (Kap. 8)
- **„Leben auf Pump"**: Mathematische Untersuchung von verschiedenen Kreditarten mittels Tilgungsrechnung (Kap. 9)
- **„Steuern – mathematisch betrachtet"**: Untersuchung von Eigenschaften der Einkommen- und Mehrwertsteuer (Kap. 10)
- **„Statistik der Aktienmärkte"**: Statistische Analyse historischer Aktienrenditen und Modellierung künftiger Aktienkurse mittels Random-Walk-Modell (Kap. 11)
- **„Die zufällige Irrfahrt einer Aktie"**: Statistische Analyse historischer Aktienrenditen und Modellierung künftiger Aktienkurse mittels Normalverteilung (Kap. 12).

Die Unterrichtsvorschläge zeigen sehr detailliert einen möglichen Unterrichtsgang zu den vorgestellten Themen. Die Unterrichtseinheiten bieten einen problemorientierten und realitätsbezogenen Einstieg in viele Themen gängiger Rahmenpläne.[3]

Literatur

Baumert, J. et al. (Hrsg.): PISA 2000: Basiskompetenzen von Schülerinnen und Schülern im internationalen Vergleich. Leske + Budrich (2001)

---

[3] Der Terminus „Rahmenplan" steht stellvertretend für die auch gebräuchlichen Begriffe „Rahmenlehrplan", „Kernplan", „Bildungsplan" und „Verbindliche curriculare Vorgaben".

Teil I
Finanz- und Wirtschaftsmathematik als Teil einer Fachwissenschaft

Zinsrechnung

2

Dieses Kapitel fasst aus fachwissenschaftlicher Sicht die wichtigsten ökonomischen und mathematischen Grundlagen derjenigen Inhalte zum Thema Zinsrechnung zusammen, die Gegenstand der im Teil III vorgestellten Unterrichtseinheiten sind. Im ökonomischen Teil wird auf wichtige Begriffe im Zusammenhang mit der Zinsrechnung sowie auf verschiedene Sparmodelle eingegangen. Im mathematischen Teil erfolgt zunächst eine Analyse der linearen und exponentiellen jährlichen Verzinsung, bevor erläutert wird, was unter einer unterjährigen sowie einer gemischten Verzinsung zu verstehen ist. Das Kapitel schließt mit der Betrachtung von verschiedenen Sparplänen. Wir setzen beim Leser grundlegende Kenntnisse zu Folgen und Reihen sowie zur Prozentrechnung voraus. Die Ausführungen der ökonomischen Inhalte beziehen sich im Wesentlichen auf Pollert/Kirchner/Polzin (2004) und Rittershofer (2009), die mathematischen Inhalte auf Schwenkert/Stry (2012) und Tietze (2011).

2.1 Was sind Zinsen?

Zinsen sind ein Entgelt, das ein Schuldner (Empfänger) einem Gläubiger (Bereitsteller) für die befristete Überlassung von Kapital zahlt. Als Schuldner bzw. Gläubiger sind unterschiedliche Institutionen möglich, häufig werden Zinsen jedoch bei Bankgeschäften fällig. Im Folgenden betrachten wir lediglich das Geschäft zwischen Banken und Privatpersonen. Sowohl Banken als auch Privatpersonen können dabei als Gläubiger oder Schuldner auftreten, wie die Abb. 2.1 zeigt. Leiht sich eine Bank bei ihrem Kunden zeitweise Geld aus den Einlagen des Sparguthabens, zahlt diese dem Kunden eine Entschädigung in Form von **Habenzinsen**. Banken beteiligen damit die Kunden an den Gewinnen, die sie durch das Verleihen des Geldes in Form von Krediten erzielen. Grundsätzlich werden Habenzinsen auf alle denkbaren Sparformen gewährt. Hierzu zählen beispielsweise Spar- und Termineinlagen sowie Guthaben auf Tagesgeld-, Festgeld- und Girokonten. Dabei kann die Höhe der Zinsen stark variieren. Dies gilt sowohl für unterschiedliche Produkte als auch un-

© Springer Fachmedien Wiesbaden 2016
P. Daume, *Finanz- und Wirtschaftsmathematik im Unterricht Band 1*,
DOI 10.1007/978-3-658-10615-7_2

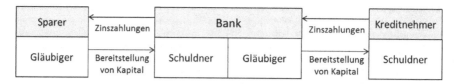

Abb. 2.1 Übersicht über Zahlungsströme im Spar- und Kreditwesen

terschiedliche Banken. Für die Bereitstellung eines Kredites werden in der Regel die so genannten **Sollzinsen** fällig, die der Kreditnehmer an die Bank zahlt. **Überziehungs-zinsen** als eine Unterform der Sollzinsen werden erhoben, wenn das Girokonto durch Inanspruchnahme eines Dispositionskredites überzogen wird. Hinsichtlich der Sollzinsen gibt es weitere Klassifizierungen. Der **Nominalzinssatz** gibt die Höhe der zu leistenden Zinszahlungen an, die ein Kreditnehmer für sein Darlehen theoretisch zahlen muss. Dabei wird bei der Berechnung der Nominalzinsen angenommen, dass sich die Zinszahlung auf ein Jahr bezieht und diese am Jahresende erfolgt. In der Realität werden jedoch mit jeder üblicherweise monatlich fälligen Kreditrate sowohl der Kredit getilgt als auch Zinsen zu-rückgezahlt. Durch die vorzeitige Zahlung der Zinsen entsteht daher für den Kreditnehmer ein rechnerisch höher Zinssatz, der so genannte **Effektivzinssatz**. Dieser berücksichtigt neben der vorzeitigen Zinszahlung auch weitere Kosten (z. B. Bearbeitungsgebühren), die durch den Abschluss eines Kredites entstehen.

Neben den genannten Zinsarten spielt der **Leitzins** eine wichtige Rolle. Der in Europa von der europäischen Zentralbank bestimmte Leitzins legt fest, zu welchem Zinssatz sich Banken entsprechendes Zentralbankgeld leihen dürfen. Durch eine überlegte Wahl des Zinssatzes kann der europäische Geld- und Kapitalmarkt geregelt werden. So kurbelt ein niedriger Leitzinssatz das Wirtschaftswachstum zumindest theoretisch an. Dies ist damit zu begründen, dass die Banken die niedrigen Zinsen häufig an ihre Kunden weitergeben. Niedrige Zinsen bei Krediten führen dazu, dass sowohl Unternehmen tendenziell stärker investieren, als auch private Verbraucher mehr auf Raten konsumieren. Niedrige Leitzin-sen haben zwar den Vorteil, dass Sollzinsen niedrig sind, ebenso gering sind aber auch die Habenzinsen.

In Hinblick auf die Länge der Zinsperiode sind zwei verschiedene Zinsarten von Be-deutung. Bei der **jährlichen Verzinsung** werden die Zinsen einmal im Jahr zu einem bestimmten Zeitpunkt bezahlt, die Zinsperiode beträgt also ein Jahr. Beziehen sich die Zinsen hingegen auf den Bruchteil eines Jahres (z. B. drei Monate), spricht man von **un-terjähriger Verzinsung**.

Berücksichtigen wir die Fälligkeit der Zinsen, wird zwischen nachschüssiger und vor-schüssiger Verzinsung unterschieden. Während bei der in der Realität am häufigsten ge-nutzten **nachschüssigen Verzinsung**[1] die Zinsen am Ende der Zinsperiode fällig werden,

---

[1] In den folgenden Ausführungen gehen wir stets von der nachschüssigen Verzinsung aus.

ist bei der **vorschüssigen Verzinsung** bereits zu Beginn der Laufzeit die Auszahlung der Zinsen vorgesehen.

Weitere Unterschiede gibt es auch bei der Auszahlungsweise der Zinsen: Bei einer **linearen Verzinsung** wird auch bei längerer Anlagedauer lediglich die Spareinlage verzinst. Die Zinsen werden in der Regel am Ende der Laufzeit vollständig und unverzinst ausgezahlt. Bei der **exponentiellen Verzinsung** hingegen werden auch die gutgeschriebenen Zinsen als Zinseszins berücksichtigt. Dies bedeutet, dass die Zinsen nach jeder Zinsperiode dem Kapital zugeschlagen werden und in den darauffolgenden Zinsperioden ebenfalls verzinst werden. Im Folgenden möchten wir auf diese Modelle näher eingehen.

2.2 Sparmodelle

In der heutigen Gesellschaft gibt es eine Vielzahl von Banken, die eine fast unübersichtlich hohe Anzahl an verschiedenen Anlagemöglichkeiten anbieten. Neben risikoreichen Anlageformen wie Aktien oder Optionen gibt es auch einige risikoarme Varianten, von denen im Folgenden das Festgeld- und Tagesgeldkonto sowie das Sparbuch näher vorgestellt werden.

Bei einem **Festgeldkonto** stellt man der Bank für einen fest vereinbarten Zeitraum Geld zur Verfügung. Der vereinbarte Anlagezeitraum ist für beide Seiten bindend, d. h. eine vorzeitige Verfügung bzw. Kündigung des Festgeldkontos ist nicht vorgesehen oder nur mit hohen Verlusten möglich. Während dieser Zeit wird das angelegte Geld zu einem festgelegten Zinssatz verzinst, wobei längere Laufzeiten in der Regel auch höhere Zinssätze bedeuten. Häufig gelten die vereinbarten Zinssätze für den gesamten Zeitraum, es gibt aber auch Offerten mit so genannten Zinsstaffeln. Hierbei werden die Zinssätze nach einer bestimmten Laufzeit erhöht. Durch die bereits im Vorfeld feststehenden Zinssätze bietet das Festgeldkonto Anlegern ein hohes Maß an Planungssicherheit. Es gibt aber derzeit auch Angebote, die sich insbesondere bei längeren Laufzeiten gegen weiter sinkende Leitzinsen absichern möchten. So ist es möglich, dass bei einer Laufzeit von fünf Jahren ein höherer Zinssatz nur für 3 Jahre garantiert wird. Die meisten Banken fordern darüber hinaus eine Mindesteinlage.

Das **Sparbuch** ist eine klassische, risikofreie Anlageform. Wie beim Tagesgeldkonto sind jederzeit Einzahlungen möglich, die ab dem ersten Tag zu den aktuell günstigen Zinssätzen verzinst werden. Im Gegensatz zum Tagesgeldkonto kann man nicht jederzeit über sein gesamtes Guthaben verfügen. Die Höhe des monatlich verfügbaren Auszahlungsbetrages ist begrenzt, meist dürfen nicht mehr als € 2000 im Monat abgehoben werden. In der Regel ist eine dreimonatige Kündigungsfrist einzuhalten.

Ein **Tagesgeldkonto** ist ebenfalls ein Anlagekonto, bei dem der Kontoinhaber im Gegensatz zum Festgeldkonto jederzeit über sein gesamtes Guthaben verfügen kann. Dabei werden die Zinsen in bestimmten Zeitabständen gutgeschrieben, die jedoch von Bank zu Bank variieren können. Übliche Zinsperioden sind Monate, Quartale und Jahre. Aufgrund der Flexibilität bzgl. der Anlagedauer sind die Zinsen nicht für einen bestimmten Zeitraum festgeschrieben, die Banken können die Zinsen für ein Tagesgeldkonto theoretisch jeden Tag ändern. Insbesondere die Herabsetzung des Leitzinssatzes führt in der Regel auch zu einer Senkung der Tagesgeldzinsen. Die Verzinsung von Tagesgeldkonten ist häufig höher als die eines Sparbuches, aber niedriger als die eines Festgeldkontos. Das Tagesgeldkonto ist nicht für den allgemeinen Zahlungsverkehr vorgesehen.

2.3   Lineare bzw. einfache Verzinsung

Wie bereits im vorherigen Abschnitt erwähnt, wird bei einer linearen Verzinsung lediglich das Kapital verzinst. Zwischenzeitlich ausgezahlte Zinsen bleiben unberücksichtigt. Wird also ein Kapital der Höhe K_0 für einen Zeitraum von n Zeitperioden (z. B. Jahre, Monate, Tage) zu einem Zinssatz i (bezogen auf eine Zeitperiode) angelegt, ergeben sich die fälligen Zinsen Z_n gemäß der folgenden Formel:

$$Z_n = K_0 \cdot i \cdot n. \tag{2.1}$$

Dabei müssen sich Zinssatz[2] und Laufzeit stets auf dieselbe Zeiteinheit beziehen. Mit der Formel (2.1) lässt sich problemlos das Endkapital K_n am Ende der Kapitalüberlassungsfrist nach einer Dauer von n Zinsperioden berechnen, indem man die Summe aus dem Anfangskapital K_0 und den fälligen Zinsen Z_n bildet. Die sich daraus ergebende so genannte Endwertformel ist im folgenden Satz zusammengefasst.

Satz 2.3.1 (Endwertformel bei linearer Verzinsung)
Das Endkapital K_n beträgt bei einer einfachen Verzinsung nach einer Laufzeit von n Zinsperioden bei gegebenem Anfangskapital K_0 und einem Zinssatz von i:

$$K_n = K_0 \cdot (1 + i \cdot n). \tag{2.2}$$

Betrachten wir hierzu ein Beispiel. Die gewählten Zinssätze in diesen und den folgenden Beispielen orientieren sich dabei an Angeboten diverser Banken im Mai 2015.

Beispiel 2.3.2 (Lineare Verzinsung) *Ein Kapital in Höhe von € 2000 wird auf einem Festgeldkonto für 3 Jahre zu einem Zinssatz von 1,7 % angelegt. Dann folgt für die Höhe der Zinsen des gesamten Zeitraums:*

$$Z_3 = € 2000 \cdot 0{,}017 \cdot 3 = € 102.$$

Damit ergibt sich ein Endkapital in Höhe von € 2102.

---

[2] Soweit nichts anderes angegeben wird, bezieht sich der Zinssatz im Folgenden stets auf ein Jahr.

Häufig kommt es vor, dass das Anfangskapital nicht für ein ganzes Jahr, sondern nur für Bruchteile eines Jahres angelegt wird. Insbesondere Kontoauflösungen erfolgen eher unterjährig, die letzte Zinsperiode ist daher kürzer als ein Jahr. Hierbei handelt es sich um eine so genannte unterjährige Verzinsung. Die Höhe der Zinsen wird wie folgt bestimmt.

Satz 2.3.3 (Unterjährige Verzinsungen)
Wird die Laufzeit der Überlassungsfrist in Monaten gemessen (m Monate), so berechnen sich bei gegebenem Jahreszinssatz i die Zinsen Z_m für ein Kapital der Höhe K_0 gemäß der Formel:

$$Z_m = K_0 \cdot i \cdot \frac{m}{12}. \tag{2.3}$$

Wird die Laufzeit der Überlassungsfrist in Tagen gemessen (t Tage), so berechnen sich bei gegebenem Jahreszinssatz i die Zinsen Z_t für ein Kapital der Höhe K_0 gemäß der Formel:

$$Z_t = K_0 \cdot i \cdot \frac{t}{360}. \tag{2.4}$$

Auffällig ist, dass in der Formel (2.4) mit 360 Tagen gearbeitet wird. Dies ist mit der häufig genutzten „30/360"-Zählmethode[3] zu begründen, nach der ein „Zinsjahr" aus 12 Monaten zu je 30 Zinstagen besteht. Bei der Bestimmung der Gesamtlaufzeit in Tagen ist zudem zu beachten, dass der erste Tag des Anlagezeitraums nicht, der letzte Tag hingegen voll mitgezählt wird. Betrachten wir hierzu ein Beispiel.

Beispiel 2.3.4 (Unterjährige Verzinsung) *Ein Kapital in Höhe von € 500 wird vom 06.02. bis zum 29.09.2015 zu einem Zinssatz von 1 % angelegt. Um die Höhe der Zinsen zu berechnen, müssen wir zunächst die Laufzeit t in Tagen bestimmen. Es gilt:*

$$t = 24 + 6 \cdot 30 + 29 = 233.$$

Beim Zählen der Tage ist darauf zu achten, dass auch laut Zählmodell der Monat Februar 30 Tage hat. Mit der ermittelten Laufzeit ergibt sich für die Höhe der Zinsen:

$$Z_{233} = € 500 \cdot 0{,}01 \cdot \frac{233}{360} = € 3{,}24.$$

Damit ergibt sich nach einer Laufzeit von 233 Tagen ein Endkapital in Höhe von € 503,24.

---

[3] Die „30/360"-Methode wird häufig bei der Verzinsung von Girokonten oder Sparbüchern genutzt. Es gibt weitere Zählmethoden zur Bestimmung der Laufzeit. Zu ihnen gehören die „actual/actual"-, „actual/360"- und „30,21/365"-Methoden. Nähere Informationen hierzu sind z. B. in Schwenkert/Stry (2012, S. 6) zu finden.

Tab. 2.1 Verdeutlichung der Kontostaffelmethode

Datum	Kontobewegung	Kontostand in €	Tage	Zinsen in €
01.01.		1251,18	6	0,19
07.01.	+2450,03	3701,21	3	0,28
10.01.	−2250,00	1451,21	10	0,36
20.01.	−453,03	998,18	12	0,30
02.02.	+1102,93	2101,11	13	0,68
15.02.	−672,00	1429,11		
Bisher angesammelte Zinsen:				**1,81**

Natürlich können die Zinsen auch bestimmt werden, indem für die vollen Monate März bis August die Zinsen gemäß der Formel (2.3) und für Februar bzw. September die Zinsen gemäß der Formel (2.4) ermittelt und addiert werden. Die unterjährige Verzinsung kommt bei der so genannten Kontostaffelmethode, etwa bei der Bestimmung der Zinsen für das Guthaben auf Girokonten, zur Anwendung: Die Berechnung der Zinsen erfolgt mit jeder Änderung des Kontostandes, die bei Girokonten durch verschiedene monatliche Kontobewegungen (z. B. Gehaltseingang, Mietzahlungen) üblich sind. Die Zinsen werden erst am Ende der Laufzeit ausgezahlt. Betrachten wir hierzu ein weiteres Beispiel.

Beispiel 2.3.5 (Kontostaffelmethode) *Auf einem Girokonto, das mit einem Zinssatz von 0,9 % verzinst wird, befindet sich am 01. Januar 2015 ein Guthaben von € 1251,18. Tabelle 2.1 verdeutlicht anhand verschiedener Kontobewegungen die Kontostaffelmethode. Bei den in der Tabelle angegebenen Tagen handelt es sich um den Zeitraum bis zur nächsten Kontobewegung.*

Abschließend sei noch erwähnt, dass im Zusammenhang mit Verzinsungsproblemen häufig von Auf- und Abzinsen gesprochen wird. Dabei meint Aufzinsen die Berechnung des Endkapitals. Die rechnerische Bestimmung des Anfangskapitals (auch Barwert) aus einem gegebenen Endkapital heißt Abzinsen.

2.4 Exponentielle Verzinsung

Bei der linearen Verzinsung im vorherigen Abschnitt war ein zentrales Merkmal, dass innerhalb der betrachteten Anlagedauer keine Zinsen gutgeschrieben und mit verzinst wurden. Bei der exponentiellen Verzinsung hingegen werden innerhalb des Anlagezeitraums nach jeder Zinsperiode die Zinsen auf das vorhandene Kapital aufgeschlagen und in der nächsten Zinsperiode mit verzinst. Man spricht in diesem Zusammenhang auch von Zinseszinszahlungen.

Wir möchten im Folgenden die Endwertformel für die exponentielle Verzinsung herleiten, mit der das Endkapital K_n nach n Jahren bestimmt werden soll. Die Höhe des Kapitals wird durch eine schrittweise lineare Verzinsung bestimmt, wobei nach jedem Jahr die Zinsen zum Vorjahreskapital hinzuzufügen sind. Wird das Anfangskapital durch K_0 und der Zinssatz durch i beschrieben, so ergibt sich für das Kapital nach dem ersten Jahr:

$$K_1 = K_0 + i \cdot K_0 = K_0 \cdot (1 + i). \tag{2.5}$$

Da die gutgeschriebenen Zinsen im darauffolgenden Jahr mit verzinst werden sollen, ist K_1 das neue Anfangskapital für das zweite Jahr. Demnach gilt für die Berechnung des Kapitals K_2 unter Berücksichtigung der Formel (2.5):

$$K_2 = K_1 + i \cdot K_1 = K_1 \cdot (1 + i) \stackrel{(2.5)}{=} K_0 \cdot (1 + i)^2. \tag{2.6}$$

Analog wird das Kapital K_3 nach dem dritten Jahr bestimmt:

$$K_3 = K_2 + i \cdot K_2 = K_2 \cdot (1 + i) \stackrel{(2.6)}{=} K_0 \cdot (1 + i)^3. \tag{2.7}$$

Aus den bisherigen Überlegungen erhält man durch eine entsprechende Fortsetzung die Endwertformel für die exponentielle Verzinsung, die im folgenden Satz festgehalten ist.

Satz 2.4.1 (Endwertformel für exponentielle Verzinsung)
Das Endkapital K_n berechnet sich im Falle der exponentiellen Verzinsung bei gegebenem Anfangskapital K_0 und einem Zinssatz von i gemäß der folgenden Formel:

$$K_n = K_0 \cdot (1 + i)^n = K_0 \cdot q^n. \tag{2.8}$$

Dabei wird $q := 1 + i$ als Aufzinsungsfaktor bezeichnet. Der reziproke Wert $\frac{1}{q}$ heißt Abzinsungsfaktor.

Die Formel gilt nur für ganzzahlige n. Auch hier müssen sich wie bei der linearen Verzinsung n und i auf dieselben Zeiträume beziehen.

Beispiel 2.4.2 (Exponentielle Verzinsung) *Auf einem Festgeldkonto werden € 5000 zu einem Zinssatz von 2,2 % bei einer Laufzeit von 4 Jahren angelegt. Dann beträgt das Kapital K_4 nach Ende der Laufzeit:*

$$K_4 = € \, 5000 \cdot 1{,}022^4 = € \, 5454{,}73.$$

Es werden also insgesamt € 454,73 an Zinsen bezahlt. Ähnlich wie im Beispiel 2.3.5 lässt sich auch hier eine Kontostaffel aufstellen. Die Tab. 2.2 zeigt diese für einen Zeitraum von angenommenen 10 Jahren. Der Zinssatz betrage erneut 2,2 %.

Abschließend möchten wir lineare und exponentielle Verzinsung miteinander vergleichen. Dazu gehen wir von folgendem Beispiel aus.

Tab. 2.2 Kontostaffel für ein Festgeldkonto (Kapital: € 5000, Laufzeit: 10 Jahre, Zinssatz: 2,2 %)

Jahr	Kontostand zu Beginn des Jahres in €	Zinsen zum Ende des Jahres in €	Kontostand zum Ende des Jahres in €
1	5000,00	110,00	5110,00
2	5110,00	112,42	5222,42
3	5222,42	114,89	5337,31
4	**5337,31**	**117,42**	**5454,73**
5	5454,73	120,00	5574,74
6	5574,74	122,64	5697,38
7	5697,38	125,34	5822,72
8	5822,72	128,10	5950,82
9	5950,82	130,92	6081,74
10	6081,74	133,80	6215,54

Tab. 2.3 Vergleichende Kontostaffeln bei linearer und exponentieller Verzinsung (Kapital: € 10.000, Laufzeit: 15 Jahre, Zinssatz: 2,2 %)

Jahr	Lineare Verzinsung		Exponentielle Verzinsung	
	Kontostand zu Beginn des Jahres in €	Kontostand zum Ende des Jahres in €	Kontostand zu Beginn des Jahres in €	Kontostand zum Ende des Jahres in €
1	10.000,00	10.220,00	10.000,00	10.220,00
2	10.220,00	10.440,00	10.220,00	10.444,84
3	10.440,00	10.660,00	10.444,84	10.674,63
4	10.660,00	10.880,00	10.674,63	10.909,47
5	10.880,00	11.100,00	10.909,47	11.149,48
6	11.100,00	11.320,00	11.149,48	11.394,77
7	11.320,00	11.540,00	11.394,77	11.645,45
8	11.540,00	11.760,00	11.645,45	11.901,65
9	11.760,00	11.980,00	11.901,65	12.163,49
10	11.980,00	12.200,00	12.163,49	12.431,08
11	12.200,00	12.420,00	12.431,08	12.704,57
12	12.420,00	12.640,00	12.704,57	12.984,07
13	12.640,00	12.860,00	12.984,07	13.269,72
14	12.860,00	13.080,00	13.269,72	13.561,65
15	13.080,00	13.300,00	13.561,65	13.860,01

Beispiel 2.4.3 (Vergleich der linearen und der exponentiellen Verzinsung) *Auf einem Festgeldkonto werden € 10.000 zu einem Zinssatz von 2,2 % und einer Laufzeit von fiktiven 15 Jahren angelegt. In der Tab. 2.3 sind die entsprechenden Kontostaffeln vergleichend gegenübergestellt.*

Man erkennt, dass das Endkapital bei der exponentiellen Verzinsung schneller wächst als bei der linearen. Dies ist damit zu begründen, dass sich das Endkapital bei der linearen Verzinsung – wie der Name schon andeutet – linear entwickelt, während bei der exponentiellen Verzinsung ein exponentieller Wachstumsprozess zugrunde liegt.

2.5 Gemischte Verzinsung

Bisher sind wir davon ausgegangen, dass die Einzahlung des Anfangskapitals mit Beginn und die Auszahlung des Endkapitals zum Ende der Zinsperiode erfolgen. Dies ist in der Praxis aber häufig nicht der Fall, vielmehr wird das Kapital innerhalb einer Zinsperiode ein- bzw. ausbezahlt. In diesem Fall greifen Banken üblicherweise auf die so genannte gemischte Verzinsung zurück. Für ganze Jahre werden Zinseszinsen, für den unter einem Jahr liegenden Anteil lineare Zinsen berechnet. Dabei beginnt die Zinsperiode von einem Jahr stets am 01.01. eines Jahres und endet am 31.12. desselben Jahres. Die Grundideen der gemischten Verzinsung sind in der Abb.[4] 2.2 dargestellt. Wir betrachten ein Beispiel, in dem wir zunächst die Zinsen schrittweise bestimmen. Mit diesem Beispiel lässt sich die Endwertformel für die gemischte Verzinsung gut begründen.

Beispiel 2.5.1 (Gemischte Verzinsung) *Ein Kapital in Höhe von € 10.000 wurde am 04.10.2007 zu einem Zinssatz von 3 % angelegt. Während der unbefristeten Laufzeit erfolgten keine Einzahlungen und Auszahlungen. Mit einer Kontoauflösung durch den Kun-*

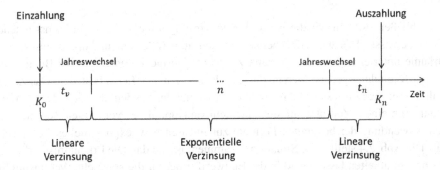

Abb. 2.2 Prinzip der gemischten Verzinsung

---

[4] Alle Abbildungen zur gemischten Verzinsung sind eigene Abbildungen. Die Idee der Darstellung an einem Zeitstrahl ist Tietze (2011, S. 85) entnommen.

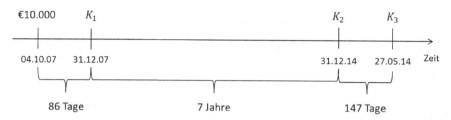

Abb. 2.3 Beispiel für gemischte Verzinsung

den zum 27.05.2015 erfolgte die vollständige Auszahlung des gesamten Kapitals (inklusive Zinsen). Im Folgenden möchten wir das Endkapital und die erhaltenen Zinsen bestimmen. Zunächst verdeutlichen wir die Situation erneut mit einem Zeitstrahl (Abb. 2.3). Nun können die Zinsen sukzessive ermittelt werden. Das Kapital K_1 ergibt sich aus dem Anfangskapital K_0 durch lineare Verzinsung. Dabei beträgt die Laufzeit 86 Tage. Es gilt:

$$K_1 = \text{€}\,10.000 + \text{€}\,10.000 \cdot 0{,}03 \cdot \frac{86}{360} = \text{€}\,10.071{,}67.$$

Das Kapital K_2 wird durch exponentielle Verzinsung des Kapitals $K_1 = \text{€}\,10.071{,}67$ bestimmt. Mit einer Laufzeit von 7 Jahren gilt daher:

$$K_2 = \text{€}\,10.071{,}67 \cdot 1{,}03^7 = \text{€}\,12.386{,}88.$$

Das Kapital K_3, das gleichzeitig das Endkapital darstellt, wird aus K_2 analog zu K_1 berechnet, wobei nun die Laufzeit 147 Tage beträgt. Für das Endkapital gilt demnach:

$$K_3 = \text{€}\,12.386{,}88 + \text{€}\,12.386{,}88 \cdot 0{,}03 \cdot \frac{146}{360} = \text{€}\,12.537{,}59.$$

Abschließend stellen wir die gemischte Verzinsung allgemein dar. Zunächst machen wir uns bewusst, dass wir jeden beliebigen Zeitraum (über einem Jahr) in bis zu drei Zeiträume unterteilen können: Es kann zwei unterjährige Zeitintervalle zu Beginn und Ende der Kapitalanlagedauer geben, die jeweils aus t_v und t_n Tagen bestehen. Das Zeitintervall dazwischen umfasst n Jahre. Aus dem Beispiel wird zudem deutlich, dass sich das Kapital nach einem Zeitintervall stets aus dem Endkapital des vorherigen Zeitintervalls durch Anwendung der bekannten Formeln zur linearen bzw. exponentiellen Verzinsung ergab. Die Abb. 2.4 stellt diese Situation zusammenfassend dar. Die Erkenntnisse, die sich aus Abb. 2.4 ableiten lassen, sind in der Endwertformel für die gemischte Verzinsung im Satz 2.5.2 zusammengefasst.

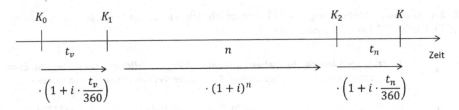

Abb. 2.4 Herleitung der Endwertformel der gemischten Verzinsung

---

Satz 2.5.2 (Endwertformel für die gemischte Verzinsung)

Das Endkapital K_n berechnet sich im Falle einer gemischten Verzinsung bei gegebenem Anfangskapital K_0 und einem Zinssatz i gemäß der folgenden Formel:

$$K_n = K_0 \cdot \left(1 + i \cdot \frac{t_v}{360}\right) \cdot (1+i)^n \cdot \left(1 + i \cdot \frac{t_n}{360}\right). \tag{2.9}$$

Dabei sind t_v die Tage des unterjährigen Zeitintervalls zu Beginn und t_n die Tage des unterjährigen Zeitintervalls am Ende des Anlagezeitraumes. Mit n wird die Anzahl der ganzen Jahre angegeben.

2.6 Sparplan

Die bisherigen Betrachtungen liefern uns Werkzeuge, um beispielsweise die Zinsen für Sparbücher, Festgeld- und Tagesgeldkonten zu berechnen und Angebote diverser Banken gegenüberzustellen. Häufig bewerben Banken das so genannte Ratensparen, auch unter dem Begriff Sparplan bekannt. Das Ratensparen ermöglicht es, regelmäßig (z. B. monatlich) feste Summen auf ein Sparkonto einzuzahlen und so im Laufe der Zeit eine gewisse Summe anzusparen. Ratensparverträge können sehr unterschiedlich gestaltet sein. Sie weisen z. B. in den Laufzeiten, Kündigungsfristen oder Mindestanlagebeträgen Differenzen auf. Es gibt auch Banken, die ihren Kunden bei einer sehr langfristigen Bindung Bonuszahlungen gewähren. In den folgenden Ausführungen betrachten wir zwei Beispiele für das Ratensparen[5]. Dabei gehen wir vom einfachsten Modell aus: Es wird regelmäßig

---

[5] Das Ratensparen gehört in der klassischen Finanzmathematik zu der so genannten Rentenrechnung. Diese untersucht Zahlungsströme, die in regelmäßigen Abständen erfolgen. Insofern versteht man in der klassischen Finanzmathematik unter einer Rente eine periodische Folge von immer gleich hohen Zahlungen. Da der Begriff „Rente" umgangsprachlich eher mit der gesetzlichen Altersrente verknüpft ist, werden wir in Hinblick auf das Ziel des Buches – die Erarbeitung von Unterrichtseinheiten – auf den Begriff der Rente verzichten. Ausführliche Informationen zur Rentenrechnung mit weiteren Beispielen und verallgemeinernden Formeln sind in Tietze (2011, S. 101ff.) nachzulesen.

Tab. 2.4 Kontostaffel für ein mögliches Modell des jährlichen Ratensparens (Jährliche Einzahlung: € 1200, Laufzeit 17 Jahre, Zinssatz: 1 %)

Jahr	Einzahlungen Anfang des Jahres in €	Guthaben zu Beginn des Jahrs in €	Zinsgutschrift am Ende des Jahres in €	Guthaben am Ende des Jahres in €
1	1200	1200,00	12	1212,00
2	1200	2412,00	24,12	2436,12
3	1200	3636,12	36,36	3672,48
4	1200	4872,48	48,72	4921,21
5	1200	6121,21	61,21	6182,42
6	1200	7382,42	73,82	7456,24
7	1200	8656,24	86,56	8742,80
8	1200	9942,80	99,43	10.042,23
9	1200	11.242,23	112,42	11.354,66
10	1200	12.554,66	125,55	12.680,20
11	1200	13.880,20	138,80	14.019,00
12	1200	15.219,00	152,19	15.371,19
13	1200	16.571,19	165,71	16.736,91
14	1200	17.936,91	179,37	18.116,27
15	1200	19.316,27	193,16	19.509,44
16	1200	20.709,44	207,09	20.916,53
17	1200	22.116,53	221,17	**22.337,70**

eine konstante Summe für einen festgelegten Zeitraum eingezahlt. Der Zinssatz ist für den gesamten Zeitraum fest, ebenso sind keine Bonuszahlungen vorgesehen.

Beispiel 2.6.1 (Sparplan mit jährlicher Einzahlung) *Ein junges Elternpaar möchte für seinen Nachwuchs regelmäßig sparen. Es beschließt daher, jedes Jahr zu Beginn des Jahres € 1200 auf ein Sparkonto einzuzahlen. Die Bank bietet bei einer Laufzeit von 17 Jahren einen Zinssatz von 1 % mit Zinseszins an. Uns interessiert das Guthaben am Ende des 17. Jahres. Mit Hilfe eines Kontostaffelplans (Tab. 2.4) können wir die Zahlungsströme sichtbar machen. Wir erkennen, dass das Kapital am Ende des 17. Jahres € 22.337,70 beträgt. Mit den Einzahlungen in einer Gesamthöhe von € 20.400 erhalten wir also eine Zinszahlung in Höhe von € 1937,70.*

Wir betrachten nun den allgemeinen Fall. Dabei treffen wir folgende Vereinbarungen: Die n Einzahlungen der Höhe R und der Zinssatz i sind über die gesamte Laufzeit konstant. Dabei erfolgen die Einzahlungen zu Beginn einer Zinsperiode, die Zinsgutschriften zum Ende der Zinsperioden. Zudem gehen wir von einer exponentiellen Verzinsung aus. Wir möchten den Endwert R_n für den letzten Tag der Einzahlung bestimmen. Dazu überlegen wir uns, wie lange die jeweiligen Einzahlungen verzinst werden. Da zwischen der

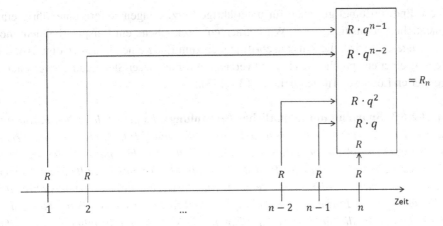

Abb. 2.5 Verdeutlichung der Bewertung regelmäßiger Sparraten

ersten und der letzten Rate $n-1$ Zinsperioden liegen, wird die erste Rate genau $n-1$ mal verzinst. Die erste Einzelrate fließt daher am Bewertungsstichtag in einer Höhe von $R \cdot (1+i)^{n-1}$ in den Endwert R_n ein. Analog erfolgen die Überlegungen für die nächsten Raten. Die Abb. 2.5 verdeutlicht die Bewertung der regelmäßigen Sparraten, wobei $q = 1 + i$ gelte. Aus den bisherigen Überlegungen lässt sich für die Höhe des Kapitals am Tag der letzten Einzahlung Folgendes ableiten:

$$
\begin{aligned}
R_n &= R + R \cdot q + R \cdot q^2 + \ldots + R \cdot q^{n-2} + R \cdot q^{n-1} \\
&= R \left(1 + q + q^2 + \ldots + q^{n-2} + q^{n-1} \right)
\end{aligned} \tag{2.10}
$$

Bei dem Ausdruck $1 + q + q^2 + \ldots + q^{n-2} + q^{n-1}$ handelt es sich um eine geometrische Reihe, für die gilt:

$$
1 + q + q^2 + \ldots + q^{n-2} + q^{n-1} = \frac{q^n - 1}{q - 1} \tag{2.11}
$$

Mit den beiden Zusammenhängen (2.10) und (2.11) lässt sich der folgende Satz 2.6.2 festhalten.

Satz 2.6.2 (Endwertformel für Ratensparen)
Der Endwert R_n eines Sparplanes mit n Raten der Höhe R beträgt am Tag der letzten Ratenzahlung:

$$
R_n = R \cdot \frac{q^n - 1}{q - 1}. \tag{2.12}
$$

Diese Endwertfomel gilt auch für unterjährige Verzinsungen, sofern unterjährig eine exponentielle Verzinsung erfolgt. Wir betrachten abschließend ein Beispiel, bei dem monatlich eingezahlt wird, die Zinsgutschrift jedoch zum Ende eines Jahres erfolgt. Auf die Herleitung einer entsprechenden Formel verzichten wir an dieser Stelle und verweisen den interessierten Leser auf Tietze (2011, S. 136–143).

Beispiel 2.6.3 (Sparplan mit monatlicher Einzahlung) *Es gelten dieselben Parameter wie oben. Wir gehen jetzt von einer Einzahlung in Höhe von € 100 zum Beginn eines jeden Monats[6] aus. Da durch die monatliche Zahlung ein Teil des Geldes nur noch ein Bruchteil des Jahres angelegt wird, greift das Prinzip der gemischten Verzinsung. Alle Einzahlungen des laufenden Jahres werden linear verzinst. Alle zu Beginn des Bewertungsjahres auf dem Konto liegenden Einzahlungen sind exponentiell zu verzinsen. Wir betrachten daher zunächst die Zinsen, die auf das neu hinzukommende Kapital im Einzahlungsjahr gezahlt werden. Bei einem Zinssatz von 1 % und einer monatlichen Spareinlage von € 100 ergeben sich unter Nutzung der Formel (2.3) folgende Zinsen:*

$$Z = € \, 100 \cdot \left(0{,}01 + 0{,}01 \cdot \frac{11}{12} + 0{,}01 \cdot \frac{10}{12} + \ldots + 0{,}01 \cdot \frac{1}{12} \right)$$
$$= € \, 100 \cdot 0{,}01 \cdot \left(\frac{12}{12} + \frac{11}{12} + \ldots + \frac{1}{12} \right)$$
$$= € \, 100 \cdot 0{,}01 \cdot \frac{1}{12} \cdot (12 + 11 + \ldots + 1)$$
$$= € \, 100 \cdot 0{,}01 \cdot \frac{1}{12} \cdot \frac{12 \cdot 13}{2}$$
$$= € \, 100 \cdot 0{,}01 \cdot 6{,}5$$
$$= € 6{,}50$$

Die Gesamtzinsen Ende des Jahres n erhalten wir als Summe aus diesen € 6,50 Zinsen (für das im Jahr n eingezahlte Kapital) und den Zinsen, die für das Kapital gezahlt werden, das zu Beginn der Jahres n auf dem Konto liegt. Damit ergibt sich der Kontostaffelplan in Tab. 2.5. Bei einer monatlichen Einzahlung sind die Zinsen, die insgesamt nach 17 Jahren fällig werden, nochmal ca. € 100 niedriger als bei einem jährlichen Ratensparen.

Möchte man Kontostaffelpläne aufstellen, ist z. B. Excel ein sehr hilfreiches Instrument. Bei der eigenen Programmierung der entsprechenden Tabellenblätter sind tiefergehende Kenntnisse der Zusammenhänge notwendig. Es gibt im Internet frei verfügbare Programme, die diese Aufgabe übernehmen. Besonders gut geeignet ist der „Online-Rechner für Ihre individuelle Finanzplanung"[7], der auch für andere Finanzprodukte (z. B. Festgeldkonten, Kredite) entsprechende Finanzpläne aufstellt.

---

[6] Die Parameter entstammen einem realen Angebot vom 25.05.2015.
[7] http://www.zinsen-berechnen.de/ (Stand: 25.05.15).

Tab. 2.5 Kontostaffel für ein mögliches Modell des monatlichen Ratensparens (Monatliche Einzahlung: € 100, Laufzeit: 17 Jahre, Zinssatz: 1 %)

Jahr	Guthaben zu Beginn des Jahres in €	Einzahlungen bis Ende des Jahres	Zinsgutschrift am Ende des Jahres in €	Guthaben am Ende des Jahres in €
1	0,00	1200	6,50	1206,50
2	1206,50	1200	18,57	2425,07
3	2425,07	1200	30,75	3655,82
4	3655,82	1200	43,06	4898,87
5	4898,87	1200	55,49	6154,36
6	6154,36	1200	68,04	7422,41
7	7422,41	1200	80,72	8703,13
8	8703,13	1200	93,53	9996,66
9	9996,66	1200	106,47	11.303,13
10	11.303,13	1200	119,53	12.622,66
11	12.622,66	1200	132,73	13.955,39
12	13.955,39	1200	146,05	15.301,44
13	15.301,44	1200	159,51	16.660,95
14	16.660,95	1200	173,11	18.034,06
15	18.034,06	1200	186,84	19.420,90
16	19.420,90	1200	200,71	20.821,61
17	20.821,61	1200	214,72	**22.236,33**

Literatur

Pollert, A., Kirchner, B., Polzin, J. M.: Lexikon der Wirtschaft: Grundlegendes Wissen von A bis Z. (2004)

Rittershofer, W.: Wirtschaftslexikon: Über 4000 Stichwörter für Studium und Praxis. Deutscher Taschenbuch Verlag (2009)

Schwenkert, R., Stry, Y.: Finanzmathematik kompakt für Studierende und Praktiker. Physica-Verlag (2012)

Tietze, J.: Einführung in die Finanzmathemik. 11. Aufl., Vieweg-Verlag (2011)

Tilgungsrechnung

3

Dieses Kapitel fasst aus fachwissenschaftlicher Sicht die wichtigsten ökonomischen und mathematischen Grundlagen derjenigen Inhalte zum Thema Tilgungsrechnung zusammen, die Gegenstand der im Teil III vorgestellten Unterrichtseinheiten sind. Im ökonomischen Teil wird dabei insbesondere auf wichtige Begriffe im Zusammenhang mit der Tilgungrechnung sowie auf Kreditmodelle eingegangen. Das Kapitel schließt mit der Betrachtung von verschiedenen Kreditarten und den dazugehörigen Tilgungsplänen. Wir setzen beim Leser grundlegende Kenntnisse zu Folgen und Reihen sowie zur Prozentrechnung voraus. Die Ausführungen der ökonomischen Inhalte beziehen sich im Wesentlichen auf Pollert/Kirchner/Polzin (2004) und Rittershofer (2009), die mathematischen Inhalte auf Schwenkert/Stry (2012) und Tietze (2011).

3.1 Was ist ein Kredit?

Der Hauptgegenstand der Tilgungsrechnung ist ein ausgeliehener Geldbetrag etwa in Form eines Kredits. Stellt ein Kreditgeber (Gläubiger) einem Kreditnehmer (Schuldner) leihweise Geld zur Verfügung, spricht man von einem Kredit. In der Regel wird eine feste Laufzeit festgeschrieben, in der das geliehene Geld zurückgezahlt werden muss. Neben der geliehenen Summe sind vom Schuldner Zinsen zu zahlen, deren Höhe theoretisch frei vereinbart werden kann. Meist wird jedoch ein marktüblicher Zinssatz festgelegt, der sich am Leitzins (siehe Abschn. 2.1) orientiert und die Länge der Laufzeit berücksichtigt.

In Hinblick auf die beteiligten Partner wird grundsätzlich zwischen **Bank- und Privatkrediten** unterschieden. Bei Krediten zwischen Privatpersonen sind in der Regel nur die Zinsen zu zahlen. Das Risiko für eine Nichtrückzahlung des Kredites liegt beim Kreditgeber. In den letzten Jahren hat das Angebot an privaten Kreditvermittlern im Internet stark zugenommen. Treten Banken hingegen als Gläubiger auf, schützen sich diese gegen Ausfallverluste, indem sie weitere Sicherheiten fordern. Bei kleineren Kreditbeträgen

© Springer Fachmedien Wiesbaden 2016
P. Daume, *Finanz- und Wirtschaftsmathematik im Unterricht Band 1*,
DOI 10.1007/978-3-658-10615-7_3

enthalten die Zinssätze häufig bereits zusätzliches Geld zur Absicherung. Bei größeren Kreditwünschen fordern die Banken meist eine hohe Bonität, die z. B. durch hohe pfändbare Gehälter nachgewiesen werden kann. Bei Immobilienfinanzierungen beanspruchen viele Kreditgeber zur Kreditabsicherung zusätzlich das Pfandrecht an einem Grundstück oder den Abschluss von Versicherungen.

Weiterhin lassen sich kurz-, mittel- und langfristige Kredite hinsichtlich der Länge der Laufzeit klassifizieren. **Kurzfristige Kredite** laufen unter einem Jahr, sie werden beispielsweise zur Zwischenfinanzierung genutzt. Zu den kurzfristigen Krediten gehören auch die Zahlungen, die mit einer **Kreditkarte** erfolgen. Mit der Ausgabe der Kreditkarte wird ein Verfügungsrahmen – also die maximal ausleihbare Kreditsumme – vereinbart. Bei jedem Einsatz der Kreditkarte wird zunächst das Kreditkartenkonto belastet. Zur anschließenden Abrechnung wird in Deutschland häufig das Charge-Card-Modell genutzt. Nach Erstellung einer Abrechnung zum Kreditkartenkonto am Ende eines Monats wird der entsprechende Betrag in voller Höhe vom Girokonto abgezogen. In der Regel werden bis zum Abrechnungsdatum keine Sollzinsen fällig. Als weitere übliche Kreditkartenform hat sich in Deutschland die Credit-Card durchgesetzt, bei der die Option auf Ratenzahlungen besteht. Je nach Bank sind dabei feste Rückzahlungen von fünf, zehn oder 50 % der offenen Summe und jederzeit Sonderzahlungen möglich. Für die Credit-Card werden meist noch höhere Zinsen fällig als auf den Dispokredit. **Mittelfristige Kredite**, die beispielsweise zur Finanzierung beim Autokauf angeboten werden, haben eine Laufzeit zwischen einem und fünf Jahren. Zu den **langfristigen Krediten**, also Krediten über fünf Jahre Laufzeit, gehören u. a. Darlehen zur Bau- und Immobilienfinanzierung.

Je nach Rückzahlungsmodalitäten lassen sich eine Vielzahl weiterer Kredite ausmachen: Bei einem **Annuitätendarlehen** wird das geliehene Kapital in gleich hohen monatlichen Raten zurückgezahlt. Die monatlich zu zahlende Rate wird Annuität genannt. Sie setzt sich additiv aus einem Zins- und einem Tilgungsanteil zusammen. Mit dem Tilgungsanteil werden Teile der Kreditsumme, mit dem Zinsanteil die fälligen Zinsen gezahlt. Annuitätendarlehen werden u. a. beim Ratenkauf in Möbel- oder Elektrogroßmärkten angeboten. Nutzt man ein Annuitätendarlehen zur Immobilienfinanzierung und räumt der Bank zur Absicherung ein Grundpfandrecht auf die entsprechende Immobilie ein, spricht man auch von einem **Hypothekendarlehen**. Da Hypothekendarlehen meist nach Ende der Laufzeit noch nicht vollständig getilgt sind, empfehlen viele Kreditanbieter eine parallele Einzahlung in einen Bausparvertrag, um die Anschlussfinanzierung sicherzustellen. Bei einem **Tilgungsdarlehen** ergibt sich die Rückzahlungsrate aus einem über die gesamte Laufzeit gleich hohen Tilgungsanteil und dem Zinsanteil für die verbleibende Restschuld. Da die Restschuld, also die Schuld nach einer bestimmten Zeit, mit jeder Rate abnimmt, wird auch der zu zahlende Zinsanteil immer niedriger. Aus diesem Grund sinkt bei einem Tilgungsdarlehen die Höhe der Raten im Laufe des Rückzahlungszeitraums.

Tilgungsdarlehen werden bevorzugt für betriebliche Investitionen (z. B. Anschaffung von neuen Maschinen) eingesetzt. Neben den beiden genannten, in der Praxis am meisten genutzten Kreditarten gibt es weitere besondere Formen: **Gesamtfällige Kredite** werden am Ende der Laufzeit in einer Summe zurückgezahlt. Während beim gesamtfälligen Kredit ohne Zinsansammlung regelmäßige Zinszahlungen erfolgen, wird bei einem gesamtfälligen Kredit mit Zinsansammlung die komplette Rückzahlung samt Zinsen erst am Ende der Laufzeit fällig. Zu den gesamtfälligen Krediten ohne Zinsansammlung gehörten die Bundesschatzbriefe vom Typ A, zu den gesamtfälligen Krediten mit Zinsansammlung die Bundesschatzbriefe vom Typ B. Bei den Bundesschatzbriefen, die Ende 2012 eingestellt wurden, handelte es sich um Schuldverschreibungen der Bundesrepublik Deutschland.

Im Folgenden möchten wir das Tilgungs- und Annuitätendarlehen mathematisch näher betrachten. Hierbei gehen wir wie bei der Zinsrechnung stets von nachschüssiger Verzinsung aus.

3.2 Tilgungsdarlehen

Bevor wir uns dem Tilgungsdarlehen im Speziellen widmen, möchten wir nochmals die wichtigsten Begriffe, die bereits im vorherigen Abschnitt genutzt wurden, erläutern.

- Unter der **Gesamtschuld** verstehen wir das zum Zeitpunkt $t = 0$ von einer Bank gesamte ausgeliehene Kapital K_0. Die **Restschuld** K_t gibt uns hingegen den verbleibenden noch zurückzuzahlenden Betrag nach t Perioden an.
- Unter der **Tilgungsrate** T_t verstehen wir den Rückzahlungsbetrag, der am Ende der Periode t zur Verringerung der Restschuld K_t führt. Im Falle konstanter Tilgungen sei $T_t = T$.
- Vorrang vor der Tilgung des Kredits hat die Zahlung von **Zinsen** Z_t, die jeweils auf die Restschuld erhoben werden. Mit sinkender Restschuld sinkt auch der Zinsanteil der Annuität.
- Die Annuität A_t setzt sich aus den Zinsen Z_t und der Tilgungsrate T_t zusammen und gibt somit den gesamten nach einer Zeitperiode t zu zahlenden Betrag an. Bei konstanter Annuität sei $A_t = A$. Für die Höhe der Annuität gilt:

$$A_t = T_t + Z_t.$$

- Die Rückzahlungmodalitäten werden in so genannten **Tilgungsplänen** übersichtlich dargestellt. Dort werden sämtliche Zinsen, Tilgungsraten, Annuitäten und die Restschuld für jedes einzelne Jahr der gesamten Laufzeit festgehalten.

Wie bereits erwähnt, erfolgt im Rahmen eines Tilgungsdarlehens eine stets gleich bleibende Tilgung der Kreditsumme. Damit sinken im Laufe der Zeit die Zinsen, die für die Restschuld fällig werden. Gleichzeitig fällt die Höhe der Annuitäten, die Belastung ist zu Beginn der Laufzeit am höchsten. Wir betrachten zunächst ein Beispiel, bevor wir unsere Erkenntnisse verallgemeinern.

Tab. 3.1 Tilgungsplan für ein Tilgungsdarlehen mit jährlicher Annuität (Kreditsumme: € 12.000, Laufzeit: 5 Jahre, Zinssatz: 2 %)

Jahr	Restschuld zu Beginn des Jahres in €	Zinsen zum Ende des Jahres in €	Tilgungsrate zum Ende des Jahres in €	Annuität zum Ende des Jahres in €	Restschuld zum Ende des Jahres in €
1	12.000	240	2400	2640	9600
2	9600	192	2400	2592	7200
3	7200	144	2400	2544	4800
4	4800	96	2400	2496	2400
5	2400	48	2400	2448	0

Beispiel 3.2.1 (Tilgungsdarlehen mit jährlicher Rückzahlung) *Ein Tilgungsdarlehen in Höhe von € 12.000 soll bei einem Zinssatz von 2 % in 5 Jahren zurückgezahlt werden. Da bei einem Tilgungsdarlehen die Tilgungsraten konstant sind, gilt für die Höhe der Tilgungsrate T:*

$$T = \frac{€\,12.000}{5} = €\,2400.$$

Zunächst betrachten wir exemplarisch die Berechnung der Annuität des ersten Rückzahlungsjahres. Die Annuität A_t berechnet sich aus der Tilgungsrate und den Zinsen Z_t, die auf die Restschuld erhoben werden.

$$A_t = T_t + Z_t.$$

Die Tilgungsrate kennen wir bereits. Nun müssen wir die Zinsen bestimmen, die für das erste Jahr fällig werden. Mit dem Anfangskapital von € 12.000 gilt bei einem Zinssatz von 2 %:

$$Z_1 = 0{,}02 \cdot €\,12.000 = €\,240.$$

Damit ergibt sich eine Annuität von € 2640. Alle anderen Annuitäten lassen sich analog berechnen. Wir müssen dabei berücksichtigen, dass die Zinsen nur auf die verbleibende Restschuld erhoben werden. Die Ergebnisse sind im folgenden Tilgungsplan (Tab. 3.1) dargestellt.

Offensichtlich nehmen die Annuitäten jährlich ab. Dieser typische Verlauf der Annuitäten aus Beispiel 3.2.1 ist auch in der Abb. 3.1[1] dargestellt. Die Abnahme der Annui-

---

[1] Um den fallenden Verlauf der Zinsen deutlich zu machen, ist entlang der vertikalen Achse nur ein Ausschnitt dargestellt. Natürlich setzt sich in unserem Beispiel die Annuität aus einem höheren Tilgungsanteil und einem im Vergleich dazu niedrigeren Zinsanteil zusammen.

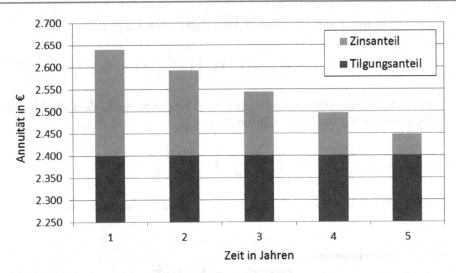

Abb. 3.1 Tilgungs- und Zinsanteil in einem Tilgungsdarlehen

tätenhöhe hängt damit zusammen, dass die Restschuld mit jeder konstanten Tilgungsrate sinkt. Durch die Abnahme der Restschuld sinken die fälligen Zinsen. Betrachten wir nun die allgemeine Situation: Wir gehen von einem Anfangskapital in Höhe von K_0 aus, das in n gleich großen Tilgungsraten zurückgezahlt werden soll. Die Laufzeit betrage n Jahre. Für die konstante jährliche Tilgungsrate ergibt sich folglich:

$$T = \frac{K_0}{n}.$$

Mit der bekannten Tilgungsrate lässt sich jeweils die Restschuld K_n nach $1, 2, 3 \ldots, n$ Jahren berechnen:

$$K_1 = K_0 - T = K_0 - \frac{K_0}{n} = K_0 \cdot \left(1 - \frac{1}{n}\right)$$

$$K_2 = K_1 - T = K_0 - 2T = K_0 - 2\frac{K_0}{n} = K_0 \cdot \left(1 - \frac{2}{n}\right)$$

$$\vdots = \vdots$$

$$K_t = K_0 - t \cdot T = K_0 \cdot \left(1 - \frac{t}{n}\right). \tag{3.1}$$

Für $t = n$ ergibt sich eine Restschuld von € 0. Die Zinsen Z_t für das t-te Jahr werden bei gegebenem Zinssatz i jeweils aus der Restschuld zu Beginn des Jahres t bestimmt. Diese Restschuld entspricht der Restschuld K_{t-1} zum Ende des Vorjahres. Unter Ausnutzung der Formel (3.1) erhalten wir die Zinsen in Abhängigkeit von K_0. Es gilt:

$$Z_t = i \cdot K_{t-1} \stackrel{(3.1)}{=} i \cdot K_0 \cdot \left(1 - \frac{t-1}{n}\right). \tag{3.2}$$

Aus der Tilgungsrate und den Zinsen (Formel (3.2)) lässt sich abschließend die Annuität in Abhängigkeit von K_0, i und n bestimmen. Es gilt:

$$A_t = T + Z_t \stackrel{(3.2)}{=} \frac{K_0}{n} + i \cdot K_0 \cdot \left(1 - \frac{t-1}{n}\right) = K_0 \cdot \left[\frac{1}{n} + i \cdot \left(1 - \frac{t-1}{n}\right)\right]. \tag{3.3}$$

Wir fassen die Ergebnisse aus den Überlegungen im folgenden Satz zusammen:

Satz 3.2.2 (Tilgungsdarlehen)

Gegeben seien ein Tilgungsdarlehen der Höhe K_0, der Zinssatz i und eine Laufzeit von n Jahren. Dann gelten folgende Zusammenhänge:

Tilgungsrate des t-ten Jahres: $T_t = T = \frac{K_0}{n}$

Restschuld nach t Jahren: $K_t = K_0 \cdot \left(1 - \frac{t}{n}\right)$

Zinsbetrag des t-ten Jahres: $Z_t = i \cdot K_0 \cdot \left(1 - \frac{t-1}{n}\right)$

Annuität des t-ten Jahres: $A_t = K_0 \cdot \left[\frac{1}{n} + i \cdot \left(1 - \frac{t-1}{n}\right)\right].$

Das bisher betrachtete Beispiel 3.2.1 entspricht häufig nicht der Realität, denn üblicherweise werden die Kreditraten monatlich statt jährlich zurückgezahlt. Dies möchten wir in einem abschließenden Beispiel berücksichtigen. Die monatlichen Zinsen werden im Falle monatlicher Tilgungsraten mit der Formel (2.3) berechnet.

Beispiel 3.2.3 (Tilgungsdarlehen mit monatlicher Rückzahlung) *Ein Kredit in Höhe von € 18.000 soll in einem Zeitraum von 3 Jahren vollständig zurückbezahlt werden. Für die konstante Tilgungsrate gilt daher:*

$$T = \frac{€\,18.000}{36} = €\,500.$$

Der Zinssatz betrage 2 %. Der Tilgungsplan wird analog zum Beispiel 3.2.1 aufgestellt. Der Unterschied besteht allerdings darin, dass neben der monatlichen Tilgung auch die Zinszahlungen monatlich erfolgen. Die Tab. 3.2 zeigt den entsprechenden Tilgungsplan, der mit Excel erstellt wurde.

Tab. 3.2 Tilgungsplan für ein Tilgungsdarlehen mit monatlichen Annuitäten (Kreditsumme: € 18.000, Laufzeit: 3 Jahre, Zinssatz: 2 %)

Monat	Restschuld zu Beginn des Monats in €	Zinsen zum Ende des Monat in €	Tilgungsrate zum Ende des Monats in €	Annuität zum Ende des Monats in €	Restschuld zum Ende des Monats in €
1	18.000,00	30,00	500,00	530,00	17.500,00
2	17.500,00	29,17	500,00	529,17	17.000,00
3	17.000,00	28,33	500,00	528,33	16.500,00
4	16.500,00	27,50	500,00	527,50	16.000,00
5	16.000,00	26,67	500,00	526,67	15.500,00
6	15.500,00	25,83	500,00	525,83	15.000,00
7	15.000,00	25,00	500,00	525,00	14.500,00
8	14.500,00	24,17	500,00	524,17	14.000,00
9	14.000,00	23,33	500,00	523,33	13.500,00
10	13.500,00	22,50	500,00	522,50	13.000,00
11	13.000,00	21,67	500,00	521,67	12.500,00
12	12.500,00	20,83	500,00	520,83	12.000,00
13	12.000,00	20,00	500,00	520,00	11.500,00
14	11.500,00	19,17	500,00	519,17	11.000,00
15	11.000,00	18,33	500,00	518,33	10.500,00
16	10.500,00	17,50	500,00	517,50	10.000,00
17	10.000,00	16,67	500,00	516,67	9500,00
18	9500,00	15,83	500,00	515,83	9000,00
19	9000,00	15,00	500,00	515,00	8500,00
20	8500,00	14,17	500,00	514,17	8000,00
21	8000,00	13,33	500,00	513,33	7500,00
22	7500,00	12,50	500,00	512,50	7000,00
23	7000,00	11,67	500,00	511,67	6500,00
24	6500,00	10,83	500,00	510,83	6000,00
25	6000,00	10,00	500,00	510,00	5500,00
26	5500,00	9,17	500,00	509,17	5000,00
27	5000,00	8,33	500,00	508,33	4500,00
28	4500,00	7,50	500,00	507,50	4000,00
29	4000,00	6,67	500,00	506,67	3500,00
30	3500,00	5,83	500,00	505,83	3000,00
31	3000,00	5,00	500,00	505,00	2500,00
32	2500,00	4,17	500,00	504,17	2000,00
33	2000,00	3,33	500,00	503,33	1500,00
34	1500,00	2,50	500,00	502,50	1000,00
35	1000,00	1,67	500,00	501,67	500,00
36	500,00	0,83	500,00	500,83	0,00

3.3 Annuitätendarlehen

Das Annuitätendarlehen ist wie das Tilgungsdarlehen weit verbreitet. Im Gegensatz zum Tilgungsdarlehen sind die Annuitäten die gesamte Laufzeit über konstant. Dies hat den Vorteil, dass der Kreditnehmer seine Belastung besser in seine Finanzplanung einplanen kann als bei einem Tilgungsdarlehen. Bei gleichbleibender Annuität verändern sich die Tilgungs- und Zinsanteile mit fortschreitender Laufzeit: Der Tilgungsanteil steigt, der Zinsanteil sinkt. Betrachten wir zunächst ein Beispiel.

Beispiel 3.3.1 (Annuitätendarlehen mit jährlicher Rückzahlung) *Ein fünfjähriges Annuitätendarlehen in Höhe von € 12.000 soll bei einem Zinssatz von 2 % zurückgezahlt werden. Die konstanten, jährlichen Annuitäten betragen € 2500. Mit Hilfe eines Tilgungsplanes möchten wir untersuchen, ob mit dieser Summe eine vollständige Rückzahlung in 5 Jahren gelingt. Zunächst betrachten wir exemplarisch die Berechnung des Tilgungs- und Zinsanteils des ersten Rückzahlungsjahres. Für alle anderen Jahre sind analoge Rechnungen durchzuführen. Die Annuität A_1 beträgt € 2500 und setzt sich aus den Zinsen Z_1 und dem Tilgungsbetrag T_1 zusammen. Da die Zinszahlung bei Kreditrückzahlungen oberste Priorität hat, müssen wir zunächst die Zinsen für das 1. Jahr bestimmen. Bei einem Anfangskapital von € 12.000 und einem Zinssatz von 2 % ergeben sich Zinsen in Höhe von:*

$$Z_1 = 0,02 \cdot €12.000 = €240.$$

Von der Annuitäten werden also € 240 für die Zahlung der Zinsen benötigt, der Rest in Höhe von € 2260 dient der Tilgung der Schulden. Die Ergebnisse der weiteren Berechnungen sind im folgenden Tilgungsplan (Tab. 3.3) dargestellt. Es zeigt sich, dass nach der Laufzeit noch eine Restschuld von € 238,87 verbleibt.

Tab. 3.3 Tilgungsplan für ein Annuitätendarlehen mit jährlichen Annuitäten (Kreditsumme: € 12.000, Höhe der Annuität: € 2500, Laufzeit: 5 Jahre, Zinssatz: 2 %)

Jahr	Restschuld zu Beginn des Jahres in €	Zinsen zum Ende des Jahres in €	Tilgungsrate zum Ende des Jahres in €	Annuität zum Ende des Jahres in €	Restschuld zum Ende des Jahres in €
1	12.000,00	240,00	2260,00	2500,00	9740,00
2	9740,00	194,80	2305,20	2500,00	7434,80
3	7434,80	148,70	2351,30	2500,00	5083,50
4	5083,50	101,67	2398,33	2500,00	2685,17
5	2685,17	53,70	2446,30	2500,00	238,87

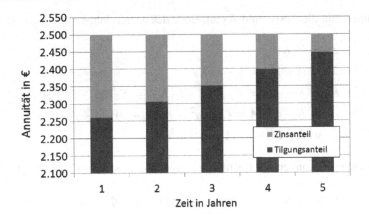

Abb. 3.2 Tilgungs- und Zinsanteil in einem Annuitätendarlehen

Offensichtlich nehmen die Zinsanteile bei gleichzeitig steigenden Tilgungsanteilen jährlich ab. Dieser typische Verlauf des Annuitätendarlehens aus Beispiel 3.3.1 ist auch in der Abb. 3.2[2] dargestellt. Nun betrachten wir die allgemeine Situation für ein Annuitätendarlehen und leiten die so genannte Restschuldformel ab, mit der die verbleibende Restschuld K_t nach dem t-ten Jahr ermittelt werden kann. Wir beginnen mit der Bestimmung von K_1, also der Restschuld nach einem Jahr. Dazu bestimmen wir die Zinsen Z_1 und die Tilgungsrate T_1. Die Annuität betrage konstant A. Dann gilt:

$$Z_1 = i \cdot K_0$$
$$T_1 = A - Z_1 = A - i \cdot K_0$$
$$K_1 = K_0 - T_1 = K_0 - (A - i \cdot K_0) = K_0 \cdot (1 + i) - A.$$

Mit $q := 1 + i$ gilt für die Restschuld am Ende des ersten Jahres $K_1 = K_0 \cdot q - A$. Die Restschuld K_2 am Ende des zweiten Jahres lässt sich ähnlich bestimmen:

$$Z_2 = i \cdot K_1$$
$$T_2 = A - Z_2 = A - i \cdot K_1$$
$$K_2 = K_1 - T_2 = K_1 - (A - i \cdot K_1) = K_1 \cdot (1 + i) - A$$
$$= K_1 \cdot q - A = (K_0 \cdot q - A) \cdot q - A$$
$$= K_0 \cdot q^2 - A \cdot (1 + q).$$

---

[2] Um den Verlauf der Tilgungs- und Zinszahlungen deutlich zu machen, ist entlang der vertikalen Achse erneut nur ein Ausschnitt dargestellt. Natürlich setzt sich in unserem Beispiel die Annuität aus einem höheren Tilgungsanteil und einem im Vergleich dazu niedrigeren Zinsanteil zusammen.

Wir bestimmen nun die Restschuld K_3 am Ende des dritten Jahres:

$$Z_3 = i \cdot K_2$$
$$T_3 = A - Z_3 = A - i \cdot K_2$$
$$K_3 = K_2 - T_3 = K_2 - (A - i \cdot K_2) = K_2 \cdot (1 + i) - A$$
$$= K_2 \cdot q - A = (K_0 \cdot q^2 - A \cdot (1 + q)) \cdot q - A$$
$$= K_0 \cdot q^3 - A \cdot (1 + q + q^2).$$

Diese Überlegungen können wir fortführen. Allgemein lässt sich K_t wie folgt darstellen:

$$K_t = K_{t-1} \cdot q - A = K_0 \cdot q^t - A \cdot (1 + q + q^2 + \ldots + q^{t-1}). \tag{3.4}$$

Mit der Summenformel zur Berechnung der t-ten Teilsumme einer geometrischen Reihe erhalten wir aus (3.4) die Restschuldformel K_t:

$$K_t = K_0 \cdot q^t - A \cdot \frac{q^t - 1}{q - 1}. \tag{3.5}$$

Setzen wir in (3.5) die Restschuld K_t gleich Null, erhalten wir als Sonderfall der Restschuldformel die so genannte Schuldentilgungsformel. Wir halten die Erkenntnisse der vorherigen Überlegungen im folgenden Satz 3.3.2 fest.

Satz 3.3.2 (Restschuldformel, Schuldentilgungsformel)
Gegeben seien ein Annuitätendarlehen der Höhe K_0, der Zinssatz i und eine Laufzeit von n Jahren. Dann gelten folgende Zusammenhänge:

$$K_t = K_0 \cdot q^t - A \cdot \frac{q^t - 1}{q - 1} \tag{3.6}$$

$$0 = K_0 \cdot q^n - A \cdot \frac{q^n - 1}{q - 1} \tag{3.7}$$

K_t mit $t < n$ ist die Restschuld nach dem t-ten Jahr. Die Gl. (3.6) heißt Restschuldformel, (3.7) wird als Schuldentilgungsformel bezeichnet.

Mit der Schuldentilgungsformel können wir die Annuität so bestimmen, dass der Kredit nach der Laufzeit vollständig abgezahlt ist. Dies wird auch bei Krediten mit niedrigen Kreditsummen in der Realität so gehandhabt. Betrachten wir hierzu ein Beispiel:

Beispiel 3.3.3 (Höhe der Annuität zur vollständigen Tilgung) *Wir betrachten erneut die Angaben aus Beispiel* 3.3.1. *Wie wir den Berechnungen entnehmen, reicht eine Annuität in Höhe von € 2500 nicht zur vollständigen Tilgung des Kredites in Höhe von € 12.000*

(Zinssatz 2 %) aus. Diese möchten wir im Folgenden mit der Schuldentilgungsformel (3.7) bestimmen. Es gilt:

$$0 = K_0 \cdot q^n - A \cdot \frac{q^n - 1}{q - 1} \iff A = \frac{K_0 \cdot q^n \cdot (q - 1)}{q^n - 1}$$

Daraus folgt für unser Beispiel:

$$A = \frac{€\,12.000 \cdot 1{,}02^5 \cdot 0{,}02}{1{,}02^5 - 1} \approx €\,2545{,}90$$

Für eine vollständige Tilgung des Kredites ist eine Annuität in Höhe von €\,2545,90 zu zahlen.

Bei höheren Kreditsummen, etwa zur Immobilienfinanzierung, wird die Höhe einer finanziell vertretbaren Annuität festgelegt. Mit den so genannten Prozentannuitäten ist sichergestellt, dass von Beginn an eine Tilgung stattfindet. Der Kreditnehmer wählt einen Tilgungssatz i_T, mit dem die Kreditsumme im ersten Jahr (bzw. der ersten Periode) getilgt werden soll. Die Höhe der Annuität ergibt sich dann als Prozentwert $i + i_T$ der ursprünglichen Kreditsumme, wobei i der festgelegte Zinssatz ist:

$$A = K_0 \cdot (i + i_T).$$

Mit der festgelegten Annuität und der Restschuldformel ermitteln wir die Schulden nach Ende der Laufzeit im folgenden Beispiel.

Beispiel 3.3.4 (Annuitätendarlehen mit Prozentannuitäten) *Die Darlehenssumme betrage €\,150.000. Für eine Laufzeit von 10 Jahren werden ein Zinssatz von 1,7 % und eine anfängliche Tilgung von 2 % festgelegt. Für die Höhe der jährlichen Annuität gilt:*

$$A = €\,150.000 \cdot (0{,}017 + 0{,}02) = €5550.$$

Uns interessiert zudem die Höhe der Restschuld nach 10 Jahren. Mit einer jährlichen Annuität in Höhe von €\,5550 gilt unter Nutzung der Restschuldformel (3.6):

$$K_{10} = €\,150.000 \cdot 1{,}017^{10} - €\,5550 \cdot \frac{1{,}017^{10} - 1}{0{,}017} = €\,117.597{,}80.$$

Es bleibt eine Restschuld von €\,117.597,80. Dies bedeutet, dass von den in den 10 Jahren gezahlten €\,55.500 insgesamt €\,32.402,20 in die Tilgung des Kredits fließen. €\,23.097,80 werden für Zinsen fällig.

Wie beim Tilgungsdarlehen werden Annuitätendarlehen meist durch monatliche Rückzahlungen getilgt. Dies möchten wir in einem abschließenden Beispiel berücksichtigen. Die monatlichen Zinsen werden mit der Formel (2.3) berechnet.

Tab. 3.4 Tilgungsplan für ein Annuitätendarlehen mit monatlichen Annuitäten (Kreditsumme: € 12.000, Höhe der Annuität: € 250, Laufzeit: 36 Monate, Zinssatz: 2 %)

Monat	Restschuld zu Beginn des Monats in €	Zinsen zum Ende des Monat in €	Tilgungsrate zum Ende des Monats in €	Annuität zum Ende des Monats in €	Restschuld zum Ende des Monats in €
1	12.000,00	20,00	250,00	230,00	11.770,00
2	11.770,00	19,62	250,00	230,38	11.539,62
3	11.539,62	19,23	250,00	230,77	11.308,85
4	11.308,85	18,85	250,00	231,15	11.077,70
5	11.077,70	18,46	250,00	231,54	10.846,16
6	10.846,16	18,08	250,00	231,92	10.614,24
7	10.614,24	17,69	250,00	232,31	10.381,93
8	10.381,93	17,30	250,00	232,70	10.149,23
9	10.149,23	16,92	250,00	233,08	9916,15
10	9916,15	16,53	250,00	233,47	9682,67
11	9682,67	16,14	250,00	233,86	9448,81
12	9448,81	15,75	250,00	234,25	9214,56
13	9214,56	15,36	250,00	234,64	8979,92
14	8979,92	14,97	250,00	235,03	8744,88
15	8744,88	14,57	250,00	235,43	8509,46
16	8509,46	14,18	250,00	235,82	8273,64
17	8273,64	13,79	250,00	236,21	8037,43
18	8037,43	13,40	250,00	236,60	7800,83
19	7800,83	13,00	250,00	237,00	7563,83
20	7563,83	12,61	250,00	237,39	7326,43
21	7326,43	12,21	250,00	237,79	7088,64
22	7088,64	11,81	250,00	238,19	6850,46
23	6850,46	11,42	250,00	238,58	6611,88
24	6611,88	11,02	250,00	238,98	6372,90
25	6372,90	10,62	250,00	239,38	6133,52
26	6133,52	10,22	250,00	239,78	5893,74
27	5893,74	9,82	250,00	240,18	5653,56
28	5653,56	9,42	250,00	240,58	5412,99
29	5412,99	9,02	250,00	240,98	5172,01
30	5172,01	8,62	250,00	241,38	4930,63
31	4930,63	8,22	250,00	241,78	4688,84
32	4688,84	7,81	250,00	242,19	4446,66
33	4446,66	7,41	250,00	242,59	4204,07
34	4204,07	7,01	250,00	242,99	3961,08
35	3961,08	6,60	250,00	243,40	3717,68
36	3717,68	6,20	250,00	243,80	3473,87

Beispiel 3.3.5 (Annuitätendarlehen mit monatlicher Rückzahlung) *Wir betrachten ein Annuitätendarlehen in Höhe von € 12.000, die Laufzeit betrage 36 Monate, der Jahreszinssatz 2 % und die Annuität € 250. Die Tab. 3.4 zeigt den Tilgungsplan für dieses Darlehen.*

*Wir erkennen, dass am Ende der Laufzeit eine Restschuld in Höhe von € 3473,87 üb-
rig bleibt. Addieren wir zudem die einzelnen Zinszahlungen, können wir feststellen, dass
insgesamt € 473,87 Zinsen gezahlt wurden.*

3.4 Effektivzinssatz

Um unterschiedliche Kreditangebote miteinander vergleichen zu können, sind Banken verpflichtet, den effektiven Jahreszinssatz anzugeben. Dieser beinhaltet sämtliche
Kosten, die durch die Aufnahme des Kredits entstehen. Neben Zinsen fließen auch
Abschluss-, Bereitstellungs- und Kontoführungsgebühren ein. Durch die Angabe des
Effektivzinssatzes können Kredite mit völlig unterschiedlichen Konditionen (z. B. unterschiedliche Laufzeiten und unterschiedliche Zinssätze) verglichen werden. Die Berechnung des Effektivzinssatzes ist verhältnismäßig komplex und bedarf weiterer tiefgehender
Kenntnisse u. a. zum so genannten Äquivalenzprinzip der klassischen Finanzmathematik.
Darüber hinaus gibt es unterschiedliche Methoden, die ebenfalls näher erläutert werden
müssten. Aus diesem Grund verzichten wir an dieser Stelle auf eine Darstellung der
korrekten Berechnung und geben uns mit einer Faustformel zufrieden, die uns eine Abschätzung des Effektivzinssatzes erlaubt. Der interessierte Leser sei für eine ausführliche
Darstellung der Problematik des Effektivzinssatzes auf Tietze (2011, S. 225ff.) verwiesen.
Der effektive Zinssatz lässt sich näherungsweise mit der so genannten Uniform-Methode
berechnen. Nach dieser gilt:

$$i_{\text{eff}} \approx \frac{\text{Kreditkosten}}{\text{Kreditsumme}} \cdot \frac{24}{\text{Laufzeit in Monaten} + 1} \cdot 100.$$

Dabei setzen sich die Kreditkosten additiv aus der Höhe der gesamten Zinsen und sämt-
lichen Gebühren zusammen. Sind alle Kosten bekannt, kann der effektive Jahreszinssatz
auch mit Tilgungsrechnern[3] aus dem Internet bestimmt werden.

Literatur

Pollert, A., Kirchner, B., Polzin, J. M.: Lexikon der Wirtschaft: Grundlegendes Wissen von A bis
    Z. (2004)
Rittershofer, W.: Wirtschaftslexikon: Über 4000 Stichwörter für Studium und Praxis. Deutscher
    Taschenbuch Verlag (2009)
Schwenkert, R., Stry, Y.: Finanzmathematik kompakt für Studierende und Praktiker. Physica-Verlag
    (2012)
Tietze, J.: Einführung in die Finanzmathemik. 11. Aufl., Vieweg-Verlag (2011)

---

[3] z. B. http://www.zinsen-berechnen.de/finanzrechner/ (Stand: 25.05.2015).

Steuern

4

Dieses Kapitel fasst aus fachwissenschaftlicher Sicht die wichtigsten ökonomischen und mathematischen Grundlagen derjenigen Inhalte zum Thema Steuern zusammen, die Gegenstand der im Teil III vorgestellten Unterrichtseinheiten sind. Im ökonomischen Teil wird auf wichtige Begriffe im Zusammenhang mit Steuern und auf die verschiedenen Steuerarten eingegangen. Der mathematische Teil beschäftigt sich mit der Bestimmung der Mehrwertsteuer und der Einkommensteuer. Hierbei setzen wir beim Leser grundlegende Kenntnisse aus dem Bereich der Prozentrechnung und im Umgang mit zusammengesetzten Funktionen voraus. Die Ausführungen der ökonomischen Grundlagen beziehen sich im Wesentlichen auf Bundesministerium der Finanzen (2013), Bundeszentrale für politische Bildung (2012), Keller (2013), Kreft (2012) und Seibold/Oblau/Wacker (2005). Zudem liegen den Erläuterungen folgende Gesetzestexte zugrunde:

- AO (Abgabenordnung in der Fassung der Bekanntmachung vom 1. Oktober 2002 (BGBl. I S. 3866; 2003 I S. 61), die zuletzt durch Artikel 2 des Gesetzes vom 22. Dezember 2014 (BGBl. I S. 2417) geändert worden ist)
- EStG (Einkommensteuergesetz in der Fassung der Bekanntmachung vom 8. Oktober 2009 (BGBl. I S. 3366, 3862), das zuletzt durch Artikel 5 des Gesetzes vom 22. Dezember 2014 (BGBl. I S. 2417) geändert worden ist)
- UStG (Umsatzsteuergesetz in der Fassung der Bekanntmachung vom 21. Februar 2005 (BGBl. I S. 386), das zuletzt durch Artikel 11 des Gesetzes vom 22. Dezember 2014 (BGBl. I S. 2417) geändert worden ist).

Die mathematischen Inhalte lassen sich aus den entsprechenden Gesetzesvorlagen und ökonomischen Begriffen herleiten.

© Springer Fachmedien Wiesbaden 2016
P. Daume, *Finanz- und Wirtschaftsmathematik im Unterricht Band 1*,
DOI 10.1007/978-3-658-10615-7_4

4.1   Was sind Steuern?

Steuern sind entsprechend der Definition in §3 Abs.1 AO „Geldleistungen, die nicht eine Gegenleistung für eine besondere Leistung darstellen und von einem öffentlich-rechtlichen Gemeinwesen zur Erzielung von Einnahmen allen auferlegt werden, bei denen der Tatbestand zutrifft, an den das Gesetz die Leistungspflicht knüpft." Steuern gehören als Zwangsabgaben also zu den gesetzlich geregelten, so genannten öffentlich-rechtlichen Abgaben und sind zugleich die wichtigste Einnahme- bzw. Finanzierungsquelle des Staates. Im Vergleich zu allen anderen Abgaben sind Steuern – der weitverbreiteten Auffassung widersprechend – an keine konkreten Gegenleistungen oder bestimmten Ausgabezwecke gebunden. Während die Einkünfte aus Mautzahlungen unmittelbar für den Ausbau und Erhalt des Straßennetzes genutzt werden müssen, fließen die steuerlichen Einnahmen aus der Kfz- oder Mineralölsteuer in den Gesamthaushalt Deutschlands ein. Entsprechend des Haushaltsplanes werden die steuerlichen Einnahmen dann für unterschiedliche Ausgaben verteilt. Zu den weiteren öffentlich-rechtlichen Abgaben gehören neben den Steuern Gebühren und Beiträge, die alle zweckgebunden erhoben werden. **Gebühren** werden für die tatsächliche Inanspruchnahme öffentlicher Leistungen entrichtet. Sie lassen sich in Verwaltungsgebühren (z. B. bei der Erstellung eines neuen Reisepasses oder einer Baugenehmigung) und Benutzungsgebühren (z. B. Müllgebühren, Abwassergebühren) unterteilen. **Beiträge** hingegen sind einmalige Abgaben für die mögliche Inanspruchnahme öffentlicher Leistungen. Sie dienen z. B. der Deckung der Kosten für den Ausbau oder die Erneuerung öffentlich-rechtlicher Einrichtungen. Beispielsweise müssen sich alle Eigentümer eines Neubaugebiets mit Erschließungsbeiträgen am Bau von Straßen und Wasserleitungen beteiligen.

Steuern dürfen wie alle anderen öffentlich-rechtlichen Abgaben nur dann erhoben werden, wenn sie mit dem Grundgesetz vereinbar sind. Für die Erhebung von Steuern gelten die folgenden Grundanforderungen, die auf die von Adam Smith 1776 erstellten Grundsätze[1] zurückgehen (vgl. Bundeszentrale für politische Bildung (2012), S. 8–11):

- Gleichmäßigkeit (Gleichheit): Die Höhe der Steuern, die sich an der wirtschaftlichen Leistungsfähigkeit der Bürger orientiert, werden nach bestimmten und transparenten Regeln erhoben, die für alle gleichermaßen gültig sind.
- Unmerklichkeit (Bequemlichkeit): Der Steuerzahler sollte möglichst wenig von der Steuerbelastung oder einer Steuererhöhung bemerken. Daher gelten heute u. a. indirekte Steuern (z. B. Umsatzsteuer) als unmerkliche Steuern, da bei diesen der steuerliche Anteil bereits in den Endpreisen enthalten ist. Weiterhin sollte die Besteuerung hinsichtlich Zahlungsmodalitäten und Zahlungsterminen für die Steuerzahler möglichst einfach sein.

---

[1] Die in den Klammern stehenden Begriffe sind die von Adam Smith urspünglich genutzten Bezeichnungen. Diese haben sich im Laufe der Zeit unserem heutigen Sprachgebrauch angepasst.

- Effizienz (Wohlfeilheit): Da Steuern wie bereits erwähnt als Einnahmequelle des Staates dienen, ist bei deren Erhebung darauf zu achten, die Kosten möglichst gering zu halten. Insbesondere ist ein zu hoher Verwaltungsaufwand zu vermeiden, der in der Regel mit Kosten verbunden ist. Weiterhin müssen mögliche negative ökonomische Auswirkungen durch Steuererhebungen berücksichtigt werden[2].
- Praktikabilität (Bestimmtheit): Die Besteuerung sollte in Form von einfachen Steuergesetzen möglichst transparent und nachvollziehbar sein. Willkürliche Steuererhebungen sind zu vermeiden.

Anscheinend widersprechen sich einige Grundsätze, so dass keine einzige Steuerart allen Kriterien gerecht werden kann. Beispielsweise wird die Einkommensteuer entsprechend der Höhe des Einkommens und damit nach dem Gerechtigkeitsprinzip erhoben. Die Höhe wird dabei in einem umfangreichen Einkommensteuergesetz geregelt, das aufgrund vieler Paragraphen für den Laien schwer nachvollziehbar ist. Insofern stellt sich hier die Frage, ob das Prinzip der Praktikabilität erfüllt ist. Bei der Mehrwert- bzw. Umsatzsteuer hingegen wird der Grundsatz der Gleichmäßigkeit nicht berücksichtigt. Unabhängig von der Leistungsfähigkeit müssen alle Bürger beim Einkauf eine Steuer in Höhe von 7 % bzw. 19 % des Nettopreises entrichten. In der Gesamtheit aller in Deutschland erhobenen Steuern werden dennoch alle Steuergrundsätze gleichmäßig berücksichtigt. Aus diesem Grund gibt es eine Vielzahl von unterschiedlichen Steuerarten, auf die im nächsten Abschnitt näher eingegangen wird.

4.2 Steuergruppen

Wie bereits im vorherigen Abschnitt erwähnt, gibt es in Deutschland eine Vielzahl von verschiedenen Steuerarten. Zu den bekannteren Steuern gehören u. a. die Einkommen-, Gewerbe-, und Umsatzsteuer, weniger bekannt sind beispielsweise die Schaumwein-, Schankerlaubnis- oder Rennwett- und Lotteriesteuer. Die einzelnen Steuern werden zu Steuergruppen zusammengefasst. Dabei liegen zur Unterteilung verschiedene Kriterien zugrunde. Nach der Häufigkeit der zu entrichtenden Steuern sind einmalige (z. B. Grunderwerbssteuer) und laufende Steuern (z. B. Einkommensteuer) zu unterscheiden (vgl. Bundesministerium der Finanzen (2013), S. 27). Besonders häufig werden jedoch Steuern nach ihrer Verwaltungs- und Vertragshoheit, ihrer volkswirtschaftlichen Bedeutung sowie dem Steuergegenstand voneinander abgegrenzt. Auf diese Kriterien werden wir im Folgenden näher eingehen. Es wird sich zeigen, dass eine klare Abgrenzung nicht immer möglich ist.

---

[2] Diese möglichen negativen Auswirkungen werden z. T. bewusst bei der Einführung von Steuern ausgenutzt, um entsprechende Verhaltensweisen zu lenken. Beispielsweise hatte die Einführung der Tabaksteuer das Ziel, den Tabakkonsum einzuschränken.

Tab. 4.1 Zusammenfassung der Steuergruppen nach Verwaltungs- und Ertragshoheit[3]

Steuergruppe	Verwaltungshoheit	Ertragshoheit	Beispiele
Bundessteuern	Bund	Bund	Tabaksteuer Kaffeesteuer Branntweinsteuer Kfz-Steuer
Ländersteuern	Länder	Länder	Erbschaftssteuer Grunderwerbsteuer
Gemeinschaftssteuern	Länder	Bund, Länder z. T. Gemeinden	Einkommensteuer Umsatzsteuer Kapitalertragsteuer
Gemeindesteuern	Länder, Gemeinden	Gemeinden	Gewerbesteuer Zweitwohnungssteuer Grundsteuer Hundesteuer

Steuergruppen nach Verwaltungs- und Ertragshoheit: Die Bundesrepublik Deutschland gliedert sich in Bund, Länder und Gemeinden. Sie sind nach dem Grundgesetz für verschiedene Aufgaben zuständig und müssen daher für die entsprechende Finanzierung aufkommen. Aus diesem Grund ist die Steuerverwaltung in Deutschland zwischen Bund, Ländern und Gemeinden aufgeteilt, die entsprechenden Behörden können Steuern festlegen und erheben. Dabei wird grundsätzlich zwischen der Verwaltungshoheit (dem Recht zur Erhebung von Steuern) und der Ertragshoheit (dem Recht zur Verwendung der Steuereinnahmen) unterschieden. Daraus ergibt sich die Unterteilung in Bundes-, Länder-, Gemeinschafts- und Gemeindesteuern. Die **Bundessteuern** werden von den Hauptzollämtern verwaltet und fließen vollständig in den Bundeshaushalt ein. Hierzu gehören beispielsweise die Kaffee-, Kfz- und Mineralölsteuer. Die eingenommenen **Ländersteuern** (z. B. Erbschaftssteuer) stehen ausschließlich den Ländern zu und werden von diesen auch verwaltet. Bei Bundes- und Ländersteuern liegen die Verwaltungs- und Ertragshoheit demnach vollständig beim Bund bzw. bei den Ländern. Bei den **Gemeinschaftssteuern** erhalten die Länder zwar die alleinige Verwaltungshoheit, die Ertragshoheit teilen sich jedoch Bund und Länder. Im Auftrag der Bundesregierung verwalten die Finanzämter der einzelnen Länder die Gemeinschaftssteuern, zu denen die Einkommen- und Umsatzsteuer gehören. Dennoch stehen die Einnahmen sowohl dem Bund als auch den Ländern zu. Für **Gemeindesteuern** besitzen die Gemeinden grundsätzlich die Ertragshoheit, Bund und Länder sind jedoch an der Gewerbesteuer durch eine Gewerbesteuerumlage mit ca. 20 % beteiligt. Die Verwaltungshoheit teilen sich Länder und Gemeinden. Neben der Gewerbesteuer können die Gemeinden örtliche Steuern wie die Hunde- oder Zweitwohnungssteuer erheben. Die Tab. 4.1 fasst die Steuerarten nach Verwaltungs- und Ertragshoheit zusammen.

---

[3] Eine Übersicht über die Verwaltungs- und Ertragshoheit der einzelnen Steuerarten ist in Bundesministerium der Finanzen (2013, S. 28–29) zu finden.

Tab. 4.2 Zusammenfassung der Steuergruppen nach volkswirtschaftlicher Bedeutung

Steuergruppe	Erhebung auf	Beispiele
Besitzsteuern	Vermögenszuwachs (Ertragssteuern) Vermögensbesitz (Substanzsteuern)	Einkommensteuer Gewerbesteuer Körperschaftsteuer Grundsteuer
Verbrauchsteuern	(tatsächlichen) Verbrauch bestimmter Güter	Tabaksteuer Kaffeesteuer Biersteuer Mineralölsteuer
Verkehrssteuern	Teilnahme am Rechts- und Wirtschaftsverkehr	Umsatzsteuer Grunderwerbssteuer

Steuergruppen nach volkswirtschaftlicher Bedeutung: Unter Berücksichtigung der volkswirtschaftlichen Bedeutung von Steuern sind Besitz-, Verkehrs- und Verbrauchsteuern zu unterscheiden. **Besitzsteuern** werden in Form von Ertragssteuern (z. B. Einkommensteuer, Gewerbesteuer, Körperschaftsteuer) auf Vermögenszuwächse oder in Form von Substanzsteuern auf das Eigentum (z. B. Grundsteuer) erhoben. **Verbrauchsteuern** fallen beim tatsächlichen Verbrauch bzw. Erwerb bestimmter Güter an. Hierzu zählen die Tabak-, Schaumwein-, Mineralöl- oder Stromsteuer. Die **Verkehrssteuer** (auch Verkehrsteuer) wird auf die Teilnahme am Rechts- und Wirtschaftsverkehr erhoben, wobei der Leistungsaustausch auf Grundlage von Rechtsvorschriften eingeschlossen ist. Insofern gehören u. a. die Grunderwerbs- und die Umsatzsteuer zu den Verkehrssteuern. Die Tab. 4.2 fasst die wesentlichen Merkmale zusammen.

Steuergruppen nach dem Steuergegenstand: Der Gegenstand der Besteuerung kann ebenfalls die Grundlage für die Einteilung der Steuerarten sein. Hierbei ergibt sich eine Klassifikation in Aufwand-, Umwelt und Verbrauchsteuern. Mit der **Aufwandsteuer** eng verbunden ist der Begriff Luxussteuer. Sie wird vom Staat auf so genannte Luxusgüter erhoben, zu denen aus steuerrechtlicher Sicht auch Hunde gehören. Die **Umweltsteuer** wird für die Nutzung von natürlichen Ressourcen erhoben und soll einen Anreiz für ein umweltschonendes Verhalten geben. Hierzu zählen beispielsweise die Mineralöl- oder Energiesteuer. Hinsichtlich des Steuergegenstandes gibt es die Unterscheidung zwischen Personen- und Realsteuern. **Personensteuern** (auch Subjektsteuern) richten sich nach den persönlichen Verhältnissen des Steuerpflichtigen und werden sowohl auf Einkommen (z. B. Einkommensteuer) als auch auf Vermögen (z. B. Erbschaftsteuer) erhoben. Sie setzen generell bei natürlichen oder juristischen Personen (z. B. Körperschaften) an. **Realsteuern** (auch Objektsteuern) hingegen nehmen keine Rücksicht auf die persönlichen Verhältnisse des Steuerpflichtigen und sind an einen sachlichen Steuergegenstand gebunden. Als Beispiele sind die Grund- oder Gewerbesteuer zu nennen. Die Tab. 4.3 fasst die wesentliche Merkmale der genannten Steuerarten zusammen.

Tab. 4.3 Zusammenfassung der Steuergruppen nach dem Steuergegenstand

Steuergruppe	Erhebung auf	Beispiele
Aufwandsteuern	Gebrauch von Luxusgütern	Hundesteuer Zweitwohnungssteuer
Umweltsteuern	Nutzung von natürlichen Ressourcen Umweltverschmutzung	Mineralölsteuer Energiesteuer Kernbrennstoffsteuer
Personensteuern (Subjektsteuern)	Einkommen Vermögen	Einkommensteuer Erbschaftsteuer Körperschaftsteuer Kirchensteuer
Realsteuern (Objektsteuern)	sachlichen Steuergegenstand	Grundsteuer Gewerbesteuer

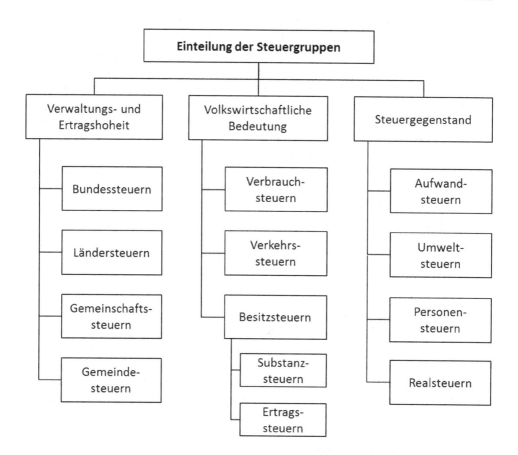

Abb. 4.1 Übersicht über die Einteilung von Steuerarten in Steuergruppen

Wie wir sehen, gibt es verschiedene Kriterien für die Einteilung von Steuern in Steuergruppen. Die Abb. 4.1 fasst diese abschließend übersichtlich zusammen.

4.3 Umsatz- bzw. Mehrwertsteuer

Die Umsatz- bzw. Mehrwertsteuer spielt in Hinblick auf die jährlichen Steuereinnahmen neben der Einkommensteuer eine große Rolle. So stellte sie beispielsweise im Jahr 2014 die zweitwichtigste Einnahmequelle dar (vgl. Bundesministerium der Finanzen (2014)). Dies ist u. a. damit zu begründen, dass jeder noch so kleine Umsatz besteuert wird. Ausgenommen sind lediglich Einnahmen aus privaten Verkäufen. Die Umsatzsteuer gehört zu den so genannten indirekten Steuern, da Steuerschuldner und Steuerzahler nicht identisch sind. Obwohl z. B. beim Erwerb eines Autos 19 % Mehrwertsteuer fällig werden, zahlt der Kunde als Steuerschuldner diese Steuern nicht direkt an das Finanzamt. Das verkaufende Unternehmen führt diese als Steuerzahler an den Fiskus ab. Die Umsatzsteuer wird zwischen Bund und Ländern aufgeteilt, wobei die Verteilung regelmäßig neu festgelegt wird. Damit soll sichergestellt werden, dass das Verhältnis zwischen Einnahmen und Ausgaben bei Bund und Ländern stets gleich groß ist. Als gesetzliche Grundlage für die Umsatzsteuer gilt das Umsatzsteuergesetz (UStG). Hier ist u. a. geregelt, welche Leistungen der Umsatzsteuer unterliegen (§1 Abs. 1 UStG), welche Leistungen steuerbefreit (§4 UStG) und welche Steuersätze (§12 UStG) anzuwenden sind. Grundsätzlich beträgt der normale Steuersatz 19 %. Ein ermäßigter Steuersatz von 7 % wird für die wichtigsten Güter des alltäglichen Lebens gewährt. Dazu gehören beispielsweise Lebensmittel, Bücher und landwirtschaftliche Erzeugnisse. Welche Güter mit dem ermäßigten Steuersatz besteuerbar sind, ist in der Anlage 2 zu §12 Abs. 2 Nr. 1 und 2 UStG aufgeführt. Hier zeigen sich mitunter kuriose, z. T. schwer nachvollziehbare Entscheidungen: Mineralwasser (19 %) beispielsweise gehört nicht zur Grundversorgung, Süßwaren (7 %) hingegen schon. Sojamilch (19 %) ist nach dem Gesetz keine Milch (7 %), Süßkartoffeln (19 %) gehören nicht zu den Agrarprodukten wie Kartoffeln (7 %). Ebenso gibt es für künstliche Gelenke eine Steuerermäßigung, auf einzelne Teile oder Zubehör aber nicht. Ausgenommen von einer Besteuerung nach §4 UStG sind beispielsweise ärztliche Leistungen, Briefmarken, Mieten, aber auch Privatverkäufe (z. B. auf Flohmärkten) und Verkäufe ins Ausland (Exporte). Betrachten wir abschließend ein Beispiel zur Berechnung der Mehrwertsteuer, das gleichzeitig aufzeigt, wie Kunden von Möbelhäusern oder Elektrogroßmärkten von der Mehrwertsteuer „befreit" werden können.

Beispiel 4.3.1 („Geschenkte" Mehrwertsteuer) *Ein großes Möbelhaus wirbt mit dem Slogan „19 % Mehrwertsteuer geschenkt". Da aus gesetzlichen Gründen die Mehrwertsteuer nicht erlassen werden darf (zumindest nicht auf das übliche Warensortiment bzw. die gewöhnlichen Dienstleistungen eines Möbelhauses), muss sich das Unternehmen eines Tricks bedienen. Es muss auf dem Kassenbon einen reduzierten Nettowert und eine Mehrwertsteuer ausweisen, so dass in der Summe beider der ursprüngliche um die „Mehr-*

wertsteuer reduzierte" Preis angegeben und gezahlt wird. Doch um welchen Prozentsatz ist der ursprüngliche Preis zu senken, damit der Kunde den Artikelpreis ohne Mehrwertsteuer zahlt?

Es sei x der urspüngliche Nettowarenwert. Dann beträgt der in der Möbelausstellung ausgewiesene Bruttowarenwert 1,19x. Der Kunde möchte aber nur den Wert x zahlen, der daher auf dem Kassenbon als neuer Bruttopreis ausgewiesen sein muss. Wir müssen also einen reduzierten Nettowarenwert x' bestimmen, der inklusive der Mehrwertsteuer den urspünglichen Nettowarenwert x ergibt. Es gilt:

$$\frac{x}{1,19} = x', \quad \text{also} \quad x' \approx 0,8403x$$

Offensichtlich muss der ursprüngliche Nettowarenwert um ca. 15,97 % gesenkt werden, damit der Kunde einen Endpreis bezahlt, der „keine Mehrwertsteuer enthält". Daher weisen die Kassenbons bei Aktionen der Art „19 % Mehrwertsteuer geschenkt" stets einen um 15,97 % reduzierten Nettowarenwert auf, auf den dann wiederum die gesetzliche Mehrwertsteuer in Höhe von 19 % erhoben wird.

Im Kleingedruckten der entsprechenden Werbungen ist dies häufig zu lesen. Dennoch erkennen viele Kunden den beschriebenen Zusammenhang nicht und fühlen sich getäuscht.

4.4 Einkommensteuer

4.4.1 Höhe der Einkommensteuer

Die Einkommensteuer gehört zu den Personen- und Besitzsteuern. Sie ist neben der Umsatzsteuer eine der wichtigsten Einnahmequellen des Staates und wird auf das Einkommen von Personen erhoben, die ihren Wohnsitz (oder gewöhnlichen Aufenthaltsort) in Deutschland haben. Eine besondere Form der Einkommensteuer ist die Lohnsteuer (siehe Abschn. 4.5), die von den Einkünften nichtselbstständiger Arbeit eingefordert wird. Die Einkommensarten werden im §8 EStG geregelt, zu ihnen gehören:

- Einkünfte aus Land- und Forstwirtschaft (§§13 bis 14a EStG)
- Einkünfte aus Gewerbebetrieb (§§15 bis 17 EStG)
- Einkünfte aus selbstständiger Arbeit (§18 EStG)
- Einkünfte aus nichtselbstständiger Arbeit (§19 EStG)
- Einkünfte aus Kapitalvermögen (§20 EStG)
- Einkünfte aus Vermietung und Verpachtung (§21 EStG)
- Sonstige Einkünfte (§§22 bis 23 EStG).

Ebenso ist festgelegt, welche Einnahmen steuerfrei bleiben. So ist beispielsweise nach §3b Abs. 1 EStG ein Zuschlag für Nachtarbeit (20 bis 6 Uhr) vollständig steuerfrei, wenn der Zuschlag 25 % des Grundgehalts nicht überschreitet. Elterngeld hingegen wird ohne Abzug von Steuern ausgezahlt, unterliegt aber nach §32b Abs. 1 dem Progressionsvorbehalt. Bei der Einkommensteuererklärung[4] wird das Elterngeld auf das Jahreseinkommen angerechnet und kann somit Einfluss auf die Höhe des tatsächlichen Steuersatzes haben, der sich aus der Summe aller Einnahmen ergibt.

Die Besteuerung erfolgt nach dem Prinzip der Gerechtigkeit (siehe Abschn. 4.1), das insbesondere durch einen linear-progressiven Steuertarif realisiert werden soll. Demnach soll jeder Steuerpflichtige entsprechend seiner Leistungsfähigkeit, bestimmt durch die Höhe des Einkommens, Steuern zahlen. Die genaue Summe der abzuführenden Steuern ist im §32a Abs. 1 EStG festgelegt.

§32a

(1) Die tarifliche Einkommensteuer in den Veranlagungszeiträumen ab 2014 bemisst sich nach dem zu versteuernden Einkommen. Sie beträgt [...] jeweils in Euro für zu versteuernde Einkommen

1. bis 8354 Euro (Grundfreibetrag): 0
2. von 8355 bis 13.469 Euro: $(974{,}58 \cdot y + 1400) \cdot y$
3. von 13.470 bis 52.881 Euro: $(228{,}74 \cdot z + 2397) \cdot z + 971$
4. von 52.882 bis 250.730 Euro: $0{,}42 \cdot x - 8239$
5. von 250.731 Euro an: $0{,}45 \cdot x - 15.761$.

„y" ist ein Zehntausendstel des den Grundfreibetrag übersteigenden Teils des auf einen vollen Euro-Betrag abgerundeten zu versteuernden Einkommens. „z" ist ein Zehntausendstel des 13.469 Euro übersteigenden Teils des auf einen vollen Euro-Betrag abgerundeten zu versteuernden Einkommens. „x" ist das auf einen vollen Euro-Betrag abgerundete zu versteuernde Einkommen. Der sich ergebende Steuerbetrag ist auf den nächsten vollen Euro-Betrag abzurunden.

Der Grundfreibetrag in Höhe von € 8354 beschreibt das so genannte Existenzminimum, wobei sich die Angaben auf ein Jahreseinkommen[5] beziehen. Darunter versteht man das steuerfreie Einkommen, das eine alleinstehende, steuerpflichtige Person für seinen Lebensunterhalt benötigt. Die Höhe des Existenzminimums richtet sich nach den allgemeinen wirtschaftlichen Verhältnissen in Deutschland und leitet sich aus dem Mindestbedarf eines mittellosen Bürgers im Sozialhilferecht ab. Es wird regelmäßig überprüft und ggf. angepasst. Im Folgenden möchten wir zwei Beispiele betrachten, die zeigen, wie mit Hilfe des Einkommensteuergesetzes die Höhe der Einkommensteuer berechnet wird.

---

[4] Wird Elterngeld gezahlt, ist man zur Abgabe einer Einkommensteuererklärung verpflichtet.

[5] Sofern nichts anderes angegeben, ist ab sofort mit dem Einkommen das Jahreseinkommen gemeint.

Beispiel 4.4.1 (Einkommensteuer) *Zunächst betrage das Einkommen einer Person € 12.378,51. Mit §32a Abs. 1 EStG wird die Einkommensteuer gemäß der Formel*

$$(974{,}58 \cdot y + 1400) \cdot y$$

berechnet, wobei y ein Zehntausendstel der Differenz zwischen dem Einkommen (auf vollen Euro-Betrag abgerundet) und dem Freibetrag in Höhe von € 8354 ist. Für die abzuführende Einkommensteuer gilt also

$$\left(974{,}58 \cdot \frac{12.378 - 8354}{10.000} + 1400\right) \cdot \frac{12.378 - 8354}{10.000} = 721{,}17.$$

Da der berechnete Steuerbetrag auf den nächsten vollen Euro abzurunden ist, ergibt sich eine Einkommensteuer von € 721.

Nun betrage das Einkommen einer Person € 22.718,35. Dann berechnet sich die Einkommensteuer gemäß der Formel

$$(228{,}74 \cdot z + 2397) \cdot z + 971,$$

wobei z ein Zehntausendstel der Differenz zwischen dem Einkommen (auf vollen Euro-Betrag abgerundet) und € 13.469 ist. Für die Einkommensteuer gilt also:

$$\left(228{,}74 \cdot \frac{22.718 - 13.469}{10.000} + 2397\right) \cdot \frac{22.718 - 13.469}{10.000} + 971 = 3383{,}66.$$

Folglich sind € 3383 als Einkommensteuer abzuführen.

Aus den gesetzlichen Vorgaben des Einkommensteuergesetzes lässt sich die so genannte Steuerfunktion t ableiten, die jedem Einkommen x die zu zahlende Einkommensteuer $t(x)$ zuordnet.

Satz 4.4.2 (Steuerfunktion)
Es sei x das auf einen vollen Euro-Betrag abgerundete zu versteuernde Jahreseinkommen. Dann berechnet sich die zu zahlende Einkommensteuer $t(x)$ gemäß der folgenden Formel:

$$t(x) = \begin{cases} 0 & 0 \leq x < 8355 \\ \left(974{,}58 \cdot \frac{x-8354}{10.000} + 1400\right) \cdot \frac{x-8354}{10.000} & 8355 \leq x < 13.470 \\ \left(228{,}74 \cdot \frac{x-13.469}{10.000} + 2397\right) \cdot \frac{x-13.469}{10.000} + 971 & 13.470 \leq x < 52.882 \\ 0{,}42x - 8239 & 52.882 \leq x < 250.731 \\ 0{,}45x - 15.761 & x \geq 250.731 \end{cases}$$

Die Einkommensteuer $t(x)$ ist auf einen vollen Euro abzurunden.

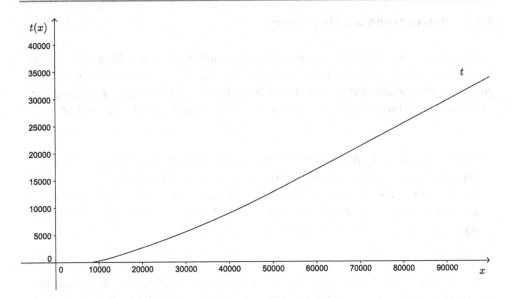

Abb. 4.2 Graph der Steuerfunktion

Wir stellen fest, dass die Steuerfunktion in mehreren Intervallen durch verschiedene Polynome definiert ist, sie ist also ein realitätsnahes Beispiel für eine zusammengesetzte Funktion. Wir möchten diese Funktion im Folgenden näher mathematisch untersuchen. Daher fassen wir sie als reelle Funktion $t : \mathbb{R} \to \mathbb{R}, x \mapsto t(x)$ auf, auch wenn in der Realität nur natürliche Zahlen als Argumente auftreten können. In der Abb. 4.2 ist der Graph der Steuerfunktion abgebildet.

Wir erkennen, dass die Funktion monoton steigend[6] ist, d. h. die zu zahlenden absoluten Einkommensteuern steigen mit wachsendem Einkommen. Betrachtet man die Prinzipien der Besteuerung (Abschn. 4.1), so kann aufgrund der Monotonie festgestellt werden, dass das Gleichmäßigkeitsprinzip berücksichtigt wird. Steuerpflichtige mit einem unterschiedlich hohen Einkommen zahlen entsprechend ihrer Leistungsfähigkeit verschieden hohe Einkommensteuern. Erzielen zwei Personen das gleiche Einkommen, sind die Einkommensteuern bei beiden gleich hoch.

Aus mathematischer Sicht sind die Intervallgrenzen des Einkommens interessant. Der Graph erscheint auf den ersten Blick stetig: Es lässt sich aber zeigen, dass dies nicht der Fall ist. Beispielsweise gilt für $x_0 = 52.881$:

$$t(x_0) = 13.971{,}088\,, \quad \text{aber} \quad \lim_{x \to x_0^+} t(x) = \lim_{x \to x_0^+} (0{,}42x - 8239) = 13.971{,}02.$$

Da also $t(x_0) \neq \lim_{x \to x_0^+} t(x)$ ist, ist die Steuerfunktion in $x_0 = 52.881$ nicht stetig. Dies gilt auch für alle anderen Intervallgrenzen. Aus steuerpolitischer Sicht sind diese kleinen Sprungstellen allerdings unerheblich, da x und $t(x)$ ohnehin (abgerundete) natürliche Zahlen sind.

---

[6] Auf einen rechnerischen Nachweis verzichten wir an dieser Stelle.

4.4.2 Besteuerung bei Ehepaaren

Für die Besteuerung des Einkommens von Ehepaaren werden je nach Staat verschiedene Verfahren angewendet. In Deutschland können Ehepaare zwischen einer Einzelveranlagung oder einer Zusammenveranlagung wählen. Bei einer Zusammenveranlagung wird das Splittingverfahren angewendet, das im §32a Abs. 5 EStG wie folgt geregelt ist.

> (5) Bei Ehegatten, die nach den §§26, 26b zusammen zur Einkommensteuer veranlagt werden, beträgt die tarifliche Einkommensteuer vorbehaltlich der §§32b, 32d, 34, 34a, 34b und 34c das Zweifache des Steuerbetrags, der sich für die Hälfte ihres gemeinsam zu versteuernden Einkommens nach Absatz 1 ergibt (Splitting-Verfahren).

Bezeichnen x_1 und x_2 die jeweils zu versteuernden Einkommen der Ehepartner, berechnet sich je nach gewähltem Steuermodell die zu zahlende Einkommensteuer für das gesamte zu versteuernde Einkommen x entweder durch Einzelveranlagung $t_e(x) = t(x_1) + t(x_2)$ oder durch Zusammenveranlagung nach dem Splittingverfahren $t_s(x) = 2 \cdot t\left(\frac{x_1+x_2}{2}\right)$.

Beispiel 4.4.3 (Besteuerung von Ehepaaren) *Wir betrachten erneut die Werte aus Beispiel 4.4.1. Demnach seien $x_1 = 12.378,51$ und $x_2 = 22.718,35$. Wir möchten untersuchen, welche Veranlagungsform für das Ehepaar günstiger ist.*

1. *Einzelveranlagung: Gesucht ist $t_e(x) = t(x_1) + t(x_2)$. Mit den Werten aus Beispiel 4.4.1 erhalten wir für $t(x_1) + t(x_2) = 721 + 3383 = 4104$. Im Falle einer Einzelveranlagung müsste das Ehepaar also insgesamt € 4104 Steuern abführen.*
2. *Zusammenveranlagung: Gesucht ist $t_s(x) = 2 \cdot t\left(\frac{x_1+x_2}{2}\right)$. Das gesamte zu versteuernde Einkommen beträgt € 35.096. Demnach gilt:*

$$t_s(x) = 2 \cdot t(17.548) = 2 \cdot 1986 = 3972$$

Im Falle des Splittingverfahrens ist eine Einkommensteuer in Höhe von € 3972 fällig.

Es zeigt sich, dass in unserem Beispiel eine Zusammenveranlagung günstiger ist als eine Einzelveranlagung. Dies ist häufig der Fall. Weitere Untersuchungen würden zeigen, dass sich das Ehegattensplitting insbesondere bei großen Gehaltsunterschieden lohnt (siehe Abschn. 10.3.2). Aus diesem Grund wird das Ehegattensplitting häufig kritisiert, da es das Modell der „Hausfrauenehe" (auch der kinderlosen) steuerlich bevorzugt. Als alternatives Steuermodell wird daher gelegentlich ein Familiensplittingtarif diskutiert, der die Anzahl der Kinder unabhängig von der gewählten Lebensform berücksichtigt.

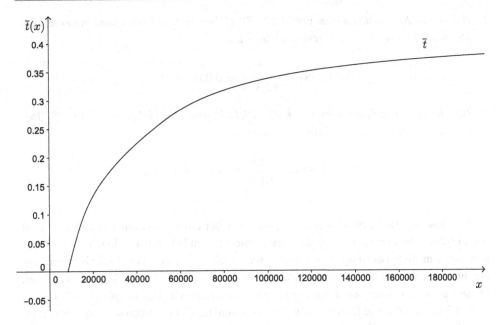

Abb. 4.3 Graph der Durchschnittssteuersatzfunktion

4.4.3 Durchschnittssteuersatz

Neben der Frage nach der absoluten Höhe der abzuführenden Steuern interessiert uns natürlich die Frage, wie viel Prozent eines Einkommens in Form von Steuern fällig werden. Diesen Anteil bezeichnet man aus steuerpolitischer Sicht als Durchschnittssteuersatz. Er ist wie folgt definiert:

Definition 4.4.4 (Durchschnittssteuersatz)
Der Durchschnittssteuersatz $\bar{t}(x)$ *gibt an, welcher Anteil vom Einkommen als Steuern abzuführen ist. Er wird aus dem zu versteuernden Einkommen* x *und den abzuführenden Steuern* $t(x)$ *gemäß der folgenden Formel berechnet:*

$$\bar{t}(x) = \frac{t(x)}{x} .$$

Beispiel 4.4.5 (Durchschnittssteuersatz) *Wir betrachten erneut die beiden Einkommen aus Beispiel 4.4.1:*

1. *Bei einem Jahreseinkommen von € 12.378,21 beträgt die Einkommensteuer € 721.
Demnach beträgt der Durchschnittssteuersatz:*

$$\bar{t}(12.378) = \frac{721}{12.378} \approx 0{,}058 = 5{,}8\,\%.$$

2. *Bei einem Jahreseinkommen von € 22.718,35 beträgt die Einkommensteuer € 3383.
Daraus ergibt sich für den Durchschnittssteuersatz:*

$$\bar{t}(22.718) = \frac{3383}{22.178} \approx 0{,}149 = 14{,}9\,\%.$$

Aus unserem Beispiel wird deutlich, dass wir bei einem höheren Einkommen nicht
nur absolut, sondern auch prozentual mehr Steuern zahlen müssen. Doch ist dies immer so? Zur Beantwortung dieser Frage untersuchen wir den Durchschnittssteuersatz
erneut mathematisch und fassen ihn als reelle Funktion $\bar{t} : \mathbb{R} \to \mathbb{R}, x \mapsto \bar{t}(x)$ auf.
Diese Funktion nennen wir Durchschnittssteuersatzfunktion. Der Graph von $\bar{t}(x)$ ist in
Abb. 4.3 dargestellt. Die Durchschnittssteuersatzfunktion ist monoton steigend[7]. Die relativen Steuerabgaben erhöhen sich also mit steigendem Einkommen. Doch wie hoch kann
der Durchschnittssteuersatz maximal werden? Hierzu betrachten wir den Grenzwert von
$\bar{t}(x)$:

$$\lim_{x \to \infty} \bar{t}(x) = \lim_{x \to \infty} \frac{0{,}45x - 15.761}{x} = \lim_{x \to \infty} 0{,}45 - \frac{15.761}{x} = 0{,}45.$$

Aus der Funktionsgleichung ist ersichtlich, dass dieser Durchschnittssteuersatz von 45 %
in der Realität nicht erreicht wird. Hierzu eine Anmerkung: Der Steuersatz von 45 %
wird häufig auch als „Reichensteuersatz" bezeichnet, wobei dieser nicht mit dem maximalen Durchschnittssteuersatz verwechselt werden darf. Entgegen der weit verbreiteten
Auffassung wird der Reichensteuersatz nicht auf das gesamte Einkommen angewendet
(in diesem Falle hieße die Funktionsgleichung $0{,}45x$). Vielmehr wird von jedem Euro,
der über einem Einkommen von € 250.731 liegt, eine Steuer in Höhe von € 0,45 abgeführt.

4.4.4 Grenzsteuersatz

Neben der Frage nach dem durchschnittlichen Steuersatz interessiert uns, wie sich Erhöhungen im Einkommen auf den Steuersatz auswirken. Dazu betrachten wir zunächst ein
Beispiel.

---

[7] Auf einen rechnerischen Nachweis verzichten wir erneut.

Beispiel 4.4.6 (Auswirkungen von Einkommenserhöhungen) *Angenommen, das Jahreseinkommen erhöht sich von* $x_1 = 12.743$ *auf* $x_2 = 13.794$. *Mit Hilfe des Einkommensteuergesetzes erhalten wir die Steuerzahlungen von* $t(x_1) = 802$ *und* $t(x_2) = 1049$. *Bei einer Einkommenserhöhung um* € *1051 müssen also insgesamt* € *247 mehr Steuern gezahlt werden. Dadurch steigt der Durchschnittssteuersatz von 6,3 % auf 7,6 %.*

Auf den ersten Blick scheinen die obigen Zahlen noch akzeptabel. Betrachten wir nur den Mehrverdienst, sieht das schon ganz anders aus: Wenn wir für den Mehrverdienst von € 1051 Steuern in Höhe von € 247 abführen müssen, dann zahlen wir von genau diesem Mehrverdienst immerhin 23,5 % Steuern. Wir möchten diesen Sprung mathematisch näher betrachten: Ein Einkommenszuwachs von Δx bedeutet eine Erhöhung der Steuern um Δt. Daraus ergibt sich auf diesen Zuwachs ein Steuersatz von:

$$\frac{\Delta t}{\Delta x} = \frac{t(x_2) - t(x_1)}{x_2 - x_1} = \frac{247}{1051} \approx 0{,}235. \tag{4.1}$$

Der Ausdruck (4.1) ist ein Differenzenquotient, der uns die Steigung der Sekante durch die beiden Punkte $P_1(12.743 | t(12.743))$ und $P_2(13.794 | t(13.794))$ der Steuerfunktion angibt. Was passiert nun, wenn Δx immer kleiner wird, d. h., wenn der Differenzenquotient in den Differentialquotienten übergeht? Hier nähern wir uns der Tangentensteigung an. Der Anstieg der Tangente wird durch den entsprechenden Differentialquotienten berechnet. Der Differentialquotient bzw. die erste Ableitung der Steuerfunktion gibt dabei an, welcher Anteil eines zusätzlich verdienten Euros als Steuer abzuführen ist. In steuerpolitischer Sprechweise wird er auch Grenzsteuersatz genannt.

Definition 4.4.7 (Grenzsteuersatz)
Der Grenzsteuersatz $\hat{t}(x)$ *ist definiert als erste Ableitung der Steuerfunktion:*
$\hat{t}(x) := t'(x)$.

Wir fassen den Grenzsteuersatz wiederum als reelle Funktion $\hat{t} : \mathbb{R} \to \mathbb{R}, x \mapsto \hat{t}(x)$ auf, auch wenn in der Realität nur natürliche Zahlen als Argumente zugelassen sind. Diese Funktion nennen wir Grenzsteuersatzfunktion. Da die Steuerfunktion $t(x)$ nicht stetig ist, ist die Grenzsteuersatzfunktion an den Unstetigkeitsstellen von $t(x)$ nicht definiert. Da sowohl die Anzahl als auch die Höhe der Spünge von $t(x)$ minimal sind, können wir diese Problematik vernachlässigen. Anhand des Graphen der Grenzsteuersatzfunktion in Abb. 4.4 wird das linear-progressive Steuermodell Deutschlands gut sichtbar. Zunächst bleibt das Einkommen bis zu einer Höhe des Grundfreibetrages (€ 8354 mit Stand vom 25.05.2015) steuerfrei. Nach dem Verlassen der steuerfreien Zone erfolgt die Besteuerung zu unterschiedlichen Grenz-

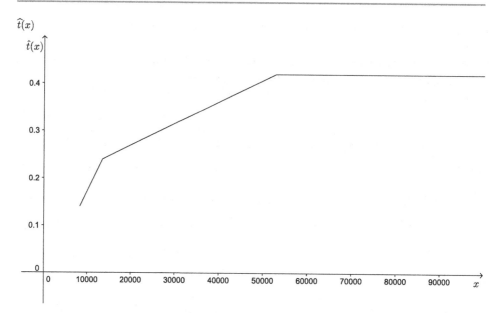

Abb. 4.4 Ausschnitt vom Graphen der Grenzsteuersatzfunktion

steuersätzen[8]. Der erste zusätzlich verdiente Euro über dem Grundfreibetrag wird mit einem Eingangssteuersatz von 14 % besteuert. Dies ist der niedrigste Grenzsteuersatz[9]. Der Grenzsteuersatz steigt anschließend bis zum „Reichensteuersatz" von 45 % an. Das genaue Verhalten der Grenzsteuersätze in den einzelnen Tarifzonen[10] ist in der Tab. 4.4 zusammengefasst. Betrachten wir abschließend erneut den Graphen der Grenzsteuersatzfunktion in Abb. 4.4, so fällt auf, dass der Anstieg der Geraden insbesondere in der ersten Progressionszone besonders hoch ist. Insbesondere in niedrigen Einkommensbereichen wirken sich Einkommenserhöhungen verhältnismäßig schnell auf den Steuersatz aus. Dies wird häufig im deutschen Steuerrecht kritisiert.

4.5 Lohnsteuer

Entgegen einer weit verbreiteten Auffassung ist die Lohnsteuer keine eigene Steuerart, sondern eine besondere Erhebungsform der Einkommensteuer. Die gesetzlichen Rahmen-

---

[8] In den folgenden Ausführungen ist mit Steuersatz der Grenzsteuersatz gemeint. Es ist also der Steuersatz angegeben, der auf jeden zusätzlich eingenommenen Euro erhoben wird.
[9] Mathematisch ist er gleichbedeutend mit der Steigung der Steuerbetragsfunktion am unteren Ende der ersten Progressionszone. Dieser und auch die folgenden Grenzssteuersätze wurden mit Geogebra bestimmt. Es ist aber auch eine händische Untersuchung möglich.
[10] Die einzelnen Begriffe entstammen dem Steuerrecht. In der Mathematik wäre anstatt „Propotionalitätszone" der Begriff „Konstantenzone" passender.

Tab. 4.4 Übersicht über das Verhalten der Grenzsteuersätze

Einkommen	„Steuertarifzone"	Verhalten des Grenzsteuersatzes
bis € 8354	Grundfreibetrag	keine Steuern
€ 8355 bis € 13.469	1. Progressionszone	Steuersatz steigt linear vom Eingangssteuersatz von 14% auf 23,97%
€ 13.470 bis € 52.881	2. Progressionszone	Steuersatz steigt linear von 23,97% auf 42 %, Steigung geringer als in erster Progressionszone
€ 52.881 bis € 250.730	1. Proportionalitätszone: Spitzensteuersatz	konstanter Steuersatz von 42%
ab € 250.730	2. Proportionalitätszone: „Reichensteuersatz"	konstanter Steuersatz von 45%

bedingungen zur Lohnsteuer sind daher im §38 EStG geregelt. Die Lohnsteuer, die vom Arbeitgeber an das zuständige Finanzamt abzuführen ist, gilt als Steuervorauszahlung auf das (erwartete) Jahreseinkommen. Dabei tritt folgendes Problem auf: Dem Arbeitgeber ist nur der Bruttolohn aus dem jeweiligen Arbeitsverhältnis bekannt, das gesamte zu versteuernde Einkommen hingegen nicht. Vom angenommenen Jahresbruttogehalt werden in der Regel pauschal 1000 Euro Werbungskosten (§9 Abs. 1 EStG), ein Pauschalbetrag von 36 Euro für sonstige Sonderausgaben (§10c EStG) und eine bruttolohnabhängige Vorsorgepauschale[11] abgezogen. Die genauen Freibeträge und Pauschalbeträge werden durch die Einteilung in Lohnsteuerklassen geregelt, die bestimmte persönliche Merkmale wie den Familienstand berücksichtigen. Im Folgenden sind die einzelnen Lohnsteuerklassen mit den grundsätzlichen Zuordnungen aufgeführt. Für eine ausführliche Erläuterung sei auf §38b EStG hingewiesen.

- Lohnsteuerklasse I: Ledige oder geschiedene Arbeitnehmer sowie dauerhaft getrennt lebende Ehepartner
- Lohnsteuerklasse II: Alleinerziehende
- Lohnsteuerklasse III/V: Ehepartner (mit hohen Gehaltsunterschieden), nur in Kombination wählbar
- Lohnsteuerklasse IV: Standardmodell für Verheirate, gilt gleichzeitig für beide Ehepartner
- Lohnsteuerklasse VI: bei mehreren Beschäftigungen

Entsprechend der Lohnsteuerklasse werden bei der Berechnung der Lohnsteuer bestimmte Frei- und Pauschalbeträge berücksichtigt. Diese sind in der Tab. 4.5 zusammengefasst. Die Kinderfreibeträge finden bei der Berechnung der Einkommensteuer keine Berücksichtigung, sie sind zur Bestimmung des Solidaritätszuschlages wichtig.

---

[11] Die Berechnung der Vorsorgepauschale ist sehr aufwändig. Aus diesem Grund wird die Höhe der Vorsorgepauschale im kommenden Beispiel angegeben. Sie bezieht sich auf das Kalenderjahr 2015. Wie die Vorsorgepauschale berechnet wird, ist im Abschn. 13 erläutert.

Tab. 4.5 Übersicht über die Freibeträge in den verschiedenen Lohnsteuerklassen

Steuerklasse	Grundfrei-betrag	Werbe-pauschale	Sonderaus-gaben-pauschale	Vorsorge-pauschale	Alleiner-ziehenden-entlastung	Kinderfrei-betrag (je Kind)
I	€ 8354	€ 1000	€ 36	Ja	–	€ 7008
II	€ 8354	€ 1000	€ 36	Ja	€ 1308	€ 7008
III	€ 8354	€ 1000	€ 36	Ja	–	€ 7008
IV	€ 16.708	€ 1000	€ 36	Ja	–	€ 3504
V	–	€ 1000	€ 36	Ja	–	–
VI	–	–	–	Ja	–	–

Mit diesen Angaben betrachten wir abschließend ein Beispiel zur Berechnung der Lohnsteuer.

Beispiel 4.5.1 (Lohnsteuer) *Im Januar 2015 betrug der Bruttoarbeitslohn eines ledigen Arbeitnehmers € 4248,69. Der Arbeitnehmer ist in der Lohnsteuerklasse I eingruppiert und hat zwei Kinder, deren Freibeträge er sich mit seiner Partnerin teilt. Die Vorsorge-pauschale betrage € 1900. Wie viel Lohnsteuer musste der Arbeitnehmer zahlen?*

Zunächst wird das zu versteuernde Jahreseinkommen berechnet. Dabei wird stets davon ausgegangen, dass das Bruttogehalt konstant ist, so dass sich ein angenommenes Bruttojahresgehalt von € 50.984,28 ergibt. Von diesem werden nun die entsprechenden Freibeträge gemäß der Steuerklasse I abgezogen.

	50.984,28	angenommenes Bruttojahresgehalt
−	1000,00	Werbekostenpauschale
−	1900,00	Versorgungspauschale
−	36,00	Pauschale für Sonderausgaben
	48.048,28	zu versteuerndes Jahreseinkommen

Das zu versteuernde Jahreseinkommen beträgt demnach € 48.048. Mit dem Einkommensteuergesetz ergibt sich eine jährliche Einkommensteuer in Höhe von € 11.993. Aus dieser wird die monatliche Lohnsteuer bestimmt, sie beträgt € 999,50.

Das angenommene Jahresgehalt bezieht sich immer auf 12 Monate. Dabei ist es unerheblich, ob ein Arbeitnehmer erst im Laufe des Jahres seine Beschäftigung aufnimmt. Die zu viel gezahlte Lohnsteuer wird nach einer Einkommensteuererklärung zurückgezahlt. In früheren Jahren wurde die Lohnsteuer mit so genannten Lohnsteuertabellen ermittelt. Diese wurden amtlich erstellt und den Arbeitgebern zur Verfügung gestellt. Mittlerweile gibt es eine Vielzahl von Computerprogrammen, die die Lohnsteuer ermitteln. Ebenso stehen im Internet Lohnsteuerrechner zur freien Verfügung[12].

Literatur

Bundesministerium der Finanzen; Steuern von A bis Z. (2013). Broschüre als PDF-Datei verfügbar unter: http://www.bundesfinanzministerium.de (Stand: 28.05.2015)

Bundesministerium der Finanzen: Kassenmäßige Steuereinnahmen nach Steuerarten und Gebietskörperschaften. (2014). Broschüre als PDF-Datei verfügbar unter http://www.bundesfinanzministerium.de (Stand: 28.05.2015)

Bundeszentrale für politische Bildung: Steuern und Finanzen. (2012)

Keller, H.: Praxishandbuch Finanzwissen. Springer Gabler (2013)

Kreft, V.: Steuerrecht schnell erfasst. 6. Aufl., Spinger (2012)

Seibold, S.,Oblau, M.,Wacker, W. H.: Lexikon der Steuern: Über 1000 Stichwörter für Praxis und Studium. Deutscher Taschenbuch Verlag (2005)

---

[12] Als besonders übersichtlich erweist sich der Lohn- und Einkommensteuerrechner des Bundesministeriums für Finanzen. Dieser ist unter www.bmf-steuerrechner.de/ (Stand: 25.05.15) erreichbar.

Aktien

5

Dieses Kapitel fasst aus fachwissenschaftlicher Sicht die wichtigsten ökonomischen und mathematischen Grundlagen derjenigen Inhalte zum Thema Aktien zusammen, die Gegenstand der im Teil III vorgestellten Unterrichtseinheiten sind. Im ökonomischen Teil wird dabei insbesondere auf wichtige Begriffe im Zusammenhang mit Aktien, auf Darstellungsmöglichkeiten von Aktienkursen in so genannten Charts, auf den Handel mit Aktien und den damit verbundenen Preisbildungsprozess, Aktienindizes und auf Aktienrenditen eingegangen. Im mathematischen Teil erfolgt zunächst eine statistische Untersuchung von Aktienrenditen, bevor das Kapitel mit der Beschreibung ausgewählter Modelle für Aktienkursentwicklungen schließt. Wir setzen beim Leser grundlegende Kenntnisse aus dem Bereich der beschreibenden Statistik voraus. Die Ausführungen der ökonomischen Inhalte beziehen sich im Wesentlichen auf Beike/Schlütz (2010), die mathematischen Inhalte auf Adelmeyer/Warmuth (2003), Föllmer/Schied (2004), Krengel (2000), Müller (1975) und Pliska (1997).

5.1 Aktien und Aktiengesellschaften

Aktien repräsentieren Eigentumsanteile an einem Unternehmen, der so genannten **Aktiengesellschaft**. Sie dokumentieren, dass der Inhaber von Aktien Geld in das Unternehmen eingebracht hat. Der Erlös aus dem Verkauf von Aktien kommt in vollem Umfang der Aktiengesellschaft zugute, so dass diese ihren Kapitalbedarf decken kann, ohne Kredite aufnehmen zu müssen. Die Gesamtheit aller Aktien bildet das Grundkapital der Aktiengesellschaft. Die Inhaber von Aktien, auch **Aktionäre** genannt, haben Anspruch auf eine Gewinnbeteiligung, die in Form einer **Dividende** ausgezahlt wird. Die Höhe der Dividendenzahlung ist von der Ertragslage des Unternehmens abhängig und an keine zeitlichen Vorgaben gebunden. Die wichtigsten Gremien einer Aktiengesellschaft sind die Hauptversammlung, der Aufsichtsrat und der Vorstand. Der **Vorstand** leitet die Geschäfte des Unternehmens und trägt damit die Hauptverantwortung für wirtschaftliche Erfolge und

© Springer Fachmedien Wiesbaden 2016
P. Daume, *Finanz- und Wirtschaftsmathematik im Unterricht Band 1*,
DOI 10.1007/978-3-658-10615-7_5

Misserfolge. Schwerwiegende Entscheidungen wie der Verkauf von Unternehmensanteilen muss der Vorstand mit dem **Aufsichtsrat** absprechen. Dieser überwacht die Geschäftstätigkeit des Unternehmens und benennt den Vorstand. Die **Hauptversammlung** setzt sich aus allen Aktionären zusammen und findet in der Regel einmal jährlich statt. Sie entscheidet über die Verwendung der erzielten Gewinne, legt die Höhe der Dividende fest und wählt den Aufsichtsrat. Aktiengesellschaften sind zu jährlichen Geschäftsberichten verpflichtet, in denen die Umsatz- und Gewinnbeteiligung der zurückliegenden Monate und die aktuelle Vermögenssituation dokumentiert sind.

5.2   Arten von Aktien

Historisch bedingt sind nicht alle Aktien einheitlich ausgestattet. Beim Kauf von Aktien ist daher darauf zu achten, welche Merkmale diese umfassen. In den letzten Jahren ist ein Trend zu gleich gearteten Aktien zu erkennen, nicht zuletzt auch, weil Aktionärsvertreter den Druck auf die Gesellschaften erhöhen, um insbesondere die Vergleichbarkeit untereinander zu verbessern. Aktuell können sich Aktien hinsichtlich des Mitspracherechts (Stammaktien, Vorzugsaktien) und der Möglichkeit zur Eigentumsübertragung (Inhaberaktien, Namensaktien) voneinander unterscheiden.

Stammaktien stellen die Urform von Aktien dar. Sie sind mit dem Recht auf Beteiligung am Bilanzgewinn, auf Teilnahme an der Hauptversammlung, auf Auskunftserteilung und Stimmrecht in der Hauptversammlung, auf Anfechtung von Hauptversammlungsbeschlüssen und auf Bezug von jungen, also neu ausgegebenen Aktien ausgestattet. Gegenüber Stammaktien besitzen Inhaber von **Vorzugsaktien**, die in ihren Ausstattungen von Unternehmen zu Unternehmen verschieden sein können, bestimmte Vorrechte. Meist bestehen die Vorzüge in einer im Vergleich zu Stammaktien höheren Dividendenauszahlung. Im Gegenzug verzichten Vorzugsaktienbesitzer in der Regel auf ihre Stimmrechte in der Hauptversammlung.

Inhaberaktien sind nicht auf bestimmte Personen ausgeschrieben, so dass diese ohne großen Aufwand und ohne Einhaltung bestimmter Formalitäten weiterverkauft werden können. Der Eigentümerwechsel erfolgt durch den Abschluss eines Vertrages und anschließende Übergabe der Aktie. Inhaberaktien werden bevorzugt an der Börse gehandelt. **Namensaktien** sind auf den Namen des Eigentümers ausgestellt, der ins Aktienbuch der Aktiengesellschaft eingetragen ist und bei einem Wechsel des Eigentümers gelöscht werden muss. Damit ist die Übertragung einer Namensaktie im Vergleich zum Wechsel von Inhaberaktien aufwendiger, aber dennoch von Bedeutung, da lediglich namentlich registrierte Aktionäre einen Anspruch auf Dividendenzahlung und das Recht zur Teilnahme an der Hauptversammlung haben. Bei der Übertragung von **vinkulierten Namensaktien** ist neben der Änderung im Aktienbuch eine Zustimmung der Aktiengesellschaft zum Besitzerwechsel notwendig. Dadurch können die Besitzverhältnisse exakt gesteuert und Übernahmeabsichten durch andere Unternehmen frühzeitig erkannt werden.

5.3 Der Handel mit Aktien

Aktien großer Unternehmen werden auf organisierten Aktienmärkten, den **Börsen**, unter den Aktionären gehandelt. Hier treffen Anbieter von Aktien und Interessenten an Aktien aufeinander. Die gesetzliche Grundlage für den Börsenhandel bildet das Börsengesetz von 1896, in dem die allgemeinen Bestimmungen über den Aufbau einer Börse, den Ablauf des Börsengeschäftes und die Börsenaufsicht festgehalten sind. Der wichtigste Aktienmarkt in Deutschland ist die Frankfurter Börse, an der Aktien nationaler und internationaler Firmen gehandelt werden. Neben Frankfurt am Main gibt es noch weitere Börsenplätze in Deutschland: Berlin, Bremen, Düsseldorf, Hamburg, Hannover, München und Stuttgart. Diese Börsen sind so genannte **Präsenzbörsen**. Hier treten sich die Händler im Börsensaal direkt gegenüber. Neben den Präsenzbörsen gibt es **Computerbörsen** (z. B. die XETRA), bei denen die Kauf- und Verkaufsanträge automatisch durch ein elektronisches Handelssystem zusammengeführt und zum Abschluss gebracht werden. In der Regel können an Computerbörsen Aufträge schneller und meist kostengünstiger aufgegeben und abgewickelt werden. Sie bilden im Vergleich zu den Präsenzbörsen einen eigenen Markt, so dass Preisunterschiede zwischen den beiden Handelsplätzen vorübergehend möglich sind. Diese Differenzen können auch bei verschiedenen Präsenzbörsenplätzen auftreten. Sie sind allerdings nur von kurzer Dauer, da der Preis über Angebot und Nachfrage geregelt wird.

Am Börsenparkett dürfen nur registrierte Börsenmitglieder (Banken und Wertpapierhändler) Geschäfte abschließen, so dass jeder, der in Deutschland Aktien beziehen möchte, Kaufaufträge bei den entsprechenden Institutionen einreichen muss. An der Börse treten Handelsmittler, die so genannten **Skontroführer**, als Vermittler zwischen den Händler der verschiedenen Banken auf. Sie versuchen, innerhalb kürzester Zeit so viele Geschäfte wie möglich zu vermitteln. Die Aufgabe des Skontroführers ist es dabei, nach Eingang aller Aufträge einen marktgerechten Preis (siehe Abschn. 5.5) für die Aktie festzulegen. Dabei ist jeder Skontroführer ausschließlich für die Betreuung eines Wertpapiers zuständig.

Nicht alle deutschen Aktiengesellschaften sind an der Börse notiert. Viele Unternehmen vermeiden den Gang zur Börse, auch „**Going Public**" genannt, da damit ein erheblicher zeitlicher Aufwand verbunden ist und bestimmte formale Auflagen zu erfüllen sind. Entschließt sich ein Unternehmen zum Gang an die Börse, interessieren insbesondere der **Ausgabekurs** und das Verfahren zur Aktienzuteilung am Markt. Unter dem Ausgabekurs einer Aktie versteht man den Preis des neuen Papiers beim Börsengang. Um diesen festzulegen, haben sich drei Verfahren in der Praxis etabliert. Beim **Festpreisverfahren** einigen sich die betreuenden Banken und der Vorstand der Aktiengesellschaft vor dem Gang an die Börse auf einen Ausgabepreis. Dieser wird dann bei Veröffentlichung des Verkaufsangebotes bekannt gegeben. Das Festpreisverfahren – in früheren Jahren dominierend – spielt heute nur noch eine untergeordnete Rolle. Das **Bookbuilding-Verfahren** wird in Deutschland am häufigsten verwendet und berücksichtigt die Preisvorstellungen der Anleger. Für neue Papiere wird kein fester Preis, sondern eine feste Preisspanne vorgeschlagen. Innerhalb dieser Bookbuilding-Spanne geben Kaufinteressenten ihre Gebote ab. Aufgrund der vorliegenden Orderlage wird der tatsächliche Ausgabekurs festgelegt. Nur Anleger, die mindestens diesen Preis geboten haben, werden bei der Ausgabe der Aktien berücksichtigt. Die **Auktion** ist das am häufigsten verwendete Verfahren in den USA. Hier reichen Anleger ihre Gebote ein, ohne dass vorher eine feste Preisspanne vorgegeben wird. Nach Ende der so genannten Zeichnungsfrist sortiert man die Gebote vom höchsten zum niedrigsten Gebot und zwar so lange, bis die vorhandenen Aktien verteilt sind. Der endgültige, einheitliche Ausgabekurs wird beim niedrigsten noch zu bedienenden Kaufgebot festgelegt.

5.4   Aktiencharts

Die graphische Darstellung des Kursverlaufs von Aktien erfolgt in Form von **Charts**. Dazu werden in einem Diagramm die Kurse zu bestimmten Zeitpunkten über der Zeit abgetragen. Am bekanntesten sind **Liniencharts** (siehe Abb. 5.1a).[1] In Liniencharts werden die Kursdaten durch Linien miteinander verbunden. Mehr Informationen stecken im **Candlestickchart** (siehe Abb. 5.1b). Die Enden der Rechtecke geben die Eröffnungs- und Schlusskurse wieder. Liegt der Eröffnungskurs über dem Schlusskurs, wie dies z. B. am 13.04.15 der Fall war, so ist das Rechteck farbig gefüllt. Liegt hingegen der Schlusskurs über dem Eröffnungskurs, wie z. B. am 08.04.15, dann bleibt das Rechteck weiß. Die Höchst- und Tiefstkurse sind an den Endpunkten der Linien oberhalb und unterhalb der Rechtecke ablesbar.

5.5   Der Preis einer Aktie

Der Preis bzw. **Kurs** einer Aktie wird u. a. durch das Prinzip „Angebot und Nachfrage" bestimmt. Dazu sammelt der Skontroführer – bis zur Änderung des Börsengesetzes 2002 als Aktienmakler bezeichnet – in seinem Order- bzw. Skontrobuch alle eingehenden Kauf- und Verkaufsanträge. Das **Orderbuch** wird im Börsenverlauf regelmäßig – bei regem Handel alle paar Sekunden – geschlossen. Aus den vorliegenden Werten wird der Aktienkurs bestimmt, bei dem die meisten Aktien umgesetzt werden. Steht beispielsweise einem Angebot von 200 Aktien zu einem bestimmten Preis eine Nachfrage von nur 150 Aktien gegenüber, können lediglich 150 Aktien umgesetzt werden. Für 50 Aktien gibt es keinen Käufer. Der vom Skontroführer festgelegte Preis wird anschließend als aktueller Kurs der betreffenden Aktie veröffentlicht. Wir betrachten dazu folgendes Beispiel.

---

[1] Dieses und die weiteren unter www.consors.de und www.quoteline.de verfügbaren Aktiencharts wurden der besseren Qualität wegen mit Excel neu erstellt.

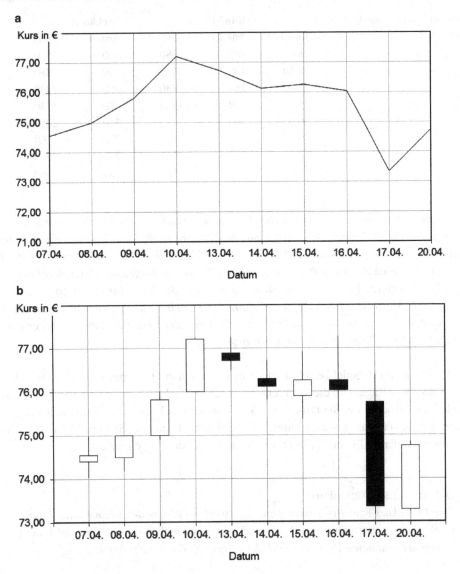

Abb. 5.1 a Linienchart und **b** Candlestickchart der Adidas-Aktie im Zeitraum vom 07.04.15 bis 20.04.15. Quelle: www.consors.de

Beispiel 5.5.1 (Preisbildung) *Tabelle* 5.1 *stellt einen fiktiven, aber durchaus möglichen Auszug aus einem Orderbuch dar. Die erste Zeile der Tabelle beispielsweise ist wie folgt zu lesen: 350 Aktien finden einen Abnehmer für einen Preis von höchstens € 28,00. Demgegenüber stehen 550 Aktien bei einem Kurs von mindestens € 28,00 zum Verkauf. Es gilt, einen Kurs festzulegen, bei dem die meisten Orders bedient werden können. Wer seine Ak-*

Tab. 5.1 Auszug aus dem Orderbuch		**Käufer**		**Verkäufer**	
Kurs in €	Anzahl	Summe	Anzahl	Summe
28,00	350	2080	550	550
28,50	400	1730	330	880
29,00	250	1330	450	1330
29,50	300	1080	400	1730
30,00	280	780	320	2050
30,50	250	500	210	2260
31,00	100	250	270	2530
31,50	150	150	150	2680

tie für einen Preis von mindestens € 28,00 verkauft, verkauft sie aber auch zu dem höheren Preis von € 28,50. Damit gibt es insgesamt 880 Aktionäre, die ihre Aktie bei einem Preis von € 28,50 abgeben würden. Wer für eine Aktie € 31,50 zahlen möchte, ist auch bereit, zu einem niedrigeren Preis von € 31,00 zu kaufen. Damit sind insgesamt 250 Anleger bereit, die Aktie bei einem Preis von € 31,00 zu kaufen. Die Spalten „Summe" repräsentieren die gesamte Anzahl der Interessenten, die ihre Aktie zu einem bestimmten Preis verkaufen oder kaufen würden. Der Skontroführer wird den Preis der Aktie bei € 29,00 festlegen, da bei diesem Preis die meisten Aktien ihren Besitzer wechseln.

Anders als im Beispiel besteht in der Realität selten ein Gleichgewicht zwischen Angebot und Nachfrage. Um die Differenz zwischen Anzahl der Käufer und Verkäufer auszugleichen, verkauft der Skontroführer Aktien aus seinem Depot oder kauft Aktien hinzu. Dabei gilt jedoch, dass nur die minimale Anzahl von Aktien vom Skontroführer ausgeglichen werden darf. Allgemein gilt für die Bestimmung des Aktienkurses:

Definition 5.5.2 (Aktienkurs)
Der Aktienkurs bzw. Preis einer Aktie AK wird bei gegebener Summe aller Käufer $k(x)$ zu einem bestimmten Preis x und bei gegebener Summe aller Verkäufer $v(x)$ zu einem bestimmten Preis x gemäß der folgenden Formel bestimmt:

$$AK = \max_{x}\{\min\{k(x), v(x)\}\}.$$

Der nach dem Prinzip „Angebot und Nachfrage" bestimmte Preis einer Aktie spiegelt die Wahrnehmung der Aktionäre bezüglich zukünftiger Gewinnaussichten eines Unternehmens wider. Bei einer positiven Beurteilung der künftigen Entwicklung wird die Nachfrage besonders groß sein. Dies führt zu einem Kursanstieg der entsprechenden Aktie. Im Gegensatz dazu führen negative Prognosen zu einem Kursabfall, da die Nachfrage nach entsprechenden Aktien sinkt. Der oben beschriebene Prozess zur Bestimmung eines

Aktienkurses ist nur eine Möglichkeit. Weitere Informationen können interessierte Leser Beike/Schlütz (2010) entnehmen.

5.6 Der Aktienindex

Der **Aktienindex** gibt an, wie sich der Wert einer ganzen Gruppe von Aktien im Vergleich zu einem früheren Zeitpunkt verändert hat. Es gibt zwei verschiedene Arten der Berechnung von Aktienindizes. In die Berechnung des **Kursindexes** fließen lediglich reine Kursveränderungen der Aktien ein. Zu den Kursindizes gehört beispielsweise der Dow Jones.

Beispiel 5.6.1 (Kursindex) *Im Aktienkorb eines Anlegers befanden sich am 17.04.14 die in der Tab. 5.2 angegebenen Aktien. Ein Jahr später soll geprüft werden, wie sich der Aktienbestand entwickelt hat. Dazu werden die Aktienkurse vom 17.04.15 betrachtet und der Gesamtwert des Aktienkorbes bestimmt. Diese sind in der Tab. 5.3 angegeben. Das Aktiendepot hatte am 17.04.15 einen Wert, der das*

$$\frac{€\ 12.362,00}{€\ 10.234,45} = 1,208\text{-fache}$$

des Ausgangswertes vom 17.04.14 betrug. Legt man den Ausgangswert wie bei der Einführung des Deutschen Aktienindexes (DAX) auf 1000 Punkte fest, so ist der Aktienbestand bis zum 17.04.15 auf einen Wert von 1208 (bzw. 1207,88) Punkte gestiegen.

In die Berechnung des **Performanceindexes** fließen neben den Kursänderungen auch die Dividendenzahlungen ein. Es wird angenommen, dass gezahlte Dividenden umgehend von den Aktionären wieder in Unternehmensanteile angelegt werden und dass der Kauf von Aktienanteilen möglich ist. Der DAX ist ein Beispiel für einen Performanceindex.

Tab. 5.2 Aktienkorbzusammensetzung am 17.04.14

Aktie	Kurs am 17.04.14 in €	Anzahl	Anlagebetrag in €
Adidas	75,57	20	1511,40
Volkswagen	195,75	35	6851,25
Bayer	93,59	20	1871,80
Gesamtwert			**10.234,45**

Tab. 5.3 Aktienkorbzusammensetzung am 17.04.15

Aktie	Kurs am 17.04.15 in €	Anzahl	Wert in €
Adidas	73,35	20	1467,00
Volkswagen	235,00	35	8225,00
Bayer	133,50	20	2670,00
Gesamtwert			**12.362,00**

Tab. 5.4 Dividendenzahlungen und Aktienkurse zum Zeitpunkt der Dividendenzahlungen

Aktie	Dividenden-termin	Dividendenhöhe in €	Aktienkurs in €
Adidas	08.05.14	1,50	76,03
Volkswagen	13.05.14	4,06	191,35
Bayer	–	–	–

Beispiel 5.6.2 (Performanceindex) *Es wird erneut der Aktienkorb aus Beispiel 5.6.1 untersucht. Neben der Betrachtung der Kursentwicklungen sind Angaben zur Dividendenzahlung notwendig. Diese sind in der Tab. 5.4 angegeben. Für die Volkswagen-Aktie wurde eine Dividende von € 4,06 pro Aktie und somit insgesamt € 142,10 gezahlt. Es wird angenommen, dass diese Zahlungen sofort wieder in Volkswagen-Aktien investiert wurden. Da der Aktienkurs am 13.05.14 bei € 191,35 lag, konnten 0,74 dieser Aktien gekauft werden. Das Depot erhöhte sich außerdem um 0,39 Adidas-Aktien. Tabelle 5.5 fasst den Aktienkorb am 17.04.14 und 17.04.15 zusammen. Nun wird erneut das Verhältnis zwischen Gesamtwert am 17.04.15 und Anfangswert am 17.04.14 bestimmt und das Ergebnis mit 1000 multipliziert. Damit ergibt sich ein Indexwert von 1227,67 Indexpunkten am 17.04.15, nachdem er am 17.04.14 mit 1000 Indexpunkten gestartet war.*

Aus den vorangegangenen Ausführungen lässt sich die allgemeine Formel zur Bestimmung des Aktienindexes ableiten.

Definition 5.6.3 (Aktienindex)
Für die Berechnung eines Aktienindexes I_2 zum Zeitpunkt t_2 bei gegebenem Aktienindex I_1 zur Zeit t_1 und Gesamtwerten des Aktienkorbes G_1 zur Zeit t_1 und G_2 zur Zeit t_2 gilt:

$$I_2 = \frac{G_2}{G_1} \cdot I_1.$$

Tab. 5.5 Aktienkorb am 17.04.14 und 17.04.15 unter Beachtung der Dividendenzahlung

Aktie	Anzahl am 17.04.14	Wert in € am 17.04.14	Anzahl am 17.04.15	Wert in € am 17.04.15
Adidas	20	1511,40	20,39	1495,61
Volkswagen	35	6851,25	35,74	8398,90
Bayer	20	1871,80	20,00	2670,00
Gesamtwert		**10.234,45**		**12.564,51**

Der bekannteste Index des deutschen Aktienmarktes ist der Deutsche Aktienindex (DAX). Er umfasst die 30 Aktienwerte mit dem größten Börsenumsatz. Die Deutsche Börse führte den DAX Ende 1987 mit einem Anfangsstand von 1000 Punkten ein. Die Zusammensetzung veränderte sich im zeitlichen Ablauf. Einmal jährlich im September werden die Aktien geprüft und bei gegebenem Anlass gegen andere Aktien ausgetauscht. Zuletzt geschah dies im September 2015, als die Lanxess-Aktie (Chemie-Konzern) durch die Vonovia-Aktie (Immobilien-Konzern) ersetzt wurde. Die Deutsche Börse berechnet den DAX während der Börsenphase in Abständen von 15 Sekunden neu und veröffentlicht den aktuellen Stand sofort. Der DAX ist somit auch ein so genannter Lauf- oder Real-Time-Index.

5.7 Die Rendite einer Aktie

Für die Analyse von Aktienentwicklungen sind die Renditen geeignetere Größen als die Kurse selbst. Sie erlauben es, Aussagen zur Ertragskraft einer Aktie zu machen und die Erträge verschiedener Aktien miteinander zu vergleichen. Aus diesem Grund ist die Rendite eine wichtige Kenngröße auf dem Aktienmarkt. Beim Handel mit Wertpapieren jeglicher Art wird das Verhältnis zwischen Gewinn und Einsatz bzw. Verlust und Einsatz als einfache Rendite bezeichnet. Renditen beziehen sich immer auf einen bestimmten Zeitraum (Tag, Woche, Monat, Jahr). Neben der einfachen Rendite gibt es die logarithmische Rendite.

> **Definition 5.7.1 (Rendite)**
> *Die einfache Rendite E_a^b im Zeitraum $[t_a; t_b]$ wird aus den Kursen S_a am Anfang und S_b am Ende des Zeitraumes gemäß der folgenden Formel berechnet:*
>
> $$E_a^b = \frac{S_b - S_a}{S_a}.$$
>
> *Die logarithmische Rendite L_a^b im Zeitraum $[t_a; t_b]$ wird aus den Kursen S_a und S_b wie folgt berechnet:*
>
> $$L_a^b = \ln\left(\frac{S_b}{S_a}\right).$$

Im Gegensatz zu den logarithmischen Renditen liefern einfache Renditen eine anschauliche Vorstellung vom Aktienkursverlauf, da unmittelbar der prozentuale Gewinn bzw. Verlust angegeben wird. Für Renditen mit $|E_a^b| \leq 5\,\%$ stimmen jedoch E_a^b und L_a^b annähernd überein, so dass in diesem Bereich auch die logarithmische Rendite eine gute Vorstellung über die Entwicklung der Aktie liefert. Finanzmathematiker bevorzugen die logarithmischen Renditen gegenüber den einfachen Renditen aufgrund der folgenden entscheidenden Vorteile:

Symmetrieeigenschaft logarithmischer Renditen: Betrachtet man die logarithmische Rendite bei gegebenem festem Anfangskurs S_a als Funktion des Endkurses $S_b = n \cdot S_a$ mit $n \in \mathbb{R}$, so erkennt man die Gesetzmäßigkeit

$$L_a^b(n \cdot S_b) = -L_a^b\left(\frac{1}{n}S_b\right).$$

Beträgt also beispielsweise im ersten Zeitraum die logarithmische Rendite $-0{,}45$, dann wird der Verlust durch eine Rendite von $0{,}45$ im darauf folgenden Zeitraum kompensiert. Bei den einfachen Renditen hingegen wird ein Verlust von $-50\,\%$ im ersten Zeitraum durch eine Rendite von $100\,\%$ im nächsten Zeitraum ausgeglichen.

Additivitätseigenschaft logarithmischer Renditen: Die Additivität logarithmischer Renditen kann als Hauptgrund für den Einsatz logarithmischer Renditen angesehen werden. Sie ist in Satz 5.7.2 zusammengefasst.

> **Satz 5.7.2**
> *Die logarithmische Rendite über einen Gesamtzeitraum ist gleich der Summe der logarithmischen Renditen über Teilzeiträume des Gesamtzeitraums.*

Beweis Es seien $S_1, S_2, \ldots, S_{n-1}, S_n$ die Aktienkurse zu den n aufeinanderfolgenden Zeitpunkten $t_1, t_2, t_3, \ldots, t_{n-1}, t_n$. Für die Summe der logarithmischen Renditen in den $n-1$ aufeinanderfolgenden Zeiträumen $[t_1; t_2], [t_2; t_3], \ldots, [t_{n-1}; t_n]$ gilt dann:

$$
\begin{aligned}
L_1^2 + L_2^3 + \ldots + L_{n-1}^n &= \ln\left(\frac{S_2}{S_1}\right) + \ln\left(\frac{S_3}{S_2}\right) + \ldots + \ln\left(\frac{S_n}{S_{n-1}}\right) \\
&= \ln\left(\frac{S_2}{S_1} \cdot \frac{S_3}{S_2} \cdot \ldots \cdot \frac{S_n}{S_{n-1}}\right) \\
&= \ln\left(\frac{S_n}{S_1}\right) = L_1^n.
\end{aligned}
$$

Dabei ist L_1^n die logarithmische Rendite im Gesamtzeitraum $[t_1; t_n]$. $\qquad\square$

Im Folgenden ist mit Rendite die logarithmische Rendite gemeint, sofern nichts anderes festgelegt wird. Falls die Zeiträume nicht fest sind, werden dabei die einfache Rendite mit E, die logarithmische Rendite mit L bezeichnet.

5.8 Statistik der Aktienmärkte

5.8.1 Drift und Volatilität einer Aktie

Zwei der wichtigsten Kenngrößen von Aktien sind die Drift und die Volatilität einer Aktie. Sie ermöglichen es, statistische Aussagen über das Verhalten von Aktienkursen zu treffen. Betrachten wir zunächst die Definition der Begriffe.

Definition 5.8.1 (Drift)

Es seien $L_0^1, L_1^2, \ldots, L_{n-1}^n$ die letzten n logarithmischen Renditen einer Aktie bezogen auf den gleichen Zeitraum (z. B. die letzten n Monatsrenditen). Das arithmetische Mittel

$$\overline{L} = \frac{L_0^1 + L_1^2 + \ldots + L_{n-1}^n}{n}$$

bezeichnet man als Drift dieser Aktie für diesen Zeitraum.

Definition 5.8.2 (Volatilität)

Es seien $L_0^1, L_1^2, \ldots, L_{n-1}^n$ die letzten n logarithmischen Renditen einer Aktie bezogen auf den gleichen Zeitraum (z. B. die letzten n Monatsrenditen). Die empirische Standardabweichung

$$s = \sqrt{\frac{(L_0^1 - \overline{L})^2 + (L_1^2 - \overline{L})^2 + \ldots + (L_{n-1}^n - \overline{L})^2}{n}}$$

heißt Volatilität der Aktie für diesen Zeitraum.

Die Drift gibt die durchschnittliche Kursänderung pro Zeitraum an. Sie stellt somit ein Trendmaß für die Aktienkursentwicklung dar. Die Volatilität ist ein Streuungsmaß und gibt die durchschnittliche Abweichung der einzelnen Kursänderungen vom Mittelwert der Kursänderung an. Je größer die Volatilität ist, desto mehr schlägt der Kurs nach oben oder unten aus. Damit steigt die Chance auf Gewinne. Im gleichen Maß steigt das Risiko von Kursverlusten. Die Volatilität stellt in diesem Kontext betrachtet ein Chancen- bzw. Risikomaß dar.

Die Renditen und damit verbunden auch deren arithmetische Mittel und die Standardabweichungen hängen vom zugrunde gelegten Zeitraum ab. Um die Kenngrößen bezogen auf einen Zeitraum in die Kenngrößen bezogen auf einen anderen Zeitraum umzurechnen, machen wir uns folgende Gesetzmäßigkeit zu Nutze:

Satz 5.8.3

Bezeichnen $\overline{L}_1$ und s_1 die Drift bzw. die Volatilität einer Aktie bezogen auf den Zeitraum der Länge T_1 sowie $\overline{L}_2$ und s_2 die Drift bzw. die Volatilität einer Aktie bezogen auf einen anderen Zeitraum der Länge T_2, so gilt:

$$\overline{L}_2 = \frac{T_2}{T_1} \cdot \overline{L}_1.$$

Wenn zudem die Korrelation zwischen den Renditen annähernd null ist, gilt näherungsweise:

$$s_2 \approx \sqrt{\frac{T_2}{T_1}} \cdot s_1.$$

Was Korrelation im Zusammenhang mit Renditen bedeutet, wird im Abschn. 5.8.3 erläutert.

Im Folgenden werden wir die erste Gleichung beweisen, für eine Herleitung der zweiten Gleichung verweisen wir auf Adelmeyer/Warmuth (2003, S. 64).

Beweis Es sei $T = n \cdot T_1 = m \cdot T_2$ die Länge des gesamten Zeitraumes der zurückliegenden betrachteten Renditen. Daraus folgt

$$\frac{n}{m} = \frac{T_2}{T_1}. \tag{5.1}$$

Wir bezeichnen zudem mit $(L_0^1)_1, (L_1^2)_1, \ldots, (L_{n-1}^n)_1$ die n aufeinanderfolgenden Renditen bezogen auf einen Zeitraum der Länge T_1 und $(L_0^1)_2, (L_1^2)_2, \ldots, (L_{m-1}^m)_2$ die m aufeinanderfolgenden Renditen bezogen auf einen Zeitraum der Länge T_2. Dann gilt aufgrund der Addidivität der logarithmischen Renditen:

$$\left(L_0^1\right)_1 + \left(L_1^2\right)_1 + \ldots + \left(L_{n-1}^n\right)_1 = \left(L_0^1\right)_2 + \left(L_1^2\right)_2 + \ldots + \left(L_{m-1}^m\right)_2. \tag{5.2}$$

Weiterhin gilt:

$$\begin{aligned}
\overline{L}_2 &= \frac{(L_0^1)_2 + (L_1^2)_2 + \ldots + (L_{m-1}^m)_2}{m} \overset{(5.2)}{=} \frac{(L_0^1)_1 + (L_1^2)_1 + \ldots + (L_{n-1}^n)_1}{m} \\
&= \frac{n}{m} \cdot \frac{(L_0^1)_1 + (L_1^2)_1 + \ldots + (L_{n-1}^n)_1}{n} = \frac{n}{m} \cdot \overline{L}_1 \\
&\overset{(5.1)}{=} \frac{T_2}{T_1} \cdot \overline{L}_1. \qquad\qquad\qquad\qquad\qquad\qquad\qquad\qquad \square
\end{aligned}$$

Aus dem Beweis, in dem wir die Additivität der logarithmischen Renditen ausgenutzt haben, wird deutlich, dass die gegebenen Formeln nur für Kenngrößen, die aus den logarithmischen Renditen berechnet wurden, gelten. Mit diesen Formeln lassen sich insbesondere die Jahreskenngrößen einer Aktie schätzen.

5.8.2 Statistische Verteilung von Aktienrenditen

Statistische Untersuchungen von Aktienrenditen können einen Aufschluss über das Verhalten einzelner Aktien geben. Im Folgenden soll die statistische Verteilung von Aktienrenditen an einem Beispiel untersucht werden.

Beispiel 5.8.4 (Statistik der ThyssenKrupp-Aktie) *In der Tab. 5.6 sind die logarithmischen Wochenrenditen der ThyssenKrupp-Aktie im Zeitraum vom 14.04.14 bis 30.03.15 aufgelistet. Diese sollen im Folgenden statistisch untersucht werden, d. h. gefragt ist nach der Häufigkeitsverteilung. Die Tab. 5.7 zeigt die Häufigkeitsverteilung der logarithmischen Wochenrenditen der ThyssenKrupp-Aktie von April 2014 bis März 2015 nach Klasseneinteilung. Für die Bestimmung der Anzahl der Klassen und der Breite einer Klasse bei*

Tab. 5.6 Logarithmische Wochenrenditen der ThyssenKrupp-Aktie im Zeitraum vom 14.04.14 bis 30.03.15

Datum	Rendite	Datum	Rendite	Datum	Rendite
14.04.14	−0,0078	11.08.14	−0,0052	08.12.14	−0,0055
21.04.14	−0,0311	18.08.14	0,0089	15.12.14	−0,1246
28.04.14	−0,0244	25.08.14	0,0142	22.12.14	0,0160
05.05.14	−0,0028	01.09.14	0,0122	29.12.14	0,0006
12.05.14	0,0276	08.09.14	0,0488	05.01.15	−0,0665
19.05.14	−0,0178	15.09.14	−0,0197	12.01.15	−0,0595
26.05.14	0,0759	22.09.14	0,0135	19.01.15	0,0180
02.06.14	−0,0005	29.09.14	−0,0349	26.01.15	0,0156
09.06.14	0,0080	06.10.14	−0,0148	02.02.15	0,0472
16.06.14	−0,0076	13.10.14	−0,0823	09.02.15	−0,0968
23.06.14	0,0755	20.10.14	−0,0557	16.02.15	0,0464
30.06.14	−0,0111	27.10.14	0,0266	23.02.15	−0,0048
07.07.14	−0,0043	03.11.14	0,0411	02.03.15	0,0403
14.07.14	−0,0126	10.11.14	0,0132	09.03.15	−0,0133
21.07.14	0,0058	17.11.14	−0,0650	16.03.15	−0,0233
28.07.14	0,0071	24.11.14	0,0307	23.03.15	0,0150
04.08.14	−0,0684	01.12.14	0,0742	30.03.15	0,0041

---

[2] Die relativen Häufigkeiten sind auf zwei Nachkommastellen gerundet und ergeben in der Summe daher nicht exakt 1.

Tab. 5.7 Absolute und relative Häufigkeiten der logarithmischen Wochenrenditen der ThyssenKrupp-Aktie vom 14.04.14 bis 30.03.15

Renditebereich	Abs. Häufigkeit	Rel. Häufigkeit[2]
$[-0{,}1246; -0{,}1023)$	1	0,02
$[-0{,}1023; -0{,}0801)$	2	0,04
$[-0{,}0801; -0{,}0578)$	4	0,08
$[-0{,}0578; -0{,}0335)$	1	0,02
$[-0{,}0355; -0{,}0132)$	8	0,16
$[-0{,}0132; 0{,}0091)$	16	0,31
$[0{,}0091; 0{,}0313)$	11	0,22
$[0{,}0313; 0{,}0536)$	5	0,10
$[0{,}0536; 0{,}0759)$	3	0,06

einer Datenmenge vom Umfang n gibt es keine verbindlichen Regeln. Es gibt einige Empfehlungen für die Wahl der Klassenanzahl k und Klassenbreite Δx, z. B. $k \approx 5 \cdot \log_{10} n$ und $\Delta x \approx \frac{1}{k}(x_{\max} - x_{\min})$. Hierbei ist $x_{\max}$ der größte Wert und $x_{\min}$ der kleinste Wert der Datenmenge. Mit diesen vorgestellten Faustregeln ergeben sich 9 Klassen mit einer Intervallbreite von je 0,0223.

Die Abb. 5.2 zeigt das zur Häufigkeitsverteilung der logarithmischen Wochenrenditen der ThyssenKrupp-Aktie gehörige Säulendiagramm. Das arithmetische Mittel $\overline{L}$ der logarithmischen Wochenrenditen beträgt $-0{,}0034$, die Standardabweichung S_L beträgt rund $0{,}0414$. Die Verteilung der 51 logarithmischen Wochenrenditen der ThyssenKrupp-Aktie

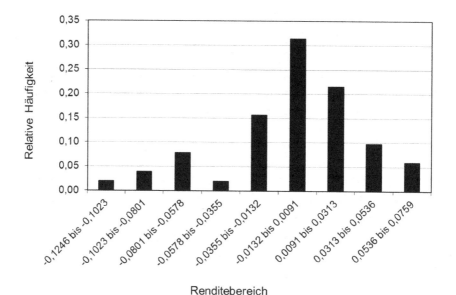

Abb. 5.2 Säulendiagramm der logarithmischen Wochenrenditen der ThyssenKrupp-Aktie vom 14.04.14 bis 30.03.15

kann als typische Verteilung von Aktienrenditen aufgefasst werden. Sie hat eine annähernd glockenförmige Gestalt. Die Renditen liegen fast symmetrisch um das arithmetische Mittel $\overline{L}$. Rund $\frac{2}{3}$ aller Renditen[3] liegen im Intervall $[\overline{L} - s_L; \overline{L} + s_L]$, etwa 96 % der Renditen[4] liegen im Intervall $[\overline{L} - 2s_L; \overline{L} + 2s_L]$.

Die statistische Verteilung der ThyssenKrupp-Aktie kann durchaus als typisch für die Verteilung von Aktienrenditen angesehen werden. Sie erinnert an die Normalverteilung. Und tatsächlich: In vielen Fällen kann für die Beschreibung der Verteilung der Renditen eine Normalverteilung als Näherung verwendet werden. Genaueres zur Normalverteilung und deren Verwendung bei der Modellierung von Aktienkursen ist im Abschn. 5.10 zusammengefasst.

Hinweis: Für Excel gut aufbereitete historische Aktienkurse sind unter http://de. finance.yahoo.com/ (Stand: 04.05.15) zu finden.

5.8.3 Korrelationsanalyse

Mithilfe der Korrelationsanalyse können Aussagen über Abhängigkeiten zwischen Renditen gleicher Zeiträume verschiedener Aktien oder Renditen aufeinanderfolgender Zeiträume einer Aktie getroffen werden. Es stellt sich z. B. die Frage, ob in der Regel ein Kursanstieg der Münchener-Rück-Aktie begleitet wird durch den Kursanstieg der Allianz-Aktie. Um Korrelationen aufzudecken, werden beispielsweise die gleichzeitigen Renditen zweier Aktien zu einem Renditepaar zusammengefasst und als Punkte in ein Koordinatensystem eingetragen. Sind alle Renditepaare mehr oder weniger gleichmäßig auf die vier Quadranten verteilt, so sind die gleichzeitigen Renditen **unkorreliert**. Alle vier Kombinationen „beide Aktienkurse steigen", „beide Aktienkurse sinken", „Aktienkurs 1 steigt, Aktienkurs 2 sinkt" und „Aktienkurs 1 sinkt, Aktienkurs 2 steigt" sind möglich. Erhalten wir hingegen eine Punktewolke, die einen linearen Trend aufweist und somit in der Nähe einer Geraden liegt, bezeichnet man die Renditen als korreliert. Wir sprechen von **positiver Korrelation**, wenn der Anstieg der so genannten Regressionsgeraden positiv ist. Im anderen Fall sprechen wir von **negativer Korrelation**. Die Abb. 5.3 verdeutlicht die graphische Darstellung von Korrelationen. Der statistische Zusammenhang wird durch den empirischen Korrelationskoeffizienten quantifiziert. Wir betrachten zunächst die Korrelation zwischen gleichzeitigen Renditen verschiedener Aktien.

Definition 5.8.5 (Korrelationskoeffizient)
Sind $X_0^1, X_1^2, \ldots, X_{n-1}^n$ die Renditen einer Aktie in n aufeinanderfolgenden Zeiträumen und $Y_0^1, Y_1^2, \ldots, Y_{n-1}^n$ die Renditen einer anderen Aktie in denselben Zeiträu-

---

[3] 35 von 51 Wochenrenditen liegen im angegebenen Intervall.
[4] 49 von 51 Wochenrenditen liegen im angegebenen Intervall.

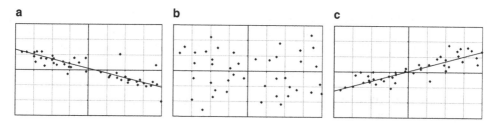

Abb. 5.3 **a** Negativ korrelierte, **b** unkorrelierte, **c** positiv korrelierte Datenpaare

men, dann wird der Korrelationskoeffizient ρ der Renditen der beiden Aktien berechnet gemäß der Formel:

$$\rho = \frac{1}{n} \sum_{i=0}^{n-1} \frac{X_i^{i+1} - \overline{X}}{s_X} \cdot \frac{Y_i^{i+1} - \overline{Y}}{s_Y}.$$

Dabei bezeichnen $\overline{X}$ und s_X bzw. $\overline{Y}$ und s_Y das arithmetische Mittel und die Standardabweichung der Renditen $X_0^1, X_1^2, \ldots, X_{n-1}^n$ bzw. $Y_0^1, Y_1^2, \ldots, Y_{n-1}^n$.

Der Korrelationskoeffizient misst somit die durchschnittliche Korrelation der Datenpaare. Korrelationskoeffizienten haben stets einen Wert zwischen -1 und $+1$. Liegt der Korrelationskoeffizient nahe $+1$, so sind die Datenpaare überwiegend positiv korreliert. In diesem Fall erhalten wir eine Punktewolke, die in der Nähe einer Regressionsgeraden mit positivem Anstieg liegt. Ist der Korrelationskoeffizient nahe -1, so sind die Datenpaare überwiegend negativ korreliert. Wir erhalten eine Punktewolke, die in der Nähe einer Regressionsgeraden mit negativer Steigung liegt. Liegt der Korrelationskoeffizient in der Nähe von 0, so sind positiv und negativ korrelierte Datenpaare gleichmäßig verteilt. Die Punktewolke lässt keinen linearen Trend erkennen, die Datenpaare sind unkorreliert. Betrachten wir ein Beispiel.

Beispiel 5.8.6 (Korrelation zwischen Renditen verschiedener Aktien) *Abbildung 5.4 zeigt die Renditepaare gleicher Zeiträume der Allianz-Aktie und der Münchener-Rück-Aktie vom 14.04.14 bis 30.03.15. Die Renditen gleicher Zeiträume der Allianz-Aktie und der Münchener-Rück-Aktie lassen einen positiven Zusammenhang vermuten, sie sind wahrscheinlich positiv korreliert. Es gilt: Steigt der Kurs der Allianz-Aktie, steigt in der Regel ebenfalls der Kurs der Münchener-Rück. Analog gilt: Bei sinkendem Kurs der Allianz-Aktie fällt für gewöhnlich auch der Kurs der Münchener-Rück. Die positive Korrelation lässt sich mit dem Korrelationskoeffizienten bestätigen, der 0,626 beträgt.*

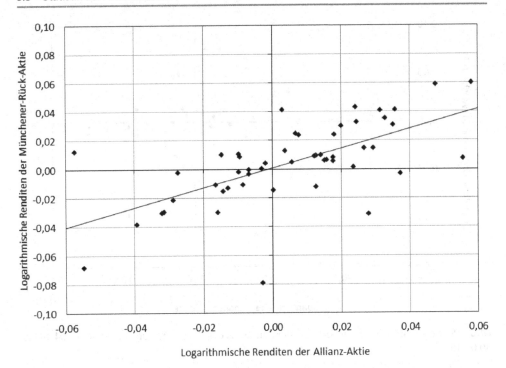

Abb. 5.4 Darstellung der Renditepaare der Allianz-Aktie und der Münchener-Rück-Aktie im Zeitraum vom 14.04.14 bis 30.03.15

Das Beispiel 5.8.6 zeigt, dass Renditen verschiedener Aktien korrelieren können. Dies ist insbesondere bei Aktien einer Branche oder Aktien, die den DAX bestimmen, der Fall. Dennoch kann bei positiver Korrelation nicht auf einen kausalen Zusammenhang zwischen den Geschäften der einzelnen Aktiengesellschaften geschlossen werden. Ein ursächlicher Zusammenhang kann, muss aber nicht vorliegen.

Ein Spezialfall der Korrelation ist die so genannte Autokorrelation. Hier wird die Korrelation von Renditen aufeinanderfolgender Zeiträume einer Aktie untersucht. Der Korrelationskoeffizient berechnet sich nach Definition 5.8.5 aus den n aufeinanderfolgenden Renditen $X_0^1, X_1^2, \ldots, X_{n-1}^n$ gemäß der Formel:

$$\rho = \frac{1}{n-1} \sum_{i=0}^{n-2} \frac{X_i^{i+1} - \overline{X}}{s_X} \cdot \frac{X_{i+1}^{i+2} - \overline{X}}{s_X}.$$

Dabei sind $\overline{X}$ das arithmetische Mittel und s_X die Standardabweichung der n aufeinanderfolgenden Renditen $X_0^1, X_1^2, \ldots, X_{n-1}^n$. Betrachten wir im Folgenden ein Beispiel für die Autokorrelation.

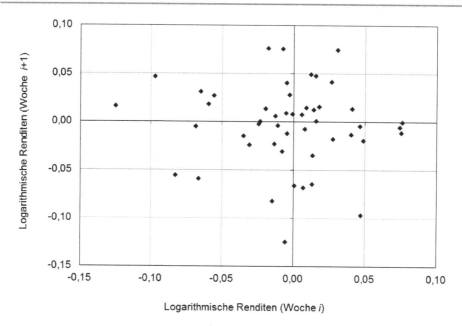

Abb. 5.5 Renditepaare aufeinanderfolgender Zeiträume der ThyssenKrupp-Aktie vom 14.04.14 bis 30.03.15

Beispiel 5.8.7 (Autokorrelation) *Wir betrachten erneut die Renditen aus Beispiel 5.8.4. Die Abb. 5.5 stellt die Renditepaare aufeinanderfolgender Zeiträume der ThyssenKrupp-Aktie vom 14.04.14 bis 30.03.15 dar. Die Renditepaare sind relativ gleichmäßig über die vier Quadranten verteilt. Daher sind im Fall der ThyssenKrupp-Aktie die aufeinanderfolgenden Renditen unkorreliert. Alle vier Kombinationen „positive Rendite gefolgt von positiver Rendite", „positive Rendite gefolgt von negativer Rendite", „negative Rendite gefolgt von positiver Rendite" und „negative Rendite gefolgt von negativer Rendite" sind möglich. Bezogen auf die Aktienkursentwicklungen kann dies bedeuten: „Kursanstieg gefolgt von Kursanstieg", „Kursanstieg gefolgt von Kursabfall", „Kursabfall gefolgt von Kursanstieg" und „Kursabfall gefolgt von Kursabfall". Der Korrelationskoeffizient beträgt −0,064 und bestätigt somit die vermutete Unkorreliertheit.*

5.9 Random-Walk-Modell

Aktienkurse sind nicht sicher prognostizierbar. Dies zeigte bereits die statistische Analyse der Renditen. Positive und negative Renditen wechseln sich in unvorhersehbarer Reihenfolge ab. Gleichermaßen wechseln steigende und sinkende Aktienkurse. Die Kursänderungen folgen keinem deterministischen Muster. Sie vollführen eine zufällige Irrfahrt (engl. „random walk"). Dennoch ist es möglich, im Rahmen von Modellannahmen Aus-

Abb. 5.6 Allgemeiner Baum für die Kursentwicklung einer Aktie im Random-Walk-Modell mit 3 Perioden

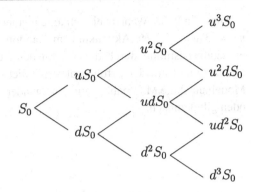

sagen darüber zu treffen, mit welcher Wahrscheinlichkeit der Aktienkurs in welchem Bereich liegt. Mit dem Random-Walk-Modell soll ein erstes einfaches Modell vorgestellt werden. Im Random-Walk-Modell werden folgende Modellannahmen für das tatsächliche Kursgeschehen getroffen:

M1 Die betrachtete Zeit der Dauer T wird in n Perioden (z. B. Tage, Wochen oder Monate) der Länge $\frac{T}{n}$ unterteilt. Der Aktienkurs ändert sich nur am Ende einer Periode, d. h. zu den Zeitpunkten $\frac{T}{n}, 2 \cdot \frac{T}{n}, \ldots, (n-1)\frac{T}{n}, T$.

M2 Nach jeder Kursänderung kann der Kurs S nur jeweils zwei Werte annehmen: Er ist entweder auf uS gestiegen oder auf dS gesunken. Die Aufwärtsbewegung (engl. up) tritt dabei immer mit einer Wahrscheinlichkeit von p, die Abwärtsbewegung (engl. down) mit einer Wahrscheinlichkeit von $q := 1 - p$ ein. Dabei seien $0 < d < u$ und der Aktienkurs S_0 zum Zeitpunkt $t = 0$ größer null.

Anmerkung: Die im Zusammenhang mit dem Random-Walk-Modell gebräuchlichen Begriffe „Sinken" und „Steigen" meinen im Fall, dass $1 < d < u$ ist, auch ein geringeres bzw. größeres Wachstum. Gemeint ist also nicht nur ein „echter Kursabfall" bzw. ein „echter Kursanstieg".

M3 In jedem Teilintervall steigt bzw. sinkt der Aktienkurs unabhängig vom bisherigen Kursverlauf.

Die Abb. 5.6 fasst diese Überlegungen zusammen und zeigt den allgemeinen Baum für ein Random-Walk-Modell mit 3 Perioden. Im Zeitpunkt $t = 0$ beträgt der Aktienkurs S_0. Nach drei Perioden der Länge $\frac{T}{3}$ nimmt der Aktienkurs in diesem Modell zum Zeitpunkt $t = T$ einen der vier möglichen Werte $u^3 S_0, u^2 d S_0, u d^2 S_0$ oder $d^3 S_0$ an, für die sich mithilfe der Pfadregeln für mehrstufige Zufallsexperimente die in der folgenden Tabelle angegebenen Wahrscheinlichkeiten ergeben.

Wert für S_T	$u^3 S_0$	$u^2 d S_0$	$u d^2 S_0$	$d^3 S_0$
Wahrscheinlichkeit	p^3	$3p^2(1-p)$	$3p(1-p)^2$	$(1-p)^3$

Dies sind die Wahrscheinlichkeiten einer Binomialverteilung mit den Parametern $n = 3$ und p. Der Aktienkurs im Random-Walk-Modell zum Zeitpunkt $t = T$ ist eindeutig bestimmt durch die Anzahl der Aufwärtsbewegungen. Diese Anzahl ist binomialverteilt mit der Erfolgswahrscheinlichkeit p, da die einzelnen Bewegungen laut Modellannahme M3 unabhängig voneinander sind. Im Random-Walk-Modell mit n Perioden gilt demnach:

$$P(S_T = u^k d^{n-k} S_0) = \binom{n}{k} p^k (1-p)^{n-k}. \tag{5.3}$$

Aufgrund der symmetrischen Verteilung von Aktienrenditen um ihren Mittelwert ist es sinnvoll, $p = q = \frac{1}{2}$ zu wählen. Somit ergibt sich im n-Periodenmodell:

$$P(S_T = u^k d^{n-k} S_0) = \binom{n}{k} \left(\frac{1}{2}\right)^n. \tag{5.4}$$

Doch wie sind u und d zu wählen? Diesbezüglich gibt uns die Statistik folgende Anhaltspunkte: Der Mittelwert der vergangenen logarithmischen Renditen betrage $\overline{L}$. Da wir uns auf zwei Werte festlegen müssen, setzen wir eine Standardabweichung s_L als „typische" Abweichung vom Mittelwert an. Mit unseren Festlegungen gilt: Steigt der Aktienkurs in einer Woche, so beträgt die „typische" Rendite $\overline{L} + s_L$. Sinkt der Aktienkurs dagegen, dann beträgt die „typische" Rendite $\overline{L} - s_L$. Damit erhalten wir für $u = e^{\overline{L}+s_L}$ und $d = e^{\overline{L}-s_L}$. Mit analogen Überlegungen erhalten wir aus den einfachen Renditen $u = 1 + \overline{E} + s_E$ und $d = 1 + \overline{E} - s_E$.

Beispiel 5.9.1 (Random-Walk-Modell) *Für die ThyssenKrupp-Aktie aus Beispiel 5.8.4 soll am 30.03.15 die Aktienkursentwicklung für die nächsten drei Wochen „prognostiziert" werden. Der Mittelwert der vergangenen logarithmischen Wochenrenditen betrug −0,0034, die Standardabweichung 0,0414. Damit beträgt im Random-Walk-Modell die logarithmische Rendite bei einem Kursanstieg −0,0034 + 0,0414 = 0,038, bei einem Kursabfall −0,0034 − 0,0414 = −0,0448. Der Kurs der ThyssenKrupp-Aktie stand am 30.04.15 bei € 24,34. Mit einer Wahrscheinlichkeit von $\frac{1}{2}$ steigt der Kurs auf*

$$e^{0,038} \cdot € \, 24{,}34 = € \, 25{,}28,$$

mit einer Wahrscheinlichkeit von $\frac{1}{2}$ sinkt der Aktienkurs auf

$$e^{-0,0448} \cdot € \, 24{,}34 = € \, 23{,}27.$$

Für die darauffolgenden Wochen sind weitere „Prognosen" möglich. Die Abb. 5.7 zeigt den entsprechenden Baum für das Random-Walk-Modell der künftigen Kursentwicklungen der ThyssenKrupp-Aktie.

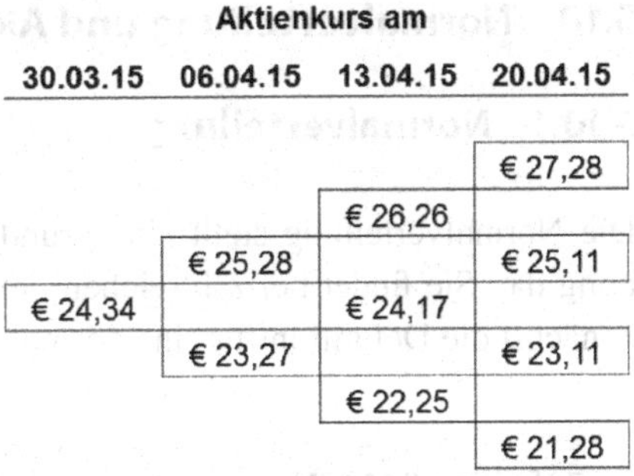

Abb. 5.7 Random-Walk-Modell mit 3 Perioden für die ThyssenKrupp-Aktie zur „Prognose" der künftigen Aktienkursentwicklung

	Aktienkurs am			
	30.03.15	06.04.15	13.04.15	20.04.15
				€ 27,28
			€ 26,26	
		€ 25,28		€ 25,11
	€ 24,34		€ 24,17	
		€ 23,27		€ 23,11
			€ 22,25	
				€ 21,28

Laut unseres Modells kann der Aktienkurs der ThyssenKrupp-Aktie am 20.04.15 vier Werte annehmen: € 27,28 bzw. € 21,28 mit jeweils einer Wahrscheinlichkeit von $\frac{1}{8}$ und € 25,11 bzw. € 23,11 mit einer Wahrscheinlichkeit von jeweils $\frac{3}{8}$. Der reale Kurs der ThyssenKrupp-Aktie lag am 06.04.15 bei € 24,76, am 13.04.15 bei € 25,25 und am 20.04.15 bei € 24,30.

Das Random-Walk-Modell ist vergleichbar mit der Beschreibung einer Aktienkursentwicklung durch das Werfen einer Münze für jede einzelne Periode. Erscheint Kopf, steigt der Aktienkurs in der betreffenden Periode auf uS_0. Fällt hingegen Zahl, sinkt der Kurs auf dS_0. Die Wahrscheinlichkeit für Kopf bzw. Zahl beträgt je $\frac{1}{2}$, damit steigt bzw. sinkt der Aktienkurs ebenfalls mit einer Wahrscheinlichkeit von $\frac{1}{2}$. Da die Münze darüber hinaus gedächtnislos ist, treten Zahl und Kopf immer mit derselben Wahrscheinlichkeit auf, unabhängig davon, was die Münze einen Wurf vorher anzeigte. Ähnlich verhält es sich mit dem Aktienkurs. Unabhängig davon, ob der Aktienkurs in der vorherigen Periode stieg oder sank, steigt bzw. sinkt der Aktienkurs in der darauffolgenden Periode mit derselben Wahrscheinlichkeit von $\frac{1}{2}$. Mit dem Random-Walk-Modell haben wir ein erstes einfaches Modell kennengelernt, mit dem es möglich ist, im Rahmen der erläuterten Modellannahmen Wahrscheinlichkeitsaussagen über künftige Aktienkurse zu treffen. Im Rahmen dieses Modells ist es dennoch wichtig, die Modellannahmen zu hinterfragen. Kritisch zu sehen ist z. B., dass aus Daten der Vergangenheit Prognosen für die Zukunft getätigt werden. Darüber hinaus bleiben u und d über sämtliche Prognosen konstant, d. h., die Modellparameter sind statisch. Dies ist insofern problematisch, als dass in Prognosen über einen längeren Zeitraum neue Informationen nicht in die Bewertung einfließen. So bleiben beispielsweise unvorhersehbare Ereignisse (z. B. Anlegermentalität, wirtschaftliche Änderungen in der AG) unberücksichtigt. Generell wird das Aktienkursgeschehen stark vereinfacht modelliert. Die Eigenschaft des Modells, dass der Aktienkurs nach einer Periode nur zwei Werte annehmen kann, ist unrealistisch. Dennoch wurde das Random-Walk-Modell eine Zeit lang für die Bewertung von Optionen genutzt.

5.10 Normalverteilung und Aktienkurse

5.10.1 Normalverteilung

Die Normalverteilung stellt eine grundlegende Verteilung der Wahrscheinlichkeitsrechnung dar. Sie findet bei zahlreichen praktischen Problemen Anwendung. Betrachten wir zunächst die Definition für eine normalverteilte Zufallsgröße.

Definition 5.10.1 (Normalverteilte Zufallsgröße)
Eine stetige Zufallsgröße X heißt normalverteilt mit den Parametern μ und σ^2 ($\mu \in \mathbb{R}$, $\sigma > 0$), wenn sie für alle $x \in \mathbb{R}$ folgende Dichte besitzt:

$$\varphi_{\mu,\sigma^2}(x) = \frac{1}{\sigma\sqrt{2\pi}} \cdot e^{-\frac{1}{2}\left(\frac{x-\mu}{\sigma}\right)^2}.$$

Man schreibt: $X \sim N(\mu, \sigma^2)$.

Die Normalverteilung besitzt die folgenden Eigenschaften:

1. Die Dichtefunktion ist symmetrisch bezüglich μ, d. h., es gilt:

$$\varphi_{\mu,\sigma^2}(\mu - x) = \varphi_{\mu,\sigma^2}(\mu + x).$$

Damit fallen die Werte von X mit gleicher Wahrscheinlichkeit in Intervalle, die symmetrisch bezüglich der Geraden $x = \mu$ liegen.

2. Die Dichtefunktion besitzt die Grenzwerte

$$\lim_{x \to \infty} \varphi_{\mu,\sigma^2}(x) = 0 \quad \text{und} \quad \lim_{x \to -\infty} \varphi_{\mu,\sigma^2}(x) = 0.$$

3. Die Funktion φ_{μ,σ^2} besitzt ein Maximum bei $x_m = \mu$ und Wendestellen in $x_1 = \mu - \sigma$ und $x_2 = \mu + \sigma$.

4. Eine mit den Parametern μ und σ^2 normalverteilte Zufallsgröße X hat den folgenden Erwartungswert $\mathrm{E}(X)$ und die folgende Varianz $\mathrm{Var}(X)$:

$$\mathrm{E}(X) = \int_{-\infty}^{\infty} x\varphi_{\mu,\sigma^2}(x)dx = \mu \quad \text{und} \quad \mathrm{Var}(X) = \int_{-\infty}^{\infty} (x - \mu)^2 \varphi_{\mu,\sigma^2}(x)dx = \sigma^2.$$

Mit der Dichte der Normalverteilung lässt sich die Wahrscheinlichkeit dafür, dass die Werte von X in einem beliebigen Intervall $[a; b]$ mit $a, b \in \mathbb{R}$ liegen, bestimmen:

$$\mathrm{P}(a \leq X \leq b) = \int_{a}^{b} \varphi_{\mu,\sigma^2}(x)dx.$$

Da für die Dichtefunktion der Normalverteilung keine elementare Stammfunktion existiert, werden derartige Wahrscheinlichkeitsberechnungen auf die tabellierte Standardnormalverteilung zurückgeführt oder mit dem Computer berechnet.

Definition 5.10.2 (Standardnormalverteilung)

Die Normalverteilung einer Zufallsgröße X mit den Parametern $\mu = 0$ und $\sigma^2 = 1$ heißt Standardnormalverteilung. Ihre Dichtefunktion wird mit φ bezeichnet. Es ist

$$\varphi(x) = \frac{1}{\sqrt{2\pi}} \cdot e^{-\frac{x^2}{2}}.$$

Für die standardnormalverteilte Zufallsgröße X ist die folgende Funktion tabelliert:

$$\Phi(x) = P(X \leq x) = \int_{-\infty}^{x} \varphi(t)dt.$$

Auf diese Tabellenwerte im Kap. 13 kann jede Wahrscheinlichkeitsaussage über beliebige normalverteilte Zufallsgrößen mithilfe des folgenden Satzes zurückgeführt werden.

Satz 5.10.3

Ist die Zufallsgröße X normalverteilt mit den Parametern μ und σ^2, dann ist die Zufallsgröße $Y = \frac{X-\mu}{\sigma}$ standardnormalverteilt.

Beweis Die Gestalt der Parameter ergibt sich unmittelbar aus den Eigenschaften von Erwartungswert und Varianz:

$$E(Y) = E\left(\frac{X-\mu}{\sigma}\right) = \frac{1}{\sigma}E(X) - \frac{\mu}{\sigma} = \frac{\mu}{\sigma} - \frac{\mu}{\sigma} = 0,$$

$$Var(Y) = Var\left(\frac{X-\mu}{\sigma}\right) = \frac{1}{\sigma^2}Var(X) = \frac{1}{\sigma^2} \cdot \sigma^2 = 1.$$

Es bleibt zu zeigen, dass Y eine normalverteilte Zufallsgröße ist. Es gilt:

$$P(a \leq Y \leq b) = P\left(a \leq \frac{X-\mu}{\sigma} \leq b\right) = P\left(a\sigma + \mu \leq X \leq b\sigma + \mu\right)$$

$$= \int_{a\sigma+\mu}^{b\sigma+\mu} \frac{1}{\sigma\sqrt{2\pi}} \cdot e^{-\frac{1}{2}\left(\frac{x-\mu}{\sigma}\right)^2} dx.$$

Mittels Substitution mit $y = \frac{x-\mu}{\sigma}$ erhält man:

$$P(a \leq Y \leq b) = \int_a^b \frac{1}{\sigma\sqrt{2\pi}} \cdot \sigma e^{-\frac{1}{2}\left(\frac{y\sigma+\mu-\mu}{\sigma}\right)^2} dy = \int_a^b \frac{1}{\sqrt{2\pi}} \cdot e^{-\frac{1}{2}y^2} dy.$$

Unter dem Integral steht die Dichte einer Normalverteilung mit den Parametern 0 und 1. Damit gilt: $Y \sim N(0,1)$. $\qquad\qquad\qquad\qquad\qquad\qquad\qquad\qquad\qquad\qquad\qquad$ □

Aus dem Satz 5.10.3 folgt unmittelbar: Die Wahrscheinlichkeit dafür, dass die Werte von X in einem beliebigen Intervall $[a;b]$ liegen, beträgt:

$$P(a \leq X \leq b) = \Phi\left(\frac{b-\mu}{\sigma}\right) - \Phi\left(\frac{a-\mu}{\sigma}\right).$$

Theoretisch kann eine normalverteilte Zufallsgröße X jeden beliebigen reellen Wert annehmen. Praktisch aber liegen die Werte mit einer Wahrscheinlichkeit von mehr als 99 % im Intervall $[\mu - 3\sigma; \mu + 3\sigma]$. Dies ist unabhängig von der Wahl von μ und σ. Allgemein gelten für ausgewählte Intervalle folgende Wahrscheinlichkeiten:

$$P([\mu - k\sigma; \mu + k\sigma]) \approx \begin{cases} 0{,}683 & \text{für } k = 1, \\ 0{,}954 & \text{für } k = 2, \\ 0{,}997 & \text{für } k = 3. \end{cases}$$

Die Intervalle $[\mu - k\sigma; \mu + k\sigma]$ heißen $k\sigma$-Intervalle und geben eine grobe Information über die Verteilung der Werte der Zufallsgröße.

5.10.2 Normalverteilte Aktienkurse

In vielen Fällen ist die Verteilung von Aktienrenditen, wie die der in Beispiel 5.8.4 untersuchten ThyssenKrupp-Aktie, näherungsweise eine Normalverteilung. Legt man die Normalverteilung als Modell für die Verteilung von Aktienrenditen zugrunde, sind Aussagen über Wahrscheinlichkeiten darüber, ob eine beliebige Rendite in ein bestimmtes Intervall fällt, möglich.

Beispiel 5.10.4 (Modellierung eines Aktienkurses mittels Normalverteilung) *Im Beispiel 5.8.4 wurden die Renditen der ThyssenKrupp-Aktie im Zeitraum von April 2014 bis März 2015 untersucht. Unter der Annahme, dass die wöchentliche Rendite L eine normalverteilte Zufallsgröße ist, bilden die im Beispiel 5.8.4 angegebenen Kenngrößen Drift $\overline{L}$ und Volatilität s_L Schätzwerte für den Erwartungswert μ und die Standardabweichung σ.*

Tab. 5.8 Wahrscheinlichkeiten und relative Häufigkeiten für Renditebereiche unter der Annahme einer Normalverteilung der Renditen

Renditebereich $[a; b)$	Relative Häufigkeit (gerundet)	Wahrscheinlichkeit $P(a \leq L < b)$
$[-0,1246; -0,1023)$	0,02	0,01
$[-0,1023; -0,0801)$	0,04	0,02
$[-0,0801; -0,0578)$	0,08	0,06
$[-0,0578; -0,0355)$	0,02	0,12
$[-0,0355; -0,0132)$	0,16	0,19
$[-0,0132; 0,0091)$	0,31	0,21
$[0,0091; 0,0313)$	0,22	0,18
$[0,0313; 0,0536)$	0,10	0,12
$[0,0536; 0,0759)$	0,06	0,06

Wir nehmen also an, dass L normalverteilt mit den Parametern $-0,0034$ und $0,0414^2$ ist. Die Wahrscheinlichkeit dafür, dass eine beliebige Wochenrendite zwischen $-0,0355$ und $-0,0132$ liegt, beträgt:

$$P(-0,0355 \leq L \leq -0,0132) = \Phi\left(\frac{-0,0132 + 0,0034}{0,0414}\right) - \Phi\left(\frac{-0,0355 + 0,0034}{0,0414}\right)$$
$$= 0,187.$$

Der Vergleich dieser Wahrscheinlichkeit mit der tatsächlich aufgetretenen relativen Häufigkeit von 0,16 zeigt eine annähernde Übereinstimmung. Diese Aussage trifft auch für andere Renditebereiche zu, wie Tab. 5.8 zeigt.

Die Interpretation des Zusammenhanges zwischen den beobachteten Kenngrößen und den modellierten Parametern der Normalverteilung beruht auf dem Gesetz der großen Zahlen: Das arithmetische Mittel aus vielen Beobachtungen einer Zufallsgröße liegt nahe μ und die Standardabweichung der beobachteten Werte nahe σ. Umgekehrt sind arithmetisches Mittel und empirische Standardabweichung aus vielen unabhängigen Beobachtungen einer Zufallsgröße Schätzwerte für deren Erwartungswert und Varianz.

5.11 Wiener-Prozess

Im Jahre 1827 beobachtete der schottische Botaniker Robert Brown (1773–1858) unter einem Mikroskop, wie sich Blütenpollen in einem Wassertropfen unregelmäßig hin- und herbewegen. Diese so genannte Brownsche Molekularbewegung eines Teilchens ist auf eine ständige Kollision zwischen den Blütenpollen und den sich bewegenden Wassermolekülen zurückzuführen. Nachdem im Jahre 1905 Albert Einstein (1879–1955) diese physikalische Erklärung für die Brownsche Molekularbewegung lieferte, gelang es dem US-amerikanischen Mathematiker Norbert Wiener (1894–1964) im Jahre 1923 das Phänomen auch mathematisch als einen stochastischen Prozess zu beschreiben. Dabei lässt sich die zeitliche Entwicklung entlang jeder Koordinate mit den Gesetzen eines Wiener-Prozesses erklären. Der Wiener-Prozess spielt die zentrale Rolle im Kalkül zeitstetiger stochastischer Prozesse und wird in zahllosen Gebieten der Natur- und Wirtschaftswissenschaften als Grundlage zur Simulation zufälliger Bewegungen herangezogen.

Definition 5.11.1 (Wiener-Prozess)

Der Wiener-Prozess $(W_t)_{t \geq 0}$ *ist eine Familie von Zufallsgrößen, die durch folgende Eigenschaften charakterisiert sind:*

E1 $W_0 = 0$.

E2 *Für* $0 \leq s < t$ *ist* $W_t - W_s$ *eine normalverteilte Zufallsgröße mit dem Erwartungswert 0 und der Varianz* $t - s$.

E3 *Für beliebige* $0 \leq r < s \leq t < u$ *sind die Zufallsgrößen* $W_u - W_t$ *und* $W_s - W_r$ *unabhängig.*

Die erste Eigenschaft sichert uns, dass der Prozess im Ursprung des Koordinatensystems beginnt. Die zweite Eigenschaft besagt, dass die Positionsänderung $W_t - W_s$ des Teilchens sowohl in x- als auch in y-Richtung eine normalverteilte Zufallsgröße mit dem Erwartungswert 0 und der Varianz $t - s$ ist. Die Varianz der zufälligen Positionsänderung hängt dabei nur von der Länge des Zeitintervalls $t - s$ und nicht von der Position $(X_s; Y_s)$ des Teilchens zur Zeit s ab. Die Bewegungen des Teilchens in x- und y-Richtung sind dabei unabhängig voneinander. Die dritte Eigenschaft verdeutlicht, dass die Positionsänderungen in sich nicht überlappenden Zeitintervallen unabhängig voneinander sind. Auf die Brownsche Bewegung bezogen bedeutet dies, dass keine Schlüsse über die Richtung und Größe der Positionsänderungen aus den vorangegangenen Teilchenbewegungen möglich sind. Vorherige Positionsänderungen beeinflussen folgende Positionsänderungen nicht. Die Positionsänderungen $W_t - W_s$ werden auch Zuwächse genannt. Diese können sowohl positive als auch negative Werte annehmen.

5.12   Black-Scholes-Modell für Aktienkursprozesse

Das Black-Scholes-Modell ist ebenso wie das Random-Walk-Modell ein mathematisches Modell zur Beschreibung von Aktienkursprozessen. Das Black-Scholes-Modell basiert auf der Annahme, dass sich der stochastische Prozess der Renditeentwicklung aus einem deterministischen zeitlich linearen und einem zufälligen Anteil zusammensetzt. Der deterministische Anteil des Renditeprozesses lässt sich als erwartete Rendite interpretieren. Aktienkurse folgen jedoch keinem deterministischen Muster, sondern vollführen eine zufällige Irrfahrt (vgl. 5.9). Demnach unterliegen Renditen ebenfalls einem stochastischen

Prozess, der durch den zufälligen Anteil beschrieben wird. Dabei wird angenommen, dass der stochastische Prozess der logarithmischen Renditen einem Wiener-Prozess folgt.

Definition 5.12.1 (Black-Scholes-Modell)
Für den stochastischen Prozess der Renditeentwicklung wird angenommen, dass

$$L_0^t = \mu t + \sigma W_t \qquad (5.5)$$

ist. Dabei sind $t \geq 0$, $\mu \in \mathbb{R}$ und $\sigma > 0$. Darüber hinaus sind μ und σ konstant.

Mit dem Black-Scholes-Modell kann die Verteilung der Rendite L_0^t bestimmt werden. Nach der zweiten Eigenschaft des Wiener-Prozesses und wegen $W_0 = 0$ ist die Zufallsgröße $W_t = W_t - W_0$ normalverteilt mit den Parametern 0 und t. Da L_0^t linear von W_t abhängt, folgt unter Ausnutzung der Eigenschaften des Erwartungswertes für den Erwartungswert von L_0^t:

$$\mathrm{E}(L_0^t) = \mathrm{E}(\mu t + \sigma W_t) = \mu t + \sigma \mathrm{E}(W_t) = \mu t.$$

Analog lässt sich die Varianz von L_0^t bestimmen. Es gilt:

$$\mathrm{Var}(L_0^t) = \mathrm{Var}(\mu t + \sigma W_t) = \sigma^2 \mathrm{Var}(W_t) = \sigma^2 t.$$

Daraus folgt, dass die Rendite normalverteilt mit den Parametern μt und $\sigma^2 t$ ist. Dabei sind die in Abschn. 5.8 bestimmten statistischen Kennzahlen $\overline{L}$ und s_L Schätzwerte für unsere Modellparameter μ und σ im Black-Scholes-Modell. Bei bekanntem Aktienkurs S_0 zur Zeit $t = 0$ und mit den Wahrscheinlichkeitsaussagen zu L_0^t sind über den Zusammenhang $L_0^t = \ln\left(\frac{S_t}{S_0}\right)$ Wahrscheinlichkeitsaussagen über den Kurs S_t zur Zeit $t > 0$ möglich:

$$S_t = S_0 \cdot \mathrm{e}^{L_0^t}.$$

Betrachten wir hierzu folgendes Beispiel:

Beispiel 5.12.2 (Modellierung eines Aktienkurses mittels des Black-Scholes-Modells)
Wir betrachten erneut die ThyssenKrupp-Aktie aus Beispiel 5.8.4. Der Mittelwert der vergangenen logarithmischen Wochenrenditen betrug −0,0034 die Standardabweichung 0,0414. Am 30.03.15 lag der Aktienkurs bei €24,34. Es soll die Wahrscheinlichkeit dafür bestimmt werden, dass der Aktienkurs drei Wochen später €24,00 noch übersteigt. Gemäß unserer Modellannahme gilt:

$$L_0^3 \sim \mathrm{N}(3 \cdot -0{,}0034, 3 \cdot 0{,}0414^2) \text{ also } L_0^3 \sim \mathrm{N}(-0{,}0102, 0{,}0051).$$

Dann gilt für die Wahrscheinlichkeit, dass der Aktienkurs € 24,00 übersteigt:

$$
\begin{aligned}
\mathrm{P}\left(S_3 > € 24{,}00\right) &= \mathrm{P}\left(e^{L_0^3} \cdot € 24{,}34 > € 24{,}00\right) \\
&= \mathrm{P}\left(L_0^3 > \ln \frac{€ 24{,}00}{€ 24{,}34}\right) \\
&= 1 - P\left(L_0^3 < -0{,}014\right) \\
&= 1 - \Phi\left(\frac{-0{,}014 - (-0{,}0102)}{0{,}0051}\right) \approx 0{,}77.
\end{aligned}
$$

Mit einer Wahrscheinlichkeit von 77 % übersteigt der Aktienkurs in drei Wochen noch € 24,00.

Bisher haben wir die Renditen und Kurse nur im Intervall $[0;t]$ betrachtet. Doch wie sieht die Verteilung der Renditen im Black-Scholes-Modell in einem anderen Zeitraum $[t;t+u]$ aus? Es gilt:

Satz 5.12.3
Die Rendite L_t^{t+u} im Zeitraum $[t;t+u]$ ist normalverteilt mit den Parametern μu und $\sigma^2 u$.

Beweis Es gilt:

$$
\ln\left(\frac{S_{t+u}}{S_t}\right) = \ln\left(\frac{\frac{S_{t+u}}{S_0}}{\frac{S_t}{S_0}}\right) = \ln\left(\frac{S_{t+u}}{S_0}\right) - \ln\left(\frac{S_t}{S_0}\right) = L_0^{t+u} - L_0^t.
$$

Wir erhalten für L_0^{t+u} und L_0^t unter Nutzung von (5.5)

$$
L_0^{t+u} - L_0^t = \mu(t+u) + \sigma W_{t+u} - (\mu t + \sigma W_t) = \mu u + \sigma(W_{t+u} - W_t).
$$

Nach Eigenschaft E2 des Wiener-Prozesses ist $\sigma(W_{t+u} - W_t)$ eine normalverteilte Zufallsgröße mit den Parametern 0 und $\sigma^2 u$. Damit ist die Rendite $L_{t+u}^t = \ln\left(\frac{S_{t+u}}{S_t}\right)$ normalverteilt mit den Parametern μu und $\sigma^2 u$. □

Das Black-Scholes-Modell findet in der Praxis insbesondere zur Berechnung von Optionspreisen aufgrund seiner einfachen Handhabung noch immer weltweit Verwendung. Dennoch weist es wie andere mathematische Modelle einige kritische Stellen auf. Die zentrale Annahme der Normalverteilung ist nur eine grobe Annäherung, wie statistische Analysen von Aktienrenditen zeigen. Vielmehr sind die Häufigkeitsverteilungen von Aktienrenditen in der Nähe des arithmetischen Mittels und an den Rändern im Vergleich zur Normalverteilung höher. Dies bedeutet, dass insbesondere betragsmäßig kleine und betragsmäßig große Kursänderungen häufiger auftreten als durch die Normalverteilung angenommen. Darüber hinaus ist wie schon beim Random-Walk-Modell die in der Zeit als konstant angenommene Volatilität σ zu kritisieren. Inzwischen werden Modelle untersucht, die die Verteilungen der Aktienrenditen besser beschreiben und die Volatilität selbst als stochastischen Prozess betrachten.

5.13 Simulation eines Aktienkursprozesses

Mit dem Black-Scholes-Modell lässt sich die Kursentwicklung einer Aktie simulieren. Diese Simulation wird im Folgenden an einem Beispiel erläutert.

Beispiel 5.13.1 (Simulation eines Aktienkursprozesses mittels Black-Scholes-Modell)
Wir betrachten erneut die ThyssenKrupp-Aktie aus Beispiel 5.8.4. Wir möchten den Aktienkursprozess für 60 aufeinanderfolgende Wochen simulieren. Der Mittelwert der vergangenen logarithmischen Wochenrenditen betrug $-0{,}0034$, die Standardabweichung $0{,}0414$. Diese Werte verwenden wir als Schätzwerte für die im Black-Scholes-Modell benötigten Parameter μ und σ. Gemäß unserer Modellannahme gilt dann für die Rendite

$$L_0^t = -0{,}0034t + 0{,}0414 W_t,$$

wobei eine Zeiteinheit eine Woche lang ist. Aus der Eigenschaft E2 des Wiener-Prozesses folgt, dass W_t standardnormalverteilt ist. Die Rendite L_k^{k+1} besitzt folglich in jedem Zeitintervall $[k; k+1]$ mit $k = 0, 1, \ldots, n-1$ die Darstellung:

$$L_k^{k+1} = -0{,}0034t + 0{,}0414 W_t = -0{,}0034 + 0{,}0414 W_t.$$

Der Aktienkurs am Ende eines Zeitintervalls lässt sich aus den derart bestimmten Renditen berechnen. Es gilt:

$$S_{k+1} = S_k \cdot e^{L_k^{k+1}}.$$

Als Startwert für den Aktienkurs wählen wir den Aktienkurs der ThyssenKrupp-Aktie am 30.03.15, der an diesem Tag € 24,34 betrug. Die Abb. 5.8 zeigt die Simulation eines Aktienkursprozesses auf Grundlage des Black-Scholes-Modells mit Excel. Mit dem in Excel implementierten Zufallsgenerator werden zunächst normalverteilte Zufallszahlen erzeugt, auf deren Basis die Rendite und der Aktienkurs bestimmt werden können. Das Liniendiagramm der Abb. 5.8 zeigt das mit dem Black-Scholes-Modell erzeugte „Aktienchart".

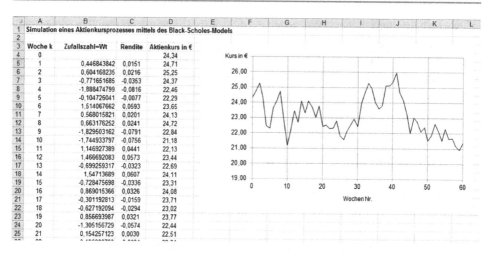

Abb. 5.8 Simulation eines Aktienkursprozesses mit dem Black-Scholes-Modell ($S_0 = € 24,34$, $t = 1, \mu = -0,0034$ und $\sigma = 0,0414$)

Literatur

Beike, R., Schlütz, J.: Finanznachrichten lesen, verstehen, nutzen. 5. Aufl., Schäffer-Poeschel (2010)

Adelmeyer, M., Warmuth, E.: Finanzmathematik für Einsteiger. Vieweg-Verlag (2003)

Föllmer, H., Schied, A.: Stochastic Finance: An Introduction in Discrete Time. De Gruyter (2004)

Krengel, U.: Einführung in die Wahrscheinlichkeitstheorie und Statistik. Vieweg-Verlag (2000)

Müller, H.: Lexikon der Stochastik. Akademie-Verlag (1975)

Pliska, S. R.: Introduction to Mathematical finance. Blackwell Publishers (1997)

Finanz- und Wirtschaftsmathematik als Beitrag zum allgemeinbildenden Mathematikunterricht 6

Angesichts vieler Veränderungsprozesse in nahezu allen gesellschaftlichen Bereichen wird es immer wichtiger, „daß möglichst viele Menschen eine möglichst gediegene Allgemeinbildung erwerben können" (Winter, 1995, S. 37). Diese Forderung nach einer weitreichenden Ausbildung ist nicht neu und schon seit langem in unterschiedlichen Formen in den Schulgesetzen der einzelnen Bundesländer als Aufgabe der Schule verankert. Nicht nur die Schule im Allgemeinen, sondern auch der Fachunterricht im Speziellen muss daher stets dahingehend geprüft werden, inwiefern dieser einen Beitrag zur „Vermittlung des Grund- und Orientierungswissens leistet, das den Schülerinnen und Schülern hilft, die Welt der Gegenwart zu ordnen, Zusammenhänge zu verstehen und eine eigene Identität auszubilden." (Hefendehl-Hebeker, 2005, S. 146). Ebenso müssen Unterrichtsinhalte hinsichtlich ihres allgemeinbildenden Charakters bzw. ihrer Brauchbarkeit für die Bewältigung von Anwendungsproblemen in nahezu allen Lebensbereichen gerechtfertigt werden. Dies gilt es bei der Überarbeitung bestehender bzw. Entwicklung neuer Unterrichtsvorschläge – wie es mit dem vorliegenden Buch beabsichtigt ist – zu berücksichtigen. Im Zusammenhang mit der Forderung nach einem allgemeingebildeten Bürger wird auch von Seiten der Wirtschaftswissenschaften die Problematik der ökonomischen sowie finanziellen (als Teil der ökonomischen) Allgemeinbildung diskutiert. Fast weltweit ist seit Beginn der neunziger Jahre zu beobachten, dass die Verantwortung für die Altersvorsorge verstärkt auf den Einzelnen übertragen wird, da die Rentenversorgung nach dem bisherigen Umlageverfahren nicht mehr aufrecht zu erhalten ist. Diese zunehmende Individualisierung führt zu erhöhten Anforderungen in persönlichen finanziellen und ökonomischen Entscheidungsprozessen. Aus diesem Grund werden von verschiedenen Organisationen – wie der Organisation für wirtschaftliche Zusammenarbeit und Entwicklung (OECD) – Maßnahmen zur Verbesserung der ökonomischen und finanziellen Ausbildung der Bevölkerung gefordert.

Im Folgenden wird zunächst ein kurzer Überblick über Aspekte eines allgemeinbildenden Mathematikunterrichts gegeben (Abschn. 6.1.1). Anschließend betrachten wir die Situation zur ökonomischen und finanziellen Allgemeinbildung (Abschn. 6.2), bevor wir

P. Daume, *Finanz- und Wirtschaftsmathematik im Unterricht Band 1*, DOI 10.1007/978-3-658-10615-7_6 aufzeigen, welchen Beitrag die Mathematik hierzu leisten kann (Abschn. 6.2.2). Die Ausführungen zum allgemeinbildenden Mathematikunterricht und zur ökonomischen bzw. finanziellen Allgemeinbildung enden jeweils mit einer Zusammenfassung der Konsequenzen für die Planung der Unterrichtseinheiten (Abschn. 6.1.2 und Abschn. 6.2.3).

6.1 Mathematik und Allgemeinbildung

6.1.1 Zum Begriff des allgemeinbildenden Mathematikunterrichts

Bereits seit vielen Jahren wird der Aspekt des allgemeinbildenden Mathematikunterrichts diskutiert. Dahinter steht trotz der Anerkennung des Mathematikunterrichts als verpflichtendes Allgemeinbildungsfach immer wieder die Frage nach der Legitimation und der Zuweisung von Unterrichtszeit. Es gibt unzählige Definitionen für den Begriff der Allgemeinbildung. Obwohl diesbezüglich z. T. recht unterschiedliche Auffassungen bestehen, kann Allgemeinbildung tendenziell als das über ein begrenztes Spezialwissen hinausgreifende „Weltwissen" zusammengefasst werden (vgl. Köhler 1993, S. 81). Umfassender wird der Begriff mit bildungstheoretischen Konzepten beschrieben, wie dies besonders in den neunziger Jahren zu beobachten ist. So gibt z. B. Heymann 1996 (S. 50ff.) einen Zielkatalog für den Beitrag des Faches Mathematik zur Allgemeinbildung an, zu dessen Aufgaben Lebensvorbereitung, Stiftung kultureller Kohärenz, Weltorientierung, Anleitung zum kritischen Vernunftgebrauch, Entfaltung von Verantwortungsbereitschaft, Einübung in Verständigung und Kooperation sowie Stärkung des Schüler-Ichs gehören. Besonders geschätzt sind jedoch die Ausführungen von Winter (1995), in denen er drei Grunderfahrungen formuliert. Demnach sollte es ein allgemeinbildender Mathematikunterricht ermöglichen,

(G1) „Erscheinungen der Welt um uns, die uns alle angehen oder angehen sollten, aus Natur, Gesellschaft und Kultur in einer spezifischen Art wahrzunehmen und zu verstehen,

(G2) mathematische Gegenstände und Sachverhalte, repräsentiert in Sprache, Symbolen, Bildern und Formeln, als geistige Schöpfungen, als eine deduktiv geordnete Welt eigener Art kennen zu lernen und zu begreifen,

(G3) in der Auseinandersetzung mit Aufgaben Problemlösefähigkeiten (heuristische Fähigkeiten), die über die Mathematik hinausgehen, zu erwerben." (Winter 1995, S. 37).

In der ersten Grunderfahrung (G1) wird die Mathematik zu einer nützlichen Disziplin erklärt, mit der Probleme der unmittelbaren Lebensbereiche mittels Modellierungen (siehe Kap. 7) fassbar werden. Ferner versteht Winter in der zweiten Grunderfahrung (G2) die Mathematik als eine eigene, in sich geschlossene und von Menschen geschaffene Welt. Mit der dritten Grunderfahrung (G3) zeichnet Winter die Mathematik als „Schule des Denkens" aus. Nach unserer Auffassung, die einher geht mit der Forderung von Baptist/Winter

(2001), ist für einen allgemeinbildenden Mathematikunterricht eine Verzahnung der ersten beiden Grunderfahrungen erforderlich. Diese Notwendigkeit kann wie folgt begründet werden:

> „Abstrakte (theoretische) Begriffe bestehen eben nicht nur aus einem formal-strukturellen Kern, sondern sind von einem Kranz möglicher einschlägiger Anwendungen umgeben, die Sinn und Bedeutung verleihen sowie die anstehenden Untersuchungen motivieren und leiten. Eine formale Struktur, zu der man kein Modell finden kann, das die Struktur interpretiert, gilt sogar in der formalen Mathematik als uninteressant." (Baptist/Winter 2001, S. 61).

In Folge der PISA-Studie wurde die Debatte zum allgemeinbildenden Mathematikunterricht in einer Diskussion über eine „mathematische Grundbildung" – auch als „mathematical literacy" bezeichnet[1] – zugespitzt, wobei Folgendes darunter verstanden wird:

> „Mathematische Grundbildung ist die Fähigkeit, die Rolle, die Mathematik in der Welt spielt, zu erkennen und zu verstehen, begründete mathematische Urteile abzugeben und sich auf eine Weise mit der Mathematik zu befassen, die den Anforderungen des gegenwärtigen und künftigen Lebens einer Person als konstruktiven, engagierten und reflektierenden Bürger entspricht." (Baumert et al. 2001, S. 141).

Mit dem Begriff der „mathematical literacy" soll betont werden, dass der Schwerpunkt „auf der funktionalen Anwendung von mathematischen Kenntnissen in ganz unterschiedlichen Kontexten und auf ganz unterschiedliche, Reflexion und Einsicht erfordernde Weise" (Neubrand 2001, S. 181) liegt. Mit Bezug auf den Mathematikunterricht bedeutet dies, dass Schüler nicht nur über Kenntnisse mathematischer Sätze und Algorithmen verfügen sollen. Das Konzept zielt eher auf die Fähigkeit ab, diese Kenntnisse in unterschiedlichen Situationen und Zusammenhängen einsichtig und flexibel anzuwenden. Dabei sollen Lernende die Anwendbarkeit mathematischer Modelle auf alltägliche Problemstellungen und umgekehrt die einem Problem zugrunde liegende mathematische Struktur erkennen.

6.1.2 Konsequenzen für die Entwicklung der Unterrichtseinheiten

Im vorherigen Abschnitt erläuterten wir verschiedene Konzepte zum Begriff des allgemeinbildenden Mathematikunterrichts. Die erste Wintersche Grunderfahrung (G1) halten wir diesbezüglich für unverzichtbar. Diese Meinung ist in der didaktischen Debatte nahezu unumstritten, was sich u. a. darin zeigt, dass der Aspekt der Mathematik als nützliche Disziplin nicht nur im Konzept der „mathematical literacy", sondern auch in vielen anderen Publikationen eine Rolle spielt. Dabei wird häufig die Bedeutung der Mathematik hervorgehoben:

---

[1] Im Folgenden wird für eine bessere Abgrenzung zum Begriff der mathematischen Allgemeinbildung nach Winter (1995) der Begriff der „mathematical literacy" für den Begriff der „mathematischen Grundbildung" verwendet. Ausgenommen sind hierbei Originalzitate.

„Für Nichtmathematiker soll Mathematik zu einem Denkwerkzeug werden. Mathematik wird in außermathematische bzw. in nicht rein innermathematische Situationen hineingedacht, um Beurteilungs- und Entscheidungshilfen zu gewinnen. Im allgemeinen ist nicht zu erwarten, daß damit alles Wesentliche der Situation erfaßt wird." (Führer 1991, S. 72).

Die zweite Grunderfahrung (G2), die Mathematik als eine eigene, in sich geschlossene Welt aufzufassen, erhält nach unserer Meinung insbesondere in Verbindung mit der ersten Grunderfahrung ihre Berechtigung. Wir vertreten den Standpunkt, dass eine mathematische Allgemeinbildung nicht nur durch praktische Anwendungen definiert wird, sondern auch einen verständigen Gebrauch von Formeln anstreben sollte. Damit berücksichtigen wir auch die Bildungsstandards für die allgemeine Hochschulreife, die fordern, dass anwendungsorientierte Aufgaben mit Lebensweltbezug „die gleiche Wichtigkeit und Wertigkeit wie innermathematische Aufgaben" (KMK 2012, S. 11) haben müssen. Einige Autoren wie Von Hentig (1996) zählen die ersten beiden Grunderfahrungen zur Allgemeinbildung, schließen die dritte Grunderfahrung (G3) jedoch aus. Wir distanzieren uns von dieser Auffassung, halten die dritte Grunderfahrung für genauso wichtig wie die ersten beiden und schließen uns damit der folgenden Meinung an:

„Die Grunderfahrung (G3) berührt die Bedeutung der Heuristik für das Lernen von Mathematik. Heuristische Fähigkeiten sind Grundlage für eine verständige Erschließung unserer Welt. Sie sind eingebettet in eine *intellektuelle Haltung*, zu der auch die Bereitschaft gehört, sich frei, kreativ und positiv gestimmt einer gedanklichen Herausforderung zu stellen. Die Entwicklung dieser Haltung zählt zu den zentralen Aufgaben des Mathematikunterrichts." (Borneleit et al. 2001, S. 74).

Aus den obigen Erläuterungen wird deutlich, dass wir die drei Winterschen Grunderfahrungen für sehr sinnvoll halten, um einen allgemeinbildenden Mathematikunterricht zu charakterisieren. Aus diesem Grund orientieren wir uns in unseren Unterrichtsplanungen an der Auffassung von Winter (1995), wobei uns bewusst ist, dass aus den Grunderfahrungen keine kurzfristigen Ziele ableitbar sind.

Viele Allgemeinbildungskonzepte sprechen sich für die Integration von praktischen Anwendungen aus. Ein allgemeinbildender Mathematikunterricht erfordert daher fachübergreifende Aspekte. Dabei sind insbesondere diejenigen Themen von Bedeutung, die eine unmittelbare Relevanz für die Schüler im heutigen oder späteren Leben haben. Neben Fragen aus den Bereichen Ökologie, Politik, Technik oder den Naturwissenschaften können auch entsprechend der nachfolgenden Forderung Probleme aus dem Bereich der Ökonomie zu den für Schüler interessanten und damit empfehlenswerten Themen eines allgemeinbildenden Mathematikunterrichts gehören:

„Eine wünschenswerte und eigentlich notwendige Konzeption von Bürgerlichem Rechnen sollte heute auch Grundfragen der Bevölkerungskunde, der Altersversorgung, des Versicherungs- und Steuerwesens umfassen, und zwar als Bestandteile einer politisch-aufklärenden Arithmetik." (Winter 1995, S. 37).

Dieser Forderung möchten wir uns anschließen und damit die grundsätzliche Entscheidung für wirtschafts- und finanzmathematische Unterrichtsinhalte begründen. Diese Entscheidung geht einher mit der außerhalb der Mathematikdidaktik begonnenen Diskussion um eine ökonomische bzw. finanzielle Allgemeinbildung. Auf wesentliche Aspekte dieser Debatte wird in den folgenden Abschnitten näher eingegangen.

6.2 Mathematik und ökonomische Allgemeinbildung

6.2.1 Zum Begriff der ökonomischen Allgemeinbildung

Eine fundierte wirtschaftliche Grundbildung ist u. E. eine wichtige Voraussetzung, um private, berufliche und gesellschaftliche Situationen zu bewältigen. Gerade in Zeiten, in denen ökonomische Situationen recht komplex (Altersvorsorge, Geldanlagen, Handeln in wirtschaftlichen Kontexten) sind, scheint die Verunsicherung immer größer zu werden. So ist es nicht verwunderlich, dass seit einigen Jahren eine Diskussion um eine ökonomische Bildung geführt wird, unter der Folgendes verstanden wird:

> „Ökonomische Bildung wird hier verstanden als die Gesamtheit aller erzieherischen Bemühungen in allgemeinbildenden Schulen, Kinder und Jugendliche von Jahrgang 1 bis 12 mit solchen
>
> - Kenntnissen, Fähigkeiten, Fertigkeiten, Verhaltensbereitschaften und Einstellungen auszustatten, die sie befähigen, sich mit den
> - ökonomischen Bedingungen ihrer Existenz und deren sozialen, politischen, rechtlichen, technischen, ökologischen und ethischen Dimensionen
> - auf privater, betrieblicher, volkswirtschaftlicher und weltwirtschaftlicher Ebene auseinanderzusetzen.
>
> Ziel sollte es dabei sein, sie zur Bewältigung und Gestaltung gegenwärtiger und zukünftiger Lebenssituationen zu befähigen." (Kaminski et al. 2008, S. 7)

Die über ökonomische Bildung zu bewältigenden Lebenssituationen lassen sich nach May (2011, S. 4) drei Bereichen zuordnen: dem Konsum, der Arbeit und der Wirtschaftsgesellschaft. Dabei sind bereits Jugendliche in frühen Jahren insbesondere dem ökonomischen Problemfeld des Konsums ausgesetzt. Als aktive Konsumenten erleben sie bereits sehr zeitig einen Einstieg in das Wirtschaftsleben.

Kaminski et al. (2007, S.23) sehen die so genannte „finanzielle Allgemeinbildung" als einen Bestandteil der ökonomischen Bildung. Darunter wird Folgendes verstanden:

> „Finanzielle Allgemeinbildung ist die Vermittlung von Verständnis, Wissen und sozialer Handlungskompetenz beim Umgang mit den Finanzdienstleistungen in Kredit, Anlage, Zahlungsverkehr und Versicherungen, die vor allem Banken und Versicherungen anbieten." (Reifner et al. 2004, S. V).

Ziel einer finanziellen Allgemeinbildung sollte sein, Privatpersonen dabei zu unterstützen, kritische, eigenverantwortlich handelnde Verbraucher zu werden, die in ihrer privaten wie beruflichen Sphäre in der Lage sind, ihr Leben finanziell zu meistern. Unterschiedliche Studien zeigen auf, dass dieses Ziel bisher verfehlt wird, es wird eine mangelnde finanzielle aber auch ökonomische Grundausbildung der Deutschen beklagt. So kommt beispielsweise eine im Auftrag der Commerzbank-AG von der NFO Infratest Finanzforschung durchgeführte Studie zu dem Ergebnis, dass nur etwa fünf Prozent der 1000 Befragten im Alter zwischen 18 und 65 Jahren über ein gutes oder sehr gutes Wissen in Finanzfragen verfügen. 42 % hingegen beantworteten weniger als die Hälfte der Fragen richtig (vgl. Commerzbank-AG 2003). Einige der Antworten deckten besonders große Lücken auf: Mehr als zwei Drittel veranschlagten beispielsweise den Ertrag eines monatlichen Sparplans falsch, der Zinseszinseffekt war ihnen unbekannt. Zu ähnlich negativen Ergebnissen kommt eine vom Deutschen Institut für Wirtschaftsforschung im Auftrag der BertelsmannStiftung vorgenommene Untersuchung, in der mehr als 50 % der 30- bis 50-jährigen Befragten die Sicherheit verschiedener Anlageformen nicht richtig einschätzten (vgl. Leinert 2004). So bewerteten lediglich 27,2 % das Sparbuch als sichere Anlageform, während 27 % Aktienfonds für eine sichere Investitionsform hielten, obwohl die Umfrage stattfand, nachdem der Deutsche Aktienindex in den zwei Jahren zuvor rund die Hälfte seines Wertes verloren hatte. Auch neuere Studien zeigen, dass sich an dieser Problematik noch nichts geändert hat. So machte beispielsweise die Jugendstudie 2009 des Bundesverbands deutscher Banken (Bundesverband deutscher Banken 2009) darauf aufmerksam, dass viele Jugendliche im Alter von 14 bis 24 eine Vielzahl von finanziellen und ökonomischen Fragen nicht richtig beantworteten. Trotz täglicher Präsenz des Begriffes „Börse" in den Medien wussten beispielsweise 58 % der Befragten nicht, was an einer Börse geschieht. Lediglich 10 % verfügten diesbezüglich über fundiertes Wissen. Ebenso konnten 40 % der 753 Studienteilnehmer nichts mit dem Begriff der „sozialen Marktwirtschaft" anfangen. Eine erneute Studie des Bundesverbandes deutscher Banken (Bundesverband deutscher Banken 2012) zeigt auf, dass sich die Situation nicht verbessert hat. Vielmehr wird deutlich, dass das Interesse an wirtschaftlichen Themen im Vergleich zur zurückliegenden Studie rückläufig ist (Bundesverband deutscher Banken 2012, S. 12). Dies führt wiederum zu Defiziten im Wissen zu finanziellen und wirtschaftlichen Fragestellungen. Gleichzeitig sprechen sich etwa 75 % der Befragten für einen höheren Stellenwert von entsprechenden Themen in der Schule aus (Bundesverband deutscher Banken 2009, S. 21).

Die von Sinus Sociovision im Auftrag der Commerzbank-AG vorgestellte Studie „Die Psychologie des Geldes" untersuchte psychische Hemmschwellen für die Auseinandersetzung mit der Geldthematik und deckte somit mögliche Ursachen für das beklagte mangelnde Finanzwissen auf (vgl. Hradil 2003, Sinus Sociovision 2004):

- Das Thema Geld wird in Deutschland gesellschaftlich tabuisiert, d. h. über Geldangelegenheiten wird oft selbst in der eigenen Familie nicht geredet. So fehlt es an einer intensiven, offenen Auseinandersetzung mit Finanzfragen.

- Das häufig negative Image des Geldes, verbunden mit dem in der Gesellschaft verankerten Bild des oberflächlichen und moralisch fragwürdigen Finanzexperten, schafft keine Anreize zur Auseinandersetzung mit Finanzprodukten.

- Die immer größer werdende Produkt- und Informationsvielfalt und die wahrgenommene Komplexität löst Angst und Unsicherheit aus, was unter Umständen bis zur Vermeidung bzw. Verdrängung von finanziellen Entscheidungen reicht.

- Geldthemen werden als zu abstrakt empfunden, da viele Vorgänge wie die Zinsentwicklung nicht unmittelbar greifbar sind. Diese Problematik wird durch den oft langen zeitlichen Abstand verschärft, der zwischen dem Abschluss einer Geldanlage und der Auszahlung des Ertrages liegt. Insbesondere bei der Altersvorsorge müssen heute weitreichende, für morgen bedeutsame Entscheidungen getroffen werden.

- Besonders jüngere Menschen und Hausfrauen der älteren Generation fühlen sich vom Staat bzw. Ehepartner gut versorgt und sehen damit keine Notwendigkeit dafür, ihre Finanzen selbst zu regeln.

Als Folge aus diesen Studien plädieren u. a. das Deutsche Institut für Wirtschaftsforschung, das Deutsche Aktieninstitut, die Stiftung Jugend und Bildung, der Bundesverband deutscher Banken und der Gesamtverband der Deutschen Versicherungswirtschaft dafür, bereits in der Schule einen Beitrag zu einer finanziellen und ökonomischen Allgemeinbildung zu leisten (vgl. Leinert 2004, Moss 2004, Kaminski et al. 2007). Dieser Forderung stimmen wir aus verschiedenen Gründen zu: Einerseits geht aus der Studie „Die Psychologie des Geldes" hervor, dass eine finanzielle Bildung aufgrund verschiedener Faktoren innerhalb der Familie oder aus eigenem Antrieb kaum zu erwarten ist. Andererseits dominieren in der Vermittlung von Finanzwissen zurzeit die Anbieter von Finanzdienstleistungen, die meist daran interessiert sind, ihre Produkte zu bewerben, so dass eine objektive Bildung unterbleibt (vgl. Brost/Rohwetter 2005, S. 17ff.). Auch Initiativen, die zunächst eine sachliche Information versprechen, vertreten in der Regel die Interessen der Anbieter. So wird beispielsweise das vom Bundesministerium für Familie, Senioren, Frauen und Jugend geförderte Projekt „Unterrichtshilfe Finanzkompetenz", das im Internet[2] viele Dokumente und interessante Links anbietet, finanziell vom Bundesverband der deutschen Banken, der Sparkassen-Finanzgruppe und den Volksbanken/ Raiffeisenbanken unterstützt. Durch eine entsprechende Werbung auf der Homepage des Projektes können Interessierte durchaus in der Wahl des Girokontos beeinflusst werden, das Informationsangebot kann nicht mehr als neutral gelten. Ähnliches gilt für die Initiativen „Hoch im Kurs"[3] des BVI (Deutscher Fondsverband) oder „Finanzielle Allgemeinbildung"[4] des Handelsblattes. Um der von Reifner et al. (2004, S. 5) geforderten praxisorientierten, anbieterunabhängigen, sachlichen und objektiven finanziellen (und damit auch ökonomischen) Allgemeinbildung gerecht zu werden, ist u. E. ein schulischer Beitrag unumgänglich. Dennoch lehnen wir die gewünschte Einführung eines

---

[2] http://www.unterrichtshilfe-finanzkompetenz.de (Stand: 28.05.2015)
[3] http://www.hoch-im-kurs.de/themen.html (Stand: 28.05.2015)
[4] http://www.handelsblattmachtschule.de/unterrichtsmaterial (Stand: 28.05.2015)

Tab. 6.1 Gegenüberstellung der Leitideen aus den verschiedenen KMK-Bildungsstandards für das Fach Mathematik

Bildungsstandards im Fach Mathematik für den Primarbereich	Bildungsstandards im Fach Mathematik für den Mittleren Schulabschluss	Bildungsstandards im Fach Mathematik für die Allgemeine Hochschulreife
Zahlen und Operationen	Zahl	Algorithmus und Zahl
Raum und Form	Raum und Form	Raum und Form
Muster und Strukturen	Funktionaler Zusammenhang	Funktionaler Zusammenhang
Größen und Messen	Messen	Messen
Daten, Häufigkeit und Wahrscheinlichkeit	Daten und Zufall	Daten und Zufall

eigenen Unterrichtsfaches „Ökonomie" (vgl. Moss 2004, Gemeinschaftsausschuss der deutschen gewerblichen Wirtschaft 2010) ab, da wir einerseits die Gefahr von einer reinen wirtschaftswissenschaftlichen Vermittlung der entsprechenden Themen sehen. Andererseits müssten aus dem bereits bestehenden überaus umfangreichen Fächerkanon, der u. E. seine Berechtigung besitzt, andere wichtige Fächer vollständig gestrichen werden. Daher plädieren wir im Sinne eines fächerübergreifenden Unterrichts für eine Integration finanzieller Grundfragen in bestehende Unterrichtsfächer wie Mathematik, Politik, Wirtschaft oder Verbraucherlehre. So können die Schüler bei guter Vernetzung der Fächer zu einem kritischen Handeln im Umgang mit finanziellen und ökonomischen Problemen angeregt werden.

6.2.2 Mathematikunterricht und ökonomische Allgemeinbildung

Viele Themen mit finanziellen und ökonomischen Fragestellungen lassen sich mit den bisherigen traditionellen Unterrichtsinhalten verbinden und im Sinne einer ökonomischen Bildung altersgerecht unterrichten. Im Folgenden wird eine Auswahl möglicher Inhalte diskutiert. Die angegebenen Literaturempfehlungen liefern umfangreiche Unterrichtsvorschläge. Um aktuell gültige Rahmenbedingungen zu berücksichtigen, ordnen wir die Vorschläge in die Leitideen der Bildungsstandards ein. Dabei orientieren wir uns an den Leitideen der Bildungsstandards im Fach Mathematik für den Mittleren Schulabschluss (KMK 2004, S. 9–12.). Die verwendeten Begriffe umfassen auch die entsprechenden Leitideen der Bildungsstandards im Fach Mathematik für den Primarbereich (KMK 2005, S. 8–11) und Bildungsstandards im Fach Mathematik für die Allgemeine Hochschulreife (KMK 2012, S. 18–22). Diese sind in Tab. 6.1 zusammengefasst.

Leitidee Größen: Bereits Grundschüler werden an die Thematik des Geldes herange-
führt. Hierzu eignen sich Fragen aus dem unmittelbaren Erfahrungsbereich der Schüler. So
lassen sich beispielsweise gemeinsam die Kosten für die nächste Klassenfahrt kalkulieren
(vgl. Jannack 2004), die Bahntarife für den Tagesausflug vergleichen (vgl. Göttge/Höger
2006) oder Eintrittspreise bei unterschiedlichen Preismodellen bestimmen (vgl. Scheuerer
1999). Ebenso ist es vorstellbar, die Angebote bei unterschiedlichen Packungsgrößen zu
vergleichen (vgl. Häring 2011). In der Klassenstufe 5/6 kann untersucht werden, was ein
Haustier kostet (vgl. Klapp/Schönfelder 2012).

Leitidee Zahl: Ein Schwerpunkt des Mathematikunterrichts in der Sekundarstufe I liegt
in der Prozentrechnung. Diese Thematik ist vielseitig und lässt verschiedene Möglichkeiten zur Behandlung finanzmathematischer Fragestellungen zu. Eine wichtige Anwendung
der Prozentrechnung ist die Zinsrechnung, mit der nach dem aktuellen Kenntnisstand der
Schüler bei der Behandlung der Prozentrechnung einfache Beispiele der linearen Verzinsung behandelt und Sparpläne sowohl mit als auch ohne Zinseszins mit konkreten
Zahlenbeispielen über kleine Zeiträume erstellt werden. Die Zinsrechnung ist bereits Bestandteil vieler Lehrbücher und ein Thema zahlreicher mathematikdidaktischer Publikationen (vgl. Breilinger/Schlesinger 1983, Matthäus 1992, Michaelis 2001, Kuhn 2002,
Klapp 2012, Borys 2012). Im Zusammenhang mit exponentiellem Wachstum wird die
Zinsrechnung häufig um die exponentielle Verzinsung und den Zinseszinseffekt erwei-
tert (vgl. Thies 2005). Dabei stehen Fragen nach langfristigen und allgemeinen Spar- und
Tilgungsplänen sowie nach Rückzahlungen beim Ratenkauf und die Problematik des Effektivzinssatzes im Mittelpunkt der Betrachtungen, wie dies u. a. Hestermeyer (1987),
Kirsch (1999) und Bender (2004) vorschlagen. Häufig erscheinen die gewählten Modelle nicht realitätsnah, dies trifft insbesondere für das Kreditwesen zu. Unter Nutzung des
Computers reichen auch hier Kenntnisse der Prozentrechnung aus, um Tilgungspläne wie
in Kap. 3 zu erstellen. Interessant im Zusammenhang mit der Prozentrechnung erscheinen
auch Aufgaben rund um die Mehrwertsteuer (vgl. Biermann 2006, Abschn. 10.3.1 des
vorliegenden Buches) oder Berechnungen des Nettogehalts aus dem Bruttogehalt, wobei
zur Bestimmung der Einkommensteuer mit so genannten Lohnsteuertabellen gearbeitet
wird (vgl. Euler/Kipp/Stein 1985).

Darüber hinaus ist am Ende der Sekundarstufe I aus dem komplexen Themenfeld der
Mathematik der Aktien die Fragestellung aufgreifbar, wie die Kursfestsetzung einer Aktie
erfolgt (vgl. Winter 1987). Hier reichen die Grundrechenarten aus, um das Prinzip „Angebot und Nachfrage", wie es in Abschn. 5.5 erläutert wird, zu behandeln. Eine weitere
interessante Thematik, für deren Behandlung Kenntnisse in den Grundrechenarten und in
der Bruchrechnung genügen, ist die Bestimmung des Aktienindexes, wie sie in Abschn. 5.6
vorgestellt wird.

Leitidee funktionaler Zusammenhang: Funktionen sind ein zentrales Thema des Mathematikunterrichts, das sich in den Sekundarstufen I und II über fast alle Jahrgänge
erstreckt. Im Bereich der linearen Funktionen ist der Vergleich verschiedener Angebo-

te zu Handytarifen ein typisches anwendungsbezogenes Beispiel, das sowohl in der didaktischen Literatur (vgl. Stadler 2003, Wagenhäuser 2001) als auch in Rahmenplänen für den Mathematikunterricht Berücksichtigung findet. Des Weiteren lässt sich in der Sekundarstufe II im Bereich der Analysis die bereits angesprochene Problematik des Nettogehalts weiter ausbauen, indem die Einkommensteuer mittels Einkommensteuergesetz und abschnittsweise definierten Funktionen (vgl. Jahnke/Wuttke 2002, S. 17, Henn 2006, Abschn. 10.2.2 des vorliegenden Buches) bestimmt wird. Ein weiteres Beispiel für die Behandlung von zusammengesetzten Funktionen sind die im Band 2 dieses Buches erläuterten Pay-Off- und Gewinn-Verlust-Diagramme. Diese Problematik scheint besonders interessant, wenn Kombinationen verschiedener Optionsgeschäfte untersucht werden (vgl. Pfeifer 2000). Ebenso können mit Hilfe von ökonomischen Funktionen eine Vielzahl von Begriffen des Analysisunterrichts erarbeitet und vertieft werden. Entsprechende Unterrichtsvorschläge werden im Band 2 dieses Buches vorgestellt.

Leitidee Daten und Zufall: Viele finanzmathematische Themen lassen sich mit Mitteln der Stochastik, wie sie im heutigen Mathematikunterricht gelehrt wird, bearbeiten. Ein reichhaltiges und interessantes Gebiet ist hierbei die Mathematik der Versicherungen. So genügen z. B. zur Kalkulation der Nettoprämie einer Lebensversicherung unter Nutzung von so genannten Sterbetafeln der Erwartungswert diskreter Zufallsgrößen sowie die Definition von fairen Spielen (vgl. Winter 1989). Ein weiteres ergiebiges und spannendes Gebiet der Finanzmathematik ist die Mathematik von Aktien. Beispielsweise können Aktienkurse mit Mitteln der beschreibenden Statistik untersucht und der Nutzen für Anleger aus der statistischen Analyse abgeleitet werden (vgl. Adelmeyer 2006). Darüber hinaus lassen sich mit ersten einfachen Methoden einer mathematischen Aktienanalyse aus den vergangenen realen Kursdaten einer Aktie Schätzintervalle und Wahrscheinlichkeiten für den morgigen Aktienkurs angeben. Besonders interessant in diesem Zusammenhang erscheint die Modellierung künftiger Aktienkurse mittels Random-Walk-Modell (vgl. Döhrmann/Euba 2003) und der Normalverteilung (vgl. Adelmeyer/Warmuth 2003, S. 68ff., Daume 2006). Als ein weiteres sinnvolles und realisierbares Anwendungsfeld des Stochastikunterrichts der Sekundarstufe II kann die Mathematik der Optionen eingehend behandelt werden. So werden mit elementaren stochastischen Kenntnissen Modelle der Optionspreis-Theorie im Zusammenhang mit fairen Spielen, das Binomialmodell auf Grundlage des No-Arbitrage-Prinzips und das Black-Scholes-Modell entwickelt und analysiert (vgl. Pfeifer 2000, Adelmeyer 2000, Szeby 2002).

6.2.3 Konsequenzen für die Entwicklung der Unterrichtseinheiten

Da die ökonomische (inklusive der finanziellen) Allgemeinbildung vieler Deutscher mangelhaft ist, stimmen wir der Forderung von Reifner et al. (2004) nach einer praxisnahen und anbieterunabhängigen Ausbildung zu. Dies lässt sich damit begründen, dass einerseits eine ökonomische Allgemeinbildung aufgrund einer notwendig gewordenen individuellen

Altersvorsorge immer mehr an Bedeutung gewinnt. Andererseits zeigt sich, dass sich das gesamte Anlage- und Kreditwesen komplexer und komplizierter als in den vergangenen Jahren gestaltet, in denen als einzige Anlageform das Sparbuch existierte, dessen Bedeutung ständig abnimmt. Weiterhin sind die Mittel sowohl im privaten als auch beruflichen Leben knapp, so dass ein wirtschaftliches Haushalten erlernt werden muss. Als unmittelbare Konsequenz aus der Forderung von Reifner et al. (2004) sind wir der Auffassung, dass bereits in der Schule ein Beitrag zur ökonomischen Allgemeinbildung geleistet werden muss. Dabei sollten werbefreie Unterrichtsmaterialien zum Einsatz kommen. Wie wir bereits im Abschn. 6.2.2 aufzeigten, gibt es im Mathematikunterricht zahlreiche Anknüpfungspunkte für einen Beitrag zur ökonomischen Allgemeinbildung. Einige der Themen bereiten wir fachwissenschaftlich und fachdidaktisch auf, um Unterrichtseinheiten zu entwickeln, die dieser Anforderung nach einer ökonomischen Allgemeinbildung gerecht werden. Aus der Vielzahl der vorgeschlagenen Unterrichtsideen möchten wir uns auf die folgenden Themen beschränken:

- Spar- und Kreditwesen: Wie bereits erläutert wurde, ist die Zinsrechnung seit Jahren fester Bestandteil des Mathematikunterrichts, wobei schwerpunktmäßig Sparmöglichkeiten untersucht werden. Dabei werden – wie beim Kreditwesen auch – häufig kleine Beispiele betrachtet, die händisch bearbeitet werden können. Dies geht meist zu Lasten der Realitätsnähe. Durch den Einsatz des Rechners im Mathematikunterricht können die Aufgaben realistischer gestaltet werden, wie wir im vorliegenden Buch aufzeigen möchten.
- Stochastische Finanzmathematik: Diverse Themen aus der stochastischen Finanzmathematik wurden bereits von Daume (2009) für einen Einsatz im Mathematikunterricht der Sekundarstufe I und II aufbereitet. Bis zu diesem Zeitpunkt waren die zu dieser Thematik verfassten Artikel eher fachwissenschaftlicher Natur, konkrete Planungen und Umsetzungsmöglichkeiten fehlten. Da Aktien und Optionen in der heutigen Gesellschaft ebenfalls zu möglichen Anlageformen gehören, möchten wir die Unterrichtsvorschläge erneut aufgreifen und aktualisieren.
- Ökonomische Funktionen: Obwohl ökonomische Funktionen z. T. in stark vereinfachter Form in schriftlichen Abiturprüfungen aufgegriffen werden (vgl. Behörde für Schule und Berufsbildung 2012, S. 15), existieren keine zusammenhängenden Unterrichtsvorschläge zu dieser Thematik. Vielmehr werden den Lehrern in Handreichungen die wichtigsten Begriffe und Beispielaufgaben zur Verfügung gestellt, die als Grundlage zur Vorbereitung auf die entsprechenden Abituraufgaben dienen. Durch fehlende aufeinanderbauende Unterrichtseinheiten ist u. E. keine nachhaltige ökonomische Allgemeinbildung möglich.

Insgesamt werden wir zehn unterschiedliche Unterrichtseinheiten für die Leitideen „Daten und Zufall", „Funktionaler Zusammenhang" und „Zahl" entwickeln bzw. überarbeiten, so dass ein Vorschlag für ein ausbaufähiges Curriculum für eine ökonomische Allgemeinbildung im Mathematikunterricht entsteht. Im Rahmen der stochastischen Finanzmathematik

(Leitidee: Daten und Zufall) werden die drei folgenden Unterrichtseinheiten[5] vorgestellt. Diese wurde aus Daume (2009) entnommen und aktualisiert.

- **Statistik der Aktienmärkte:** Statistische Analyse von Aktienrenditen und Modellierung zukünftiger Aktienkurse mittels Random-Walk-Modell
- **Die zufällige Irrfahrt einer Aktie:** Statistische Analyse von Aktienrenditen und Modellierung zukünftiger Aktienkurse mittels Normalverteilung
- *Optionen aus mathematischer Sicht:* Bestimmung von Optionspreisen durch Modellierung zukünftiger Aktienkurse

Die Unterrichtseinheiten, die im Rahmen der Leitidee „Funktionaler Zusammenhang" entwickelt werden, widmen sich den folgenden Themen:

- **Steuern – mathematisch betrachtet:** Mathematische Untersuchung der Einkommensteuer mittels zusammengesetzter Funktionen
- *Von Märkten und Unternehmen:* Modellierung von Angebot und Nachfrage mittels linearer Funktionen und Analyse grundlegender ökonomischer Funktionen
- *Änderung ökonomischer Funktionen I:* Einführung in die Differentialrechnung mittels ökonomischer Funktionen und Bedeutung der ersten Ableitung als Grenzfunktion
- *Änderung ökonomischer Funktionen II:* Weiterführung der Differentialrechnung mittels der zweiten Ableitung einer ökonomischen Funktion und durch Analyse der natürlichen Exponentialfunktion im ökonomischen Kontext
- *Rekonstruktion der Gesamtgröße:* Einführung in die Integralrechnung unter Verwendung ökonomischer Funktionen und geeigneter Anwendungsbeispiele

Der Leitidee „Zahl" sind die beiden Unterrichtsvorschläge zuzuordnen:

- **Sparen für den Führerschein:** Mathematische Analyse von verschiedenen Finanzprodukten (Tagesgeld-, Festgeldkonto und Sparbuch) unter Berücksichtigung von linearer und exponentieller Verzinsung
- **Leben auf Pump:** Vergleich von diversen Kreditangeboten (Tilgungs- und Annuitätendarlehen) mittels Tilgungsrechnung

Aus den vorangegangenen theoretischen Überlegungen heraus erscheint es uns sinnvoll, Themen der Finanzmathematik spiralförmig im Sinne von Bruner (vgl. z. B. Wittmann 1997, S. 84ff.) in ein Curriculum einzubeziehen. Ein mögliches Spiralcurriculum für eine finanzielle bzw. ökonomische Allgemeinbildung im Mathematikunterricht zeigt die Abb. 6.1. Die Unterrichtsinhalte sind nur exemplarisch zu sehen, viele weitere Konkretisierungen sind möglich. Vernetzungen ergeben sich dabei durch das Wiederaufgreifen bestimmter Themen, wie dies z. B. mit unseren Unterrichtseinheiten – in der Abbildung fett oder kursiv gekennzeichnet – der Fall ist.

---

[5] Die fett dargestellten Unterrichtseinheiten sind Gegenstand des vorliegenden Buchs. Die kursiv gedruckten Unterrichtsvorschläge sind für den zweiten Band von „Finanz- und Wirtschaftsmathematik im Unterricht" vorgesehen. Hierbei handelt es sich um vorläufige Arbeitstitel.

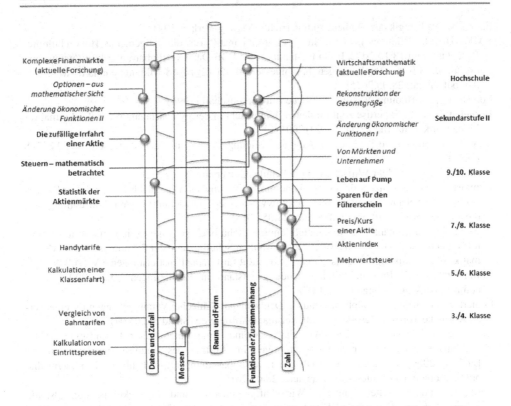

Abb. 6.1 Mögliches Spiralcurriculum für eine finanzielle Allgemeinbildung im Mathematikunterricht

Literatur

Winter, H.: Mathematikunterricht und Allgemeinbildung. Mitteilungen der Gesellschaft für Didaktik der Mathematik **61**, 357–46 (1995)

Hefendehl-Hebeker, L.: Perspektiven für einen künfigen Mathematikunterricht. In: Bayrhuber, H. et al. (Hrsg.) Konsequenzen aus PISA – Perspektiven der Fachdidaktiken: Internationale Tagung der Gesellschaft für Fachdidaktik, S. 141–189. Studienverlag Innsbruck (2005).

Köhler, H.: Ermöglichung von Allgemeinbildung im Mathematikunterricht. In: Köhler, H., Röttel, K. (Hrsg.) Mehr Allgemeinbildung im Mathematikunterricht, S. 81–104. Polygon-Verlag (1993)

Heymann, H. W.: Allgemeinbildung und Mathematik. Beltz (1996)

Baptist, P., Winter, H.: Überlegungen zur Weiterentwicklung des Mathematikunterrichts in der Oberstufe des Gymnasiums. In: Tenorth, H.-E. (Hrsg.) Kerncurriculum Oberstufe: Mathematik – Deutsch – Englisch, S. 54–76. Beltz (2001)

Baumert, J. et al. (Hrsg.).: PISA 2000: Basiskompetenzen von Schülerinnen und Schülern im internationalen Vergleich. Leske + Budrich (2001)

Neubrand, M.: PISA: ,Mathematische Grundbildung'/,mathematical literacy' als Kern einer internationalen und nationalen Leistungsstudie. In: Kaiser, G. et al. (Hrsg.) Leistungsvergleiche im Mathematikunterricht: Ein Überblick über aktuelle nationale Studien, S. 177–194 (2001)

Führer, L.: Pädagogik des Mathematikunterrichts. Vieweg-Verlag (1991)

KMK (Hrsg.).: Bildungsstandards im Fach Mathematik für die Allgemeine Hochschulreife: Beschluss vom 18.10.2012. Bildungsstandards als PDF-Datei verfügbar unter http://www.kmk. org/fileadmin/veroeffentlichungen_beschluesse/2012/2012_10_18-Bildungsstandards-Mathe-Abi.pdf (Stand: 28.05.2015)

Von Hentig, H.: Bildung. Wissenschaftliche Buchgesellschaft (1996)

Borneleit, P. et al.: Expertise zum Mathematikunterricht in der gymnasialen Oberstufe. Journal für Mathematik-Didaktik. **22(1)**, 73–90 (2001)

May, H.: Ökonomische Bildung als Allgemeinbildung. Aus Politik und Zeitgeschichte. **12**, 3–8 (2011)

Kaminski, H. et al.: Mehr Wirtschaft in die Schule. Universium Verlag (2007)

Kaminski, H. et al.: Konzeption für die ökonomische Bildung als Allgemeinbildung von der Primarstufe bis zur Sekundarstufe (2008) http://www.ioeb.de/sites/default/files/pdf/konzeption_fuer_die_oekonomische_Bildung.pdf (Stand: 28.05.2015)

Reifner, U. et al.: Finanzielle Allgemeinbildung in Schulbüchern: Eine exemplarische inhaltliche und didaktische Analyse von zwanzig ausgewählten Schulbüchern der Sekundarstufe I in Mathematik, Wirtschafts- und Gesellschaftslehre. Institut für Finanzdienstleistungen e.V. (2004)

Commerzbank-AG: Pressemitteilung „Bildungsnotstand in Finanzfragen", Juni 2003. www. commerzbanking.de (Stand: 02.01.07)

Leinert, J.: Finanzieller Analphabetismus in Deutschland: Schlechte Voraussetzungen für eigenverantwortliche Vorsorge (2004). www.bertelsmann-stiftung.de (Stand: 02.01.07)

Bundesverband deutscher Banken.: Wirtschaftsverständnis und Finanzkultur: Jugendstudie 2009 – Ergebnisse repräsentativer Meinungsumfragen im Auftrag des Bundesverbandes deutscher Banken (2009). Broschüre als PDF-Datei verfügbar unter https://bankenverband.de/media/publikationen/jugendstudie-20.pdf (Stand: 28.05.2015)

Bundesverband deutscher Banken.: Wirtschaftsverständnis und Finanzkultur: Jugendstudie (2012). Vortragsfolien als PDF-Datei verfügbar unter https://bankenverband.de/media/files/Jugendstudie-lang.pdf (Stand: 28.05.2015)

Hradil, S.: Statement Pressekonferenz „Allgemeinbildung oder Einbildung?" (2003). www. commerzbanking.de (Stand: 01.01.07)

Sinus Sociovision.: Die Psychologie des Geldes: Qualitative Studie für die Commerzbank AG: Präsentation der Studienergebnisse (2004). www.commerzbanking.de (Stand: 01.01.07).

Moss, C.: Aktieninstitut fordert Einführung des Schulfachs Ökonomie. Handelsblatt **186**, k05 (2004)

Brost, M., Rohwetter, M.: Das große Unvermögen: Warum wir beim Reichwerden immer wieder scheitern. Beck Juristischer Verlag (2005)

Gemeinschaftsausschuss der deutschen gewerblichen Wirtschaft.: Ökonomische Bildung an allgemeinbildenden Schulen: Bildungsstandards – Standards für die Lehrerbildung (Gutachten, 2010). PDF-Datei verfügbar unter http://www.bildungsserver.de (Stand: 25.05.2015)

KMK (Hrsg.).: Bildungsstandards im Fach Mathematik für den Mittleren Schulabschluss: Beschluss vom 04.12.2003. Wolters Kluwer (2004)

KMK (Hrsg.).: Bildungsstandards im Fach Mathematik für den Primarbereich: Beschluss vom 15.10.2004. Wolters Kluwer, 2005b.

Jannack, W.: Planung einer Klassenfahrt. Mathematik lehren **126**, 17–20 (2004)

Göttge, S., Höger, C.: Bahntarife spielerisch erleben. Mathematik lehren **134**, 8–10 (2006)

Scheuerer, R.: Wieviel Geld kann Familie Schneider sparen? Das Lösen von Sachaufgaben. Grundschulmagazin **14(5)**, 23–24 (1999)

Häring, G.: Preisbewusst einkaufen. Grundschule Mathematik **28**, 30–33 (2011)

Klapp, H., Schönfelder, M.: Was kostet mein Haustier? Mathematik 5 bis 10 (**20**), 16–19 (2012)

Winter, H.: Geld und Brief – Kursbestimmung an der Aktienbörse. Mathematik lehren **22**, 8–11 (1987)

Breilinger, K., Schlesinger, W.: Rechnen mit Prozenten. Mathematik lehren **1**, 44–47 (1983)

Matthäus, W.-G.: Skandal in der Bank. Praxis der Mathematik in der Schule **34(4)**, 145–147 (1992)

Michaelis, H.: Projekt zum Thema: „Prozent- und Zinsrechnung". PM Praxis der Mathematik in der Schule **43(4)**, 170–172 (2001)

Kuhn, J.: Prozente und Proportionen – veranschaulicht mit dem Computer. Mathematik lehren **114**, 48–52 (2002)

Klapp, H.: Einen Gewinn gut anlegen. Mathematik 5 bis 10 (**20**), 20–24 (2012)

Borys, T.: Explorative Zinsrechnung. Praxis der Mathematik in der Schule **54(43)**, 17–21 (2012)

Thies, S.: Kapitalentwicklungen – ein Beispiel für diskrete Wachstumsprozesse. Mathematik lehren **129**, 47–49 (2005)

Hestermeyer, W.: Wer mit Schulden leben will, muss rechnen können: Beispiele zur Prüfung von Effektivzinsangaben nach der Preisangabenverordnung. Mathematik lehren **20**, 44–47 (1987)

Kirsch, A.: Effektivzins- und Renditeangaben verstehen und nachprüfen. Praxis der Mathematik in der Schule **41(6)**, 1999, 241–246.

Bender, P.: Der effektive Zinssatz. In: Müller, G. N., Steinbring, H., Wittmann, E. C. (Hrsg.) Arithmetik als Prozess, S. 350–361. Kallmeyersche Verlagsbuchhandlung (2004)

Biermann, H.: Im Geschäft sind die viel teurer. Mathematik lehren **134**, 14–17 (2006)

Euler, H., Kipp, H., Stein, G.: Lohn – Sozialabgaben – Steuern: Eine Unterrichtseinheit zur Prozentrechnung für Klasse 9. Mathematische Unterrichtspraxis **6(3)**, 23–27 (1985)

Stadler, U. K.: SMS und Handy-Tarife: zu teuer für's Taschengeld? – Modellieren, Kalkulieren und Simulieren: neue Erkenntnisse durch das Experimentieren mit Excel. Computer und Unterricht **13(51)**, 14–15 (2003)

Wagenhäuser, R.: Welchen Handy-Tarif soll ich wählen? oder Wie Funktionen helfen, Entscheidungen zu treffen. In: Weigand, H.-G. (Hrsg.), Wie die Mathematik in die Umwelt kommt!, S. 30–34. Schroedel (2001)

Jahnke, T., Wuttke, H. (Hrsg.).: Mathematik: Analysis. Cornelsen (2002)

Henn, H.-W.: Durchblick im Steuerdschungel. Mathematik lehren **134**, 22–51 (2006)

Pfeifer, D.: Zur Mathematik derivater Finanzinstrumente: Anregungen für den Stochastikunterricht. Stochastik in der Schule **20(2)**, 26–30 (2000)

Winter, H.: Lernen für das Leben: Die Lebensversicherung. Der Mathematikunterricht **35**, 44–66 (1989)

Adelmeyer, M.: Aktien und ihre Kurse. Mathematik lehren **134**, 52–58 (2006)

Döhrmann, M., Euba, W.: Vom Aktienkurs zum Random Walk. In: Gesellschaft für Didaktik der Mathematik (Hrsg.), Beiträge zum Mathematikunterricht, S. 185–189. Verlag Franzbecker (2003)

Adelmeyer, M., Warmuth, E.: Finanzmathematik für Einsteiger. Vieweg-Verlag (2003)

Daume, P.: Beurteilung der Chancen eines Wertpapiers durch Modellierung künftiger Aktienkurse: Ein anwendungsbezogener Zugang zur Normalverteilung. In: Meyer, J. (Hrsg.), Anregungen zum Stochastikunterricht, Bd. 3, S. 1–11. Verlag Franzbecker (2006)

Adelmeyer, M.: Call & Put. orell füssli (2000)

Szeby, S.: Die Rolle der Simulation im Finanzmanagement. Stochastik in der Schule **22(3)**, 12–22 (2002)

Daume, P.: Finanzmathematik im Unterricht. Vieweg + Teubner (2009)

Behörde für Schule und Berufsbildung.: Schriftliche Abiturprüfung Mathematik: Lernaufgaben, Teil 1: Analysis (2012) PDF-Datei verfügbar unter http://www.hamburg.de/contentblob/3837044/data/pdf-lernaufgaben-abitur-analysis.pdf (Stand: 28.05.2015)

Wittmann, E. C. Grundfragen des Mathematikunterrichts.: 6. Aufl., Vieweg-Verlag (1997)

Finanz- und Wirtschaftsmathematik als Beitrag zum anwendungsbezogenen Mathematikunterricht

In der stochastischen Finanzmathematik, einem der jüngeren Gebiete der angewandten Mathematik, wurden in den letzten Jahren immer leistungsfähigere Modelle zur Analyse und Bewertung von Aktien und Optionen aller Art entwickelt. Auch in den Wirtschaftswissenschaften werden komplexere Modelle zur Beschreibung von Marktsituationen genutzt:

> „Die Analysis hat [...] in den Wirtschaftswissenschaften an Bedeutung gewonnen. Beispiele für Modellierungen wirtschaftlicher Prozesse, die für den Analysisunterricht in Frage kommen, sind: Theorie der Marktpreisbildung, Kosten, Erlös- und Gewinntheorie [...]." (Tietze/Klika/Wolpers 2000, S. 207)

Durch eine schülergerechte Aufarbeitung können ausgewählte Themen der Finanz- und Wirtschaftsmathematik im Sinne eines anwendungsorientierten Mathematikunterrichts auch Schülern der Sekundarstufen I und II zugänglich gemacht und somit der folgenden Forderung Rechnung getragen werden:

> „Echte Anwendungen der Mathematik sollen unverfälscht stärker in den Vordergrund rücken und die Trennung der Mathematik von anderen Schulfächern soll überwunden werden." (Wittmann 1997, S. 28).

Diese Forderung nach Anwendungen[1] und damit verbunden die Forderung nach mehr Modellierungen im Mathematikunterricht war nicht neu und wurde im Laufe der letzten 200 Jahre wiederholt und stets kontrovers diskutiert. Die neuere bis heute andauernde didaktische Diskussion um einen anwendungsorientierten Unterricht setzte in Deutschland in den siebziger Jahren als eine Folge der bereits Mitte der sechziger Jahre auf internationaler Ebene begonnenen Debatte ein. Spätestens mit den verbindlichen Vorgaben der KMK-Bildungsstandards für den Mittleren Schulabschluss (vgl. KMK 2004, S. 8) und für

---

[1] Im Zusammenhang mit Anwendungen wird auch von Realitätsbezügen gesprochen. Diese beiden Begriffe werden im Folgenden synonym verwendet.

© Springer Fachmedien Wiesbaden 2016
P. Daume, *Finanz- und Wirtschaftsmathematik im Unterricht Band 1*,
DOI 10.1007/978-3-658-10615-7_7

die Allgemeine Hochschulreife (vgl. KMK 2012, S. 15) herrscht bzgl. der Relevanz und Bedeutung von Anwendungen im Mathematikunterricht Einigkeit. Unterschiedliche Auffassungen haben sich hingegen u. a. in den mit Realitätsbezügen verbundenen Zielvorstellungen oder den Integrationsmöglichkeiten von Anwendungen im Mathematikunterricht herausgebildet.

Im Folgenden wird ein Überblick über Anwendungen und Modellierungen im Mathematikunterricht gegeben. In Hinblick auf die Konzeption der Unterrichtseinheiten wird dabei insbesondere eingegangen auf den Begriff der Anwendung (Abschn. 7.1), verschiedene Modellierungsauffassungen (Abschn. 7.2), Zielsetzungen eines anwendungsorientierten Unterrichts (Abschn. 7.3.1), Modellierungskompetenzen (Abschn. 7.3.2), Schwierigkeiten beim Modellieren (Abschn. 7.3.3), den Stellenwert, den Modellierungen einerseits im Unterricht theoretisch einnehmen sollten (Abschn. 7.4.1) und andererseits in der alltäglichen Schulpraxis innehaben (Abschn. 7.4.2). Abschließend werden aus den theoretischen Erkenntnissen Konsequenzen für die Entwicklung von Unterrichtseinheiten gezogen.

7.1 Anwendungen im Mathematikunterricht

Die Auffassungen zu Anwendungen im Mathematikunterricht sind keineswegs einheitlich. So beschreibt Blum (1996) den Begriff der Anwendung wie folgt:

> „Eine Realsituation wird oft Anwendung genannt, und die Verwendung von Mathematik zum Lösen eines realen Problems heißt ‚Anwenden' von Mathematik. Manchmal bedeutet ‚Anwenden' auch jegliche Art des Verbindens von Realität und Mathematik." (Blum 1996, S. 19).

Insbesondere der zweite Teil der Definition suggeriert, dass es unterschiedliche Formen bzw. Abstufungen von Anwendungen gibt, die sich u. a. in der Authentizität des Realproblems unterscheiden. Dies führt zu einer Klassifizierung von anwendungsbezogenen Aufgaben, wie sie etwa Kaiser (1995) vorschlägt:

- „Einkleidungen mathematischer Probleme in die Sprache des Alltags oder anderer Disziplinen [. . .],
- Veranschaulichungen mathematischer Begriffe, wie z. B. die Verwendung von Schulden oder Temperatur bei der Einführung negativer Zahlen,
- Anwendung mathematischer Standardverfahren, d. h. Anwendung wohlbekannter Algorithmen zur Lösung realer Probleme [. . .],
- Modellbildungen, d. h. komplexe Problemlöseprozesse, basierend auf einer Modellauffassung des Verhältnisses von Realität und Mathematik." (Kaiser 1995, S. 67).

Im Zusammenhang mit Realitätsbezügen stellt sich die Frage, welchen Stellenwert diese im Mathematikunterricht einnehmen sollen. Während in der didaktischen Diskussion Konsens darüber herrscht, dass ein unreflektierter Einsatz von eingekleideten Aufgaben

zu einem falschen Bild von Mathematik führen kann und damit als problematisch anzuse-
hen ist (vgl. Jablonka 1999, S. 65, Galbraith/Stillman 2001, S. 301), gehen die Meinungen
über das Einbeziehen „echter" Anwendungen weit auseinander (siehe Abschn. 7.4).

7.2 Modellierungsprozesse

In der internationalen didaktischen Diskussion gibt es verschiedene Auffassungen von
Modellierungsprozessen, die im Hinblick auf die Bedeutung der Mathematik in Anlehnung an Kaiser-Meßmer (1986, S. 83ff.) grundsätzlich zwei Richtungen erkennen lassen:
die wissenschaftlich-humanistische und die pragmatische. Vertreter der zuerst genannten Strömung stellen das Mathematisieren außer- und innermathematischer Probleme in
den Vordergrund. Der Schwerpunkt liegt in der Entwicklung mathematischer Konzepte
und folgt der Richtung „Realität → Mathematik". Die Rückinterpretation auf die reale Ausgangssituation erfolgt zwar, spielt aber eine untergeordnete Rolle. Die Vertreter
der pragmatischen Richtung hingegen stellen die Befähigung zur Alltagsbewältigung in
den Vordergrund. Zur Bearbeitung von außermathematischen Problemen wird der Kreis-
lauf „Realität → Mathematik → Realität" durchlaufen, wobei der Rückbezug auf das
ursprüngliche Problem von großer Bedeutung ist. Einen zentralen Stellenwert innerhalb
dieser Richtung nimmt der in Abb. 7.1 dargestellte Modellierungskreislauf von Blum
(1996) ein. Der Ausgangspunkt des Modellierens ist eine problemhaltige Situation aus der
Realität (z. B. Wirtschaft, Verkehr, Medizin, Naturwissenschaften), die durch Idealisie-
rungen, Vereinfachungen bzw. Vergröberungen in das so genannte Realmodell überführt
wird, wobei unter einem Modell[2] eine vereinfachende, nur gewisse Teilaspekte berück-
sichtigende Darstellung der Realität verstanden wird. Die Stärke der Modellierung liegt
darin, „die unendlich komplizierte Wirklichkeit auf den Komplexitätsgrad zu reduzieren,
der entsprechend unseres augenblicklichen Wissensstandes gerade noch beherrschbar ist."
(Ebenhöh 1990, S. 6). Das meist umgangssprachlich formulierte Realmodell wird anschließend mithilfe von Mengen, Funktionen, Gleichungen, Graphen, Matrizen usw. in
ein mathematisches Modell übersetzt. Im Idealfall wird nun im Rahmen des gebildeten mathematischen Modells mithilfe bekannter Verfahren oder gegebenenfalls auch mit
Einsatz des Computers eine Lösung des mathematischen Problems gesucht. Wird keine
Lösung gefunden, so kann nach neuen und bisher unbekannten Lösungsverfahren gesucht
bzw. geforscht werden. Eine alternative Vorgehensweise ist die weitere Vereinfachung
des Realmodells, so dass eine mathematische Lösung erfolgreich gefunden werden kann
(gestrichelte Linie in Abb. 7.1). Im zumeist letzten Schritt wird das Ergebnis der mathematischen Bearbeitung unter Berücksichtigung der Realsituation interpretiert. Dabei gilt
es insbesondere zu klären, ob die mathematische Lösung tatsächlich eine Lösung für das
ursprüngliche reale Problem darstellt (Validierung des Modells). Ist die gefundene Lö-

---

[2] Auf eine Unterscheidung zwischen deskriptiven und normativen Modellen nach Blum (1996,
S. 19) verzichten wir an dieser Stelle.

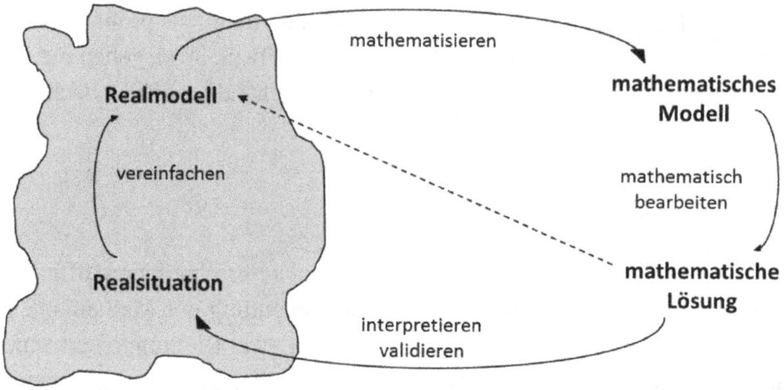

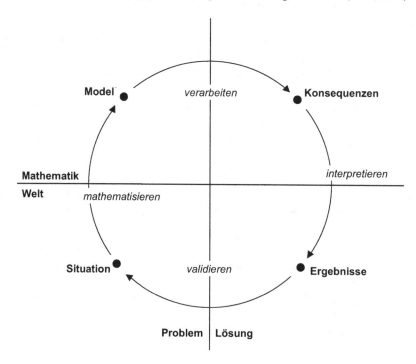

Abb. 7.1 Phasen des Modellierungsprozesses, eigene Darstellung nach Blum (1996, S. 18)

Abb. 7.2 Phasen des Modellierungsprozesses, eigene Darstellung nach dem deutschen PISA-Konsortium (Baumert et al. 2001, S. 144)

sung unbefriedigend oder steht sie im Widerspruch zur Realität, so muss das entwickelte Modell angezweifelt werden. In diesem Fall muss der gesamte Prozess mit einem modifizierten oder anderen Modell erneut durchlaufen werden.

Eine etwas andere Auffassung vom Modellierungskreislauf vertritt das deutsche PISA-Konsortium (vgl. Baumert et al. 2001, S. 143ff.). Dieses unterscheidet, ebenso wie Fischer/Malle (1985, S. 89ff.) und Claus (1989, S. 163), nicht zwischen Realmodell und mathematischem Modell. Ausgehend von einem realen Problem (Situation) wird direkt ein mathematisches Modell entwickelt, dessen Verarbeitung zu einer mathematischen Lösung (Konsequenz) führt. Anschließend muss die gefundene Lösung interpretiert und validiert werden. Diese beiden Schritte sind im Gegensatz zum Blumschen Modell einzeln aufgeführt (siehe Abb. 7.2).

7.3 Ziele des anwendungsorientierten Mathematikunterrichts

7.3.1 Klassifikation der Ziele

Mit dem Einbezug von Anwendungen im Mathematikunterricht sind gewisse Zielvorstellungen verbunden. Nachdem zu Beginn der didaktischen Diskussionen noch recht unterschiedliche, einzelne Ziele formuliert wurden, besteht seit einigen Jahren Konsens darüber, dass mit Anwendungen eine große Bandbreite von Zielen verfolgt werden sollte, die nach Blum (1996, S. 21f.) wie folgt klassifiziert werden können:

- Pragmatische Ziele: Anwendungen sollen Schülern beim Verstehen und Bewältigen von Umweltsituationen helfen und sie somit zu mündigen Bürgern in einer demokratischen Gesellschaft erziehen. Dies beinhaltet sowohl die Vermittlung von allgemeinen Qualifikationen (z. B. Strategien) als auch des notwendigen außermathematischen Wissens.
- Formale Ziele: Schüler sollen durch Anwendungen neben fachspezifischen auch allgemeine Qualifikationen erwerben. Dazu gehören z. B. Fähigkeiten, Probleme zu lösen, mit anderen Menschen zu kommunizieren oder sich kritisch mit der eigenen Umwelt auseinanderzusetzen. Darüber hinaus wird gefordert, dass Schüler angemessene Haltungen entwickeln, etwa die Bereitschaft, sich auf unbekannte Situationen einzulassen.
- Kulturbezogene Ziele: Ein anwendungsbezogener Mathematikunterricht soll den Schülern ein möglichst ausgewogenes Bild von Mathematik als kulturelles und gesellschaftliches Gesamtphänomen vermitteln. Dazu zählt, dass Schüler „eine Weltsicht vom Modellstandpunkt aus" (Blum 1996, S. 22) einnehmen, Bezüge zwischen Mathematik und Realität erkennen, Kenntnisse über den Gebrauch und Missbrauch von Mathematik erwerben und die Grenzen der Mathematisierbarkeit erfahren. Dabei sollen die Schüler auch die steigende Bedeutung der Mathematik erkennen, auch wenn diese durch eine zunehmende Technisierung der Gesellschaft verschleiert wird.
- Lernpsychologische Ziele: Mithilfe von Anwendungen und Modellierungen kann u. a. das Verstehen und längerfristige Behalten gefördert werden. Darüber hinaus können geeignete Anwendungen auch dazu beitragen, dem Mathematikunterricht mehr Sinn zu verleihen und die Motivation im Unterricht sowie die Einstellung der Schüler gegenüber der Mathematik zu verbessern.

Der oben genannte Lernzielkatalog kann als Weiterentwicklung der zehn Jahre zuvor vom selben Autor verfassten Klassifikation angesehen werden. Hier unterscheidet Blum (1985, S. 210) die formalen Ziele nach methodologischen und allgemeinen Zielen sowie die lernpsychologischen Ziele nach stoffbezogenen und schülerbezogenen Zielen. Die kulturbezogenen Ziele werden als wissenschaftstheoretische Ziele bezeichnet. Eine ähnliche Einteilung für die Ziele eines anwendungsorientierten Mathematikunterrichts schlagen Greefrath et al. (2013, S. 20) vor, die zwischen inhaltsorientierten, prozessbezogenen und allgemeinen Zielen unterscheiden. Dabei lassen sich die inhaltsorientierten Ziele mit den pragmatischen Zielen, die prozessbezogenene Ziele mit den formalen sowie den lernpsychologischen Zielen und die allgemeinen Ziele mit den kulturbezogenen Zielen von Blum (1996) vergleichen.

7.3.2   Modellierungskompetenzen

Im Zusammenhang mit den Zielen eines anwendungsorientierten Mathematikunterrichts nehmen in der didaktischen Diskussion nicht zuletzt auch aufgrund der Verankerung in den Bildungsstandards Mathematik (vgl. KMK 2004, S. 12, und KMK 2012, S. 15) die so genannten Modellierungskompetenzen eine zentrale Stellung ein. Es gibt eine Vielzahl allgemeiner Definitionen für Kompetenzen, besonders geschätzt sind die Ausführungen von Weinert (2001):

> „Kompetenzen sind die bei Individuen verfügbaren oder durch sie erlernbaren kognitiven Fähigkeiten und Fertigkeiten, bestimmte Probleme zu lösen, sowie die damit verbundenen motivationalen (antriebsorientierten), volitionalen (durch Willen beeinflussbaren) und sozialen (kommunikationsorientierten) Bereitschaften und Fähigkeiten, die Problemlösungen in variablen Situationen nutzen zu können." (Weinert 2001, S. 27).

Die Aussage deutet an, dass Fähigkeiten als Teilmenge von Kompetenzen betrachtet werden können. Diese Auffassung spiegelt sich auch in der Definition von Modellierungskompetenzen wider:

> „Modellierungskompetenzen umfassen die Fähigkeiten und Fertigkeiten, Modellierungsprozesse zielgerichtet und angemessen durchführen zu können, sowie die Bereitschaft, diese Fähigkeiten und Fertigkeiten in Handlungen umzusetzen." (Maaß 2004, S. 35)

Durch Auflistung der Modellierungsfähigkeiten bzw. so genannter Teilkompetenzen lassen sich Modellierungskompetenzen näher charakterisieren. In Anlehnung an den Modellierungskreislauf von Blum (1996) (siehe Abschn. 7.2) erscheint es sinnvoll, die Modellierungsfähigkeiten an die einzelnen Teilschritte dieses Kreislaufes anzupassen, wie dies auch Maaß (2004) vorschlägt. Modellierungskompetenzen umfassen nach ihrer Auffassung:

1. „Kompetenzen zum Verständnis eines realen Problems und zum Aufstellen eines realen Modells
2. Kompetenzen zum Aufstellen eines mathematischen Modells aus einem realen Modell

3. Kompetenzen zur Lösung mathematischer Fragestellungen innerhalb eines mathematischen Modells
4. Kompetenzen zur Interpretation mathematischer Resultate in einer realen Situation
5. Kompetenzen zur Validierung" (Maaß 2004, S. 36).

Derzeit werden so genannte Kompetenzstufenmodelle genutzt, die unterschiedliche Niveaustufen der geforderten Kompetenzen beschreiben und damit Hinweise auf mögliche Entwicklungsverläufe geben (vgl. Blum 2006, S. 15). Zur Charakterisierung dieser Niveaustufen werden entsprechende Fähigkeiten formuliert, die auf theoretischen Überlegungen oder praktischen Ergebnissen basieren. Für die Beschreibung von Modellierungskompetenzen schlägt beispielsweise Keune (2004) (S. 290f.) drei Niveaustufen vor, die unabhängig von Schul- bzw. Bildungsstufen sind. Die Idee des Stufenmodells wird in die KMK-Bildungsstandards in Form von drei verschiedenen Anforderungsbereichen (vgl. KMK 2012, S. 15) aufgegriffen. Dabei gilt insbesondere für die einzelnen Anforderungsbereiche:

„Anforderungsbereich I: Die Schülerinnen und Schüler können

- vertraute und direkt erkennbare Modelle anwenden
- eine Realsituation direkt in ein mathematisches Modell überführen
- ein mathematisches Resultat auf eine gegebene Realsituation übertragen

Anforderungsbereich II: Die Schülerinnen und Schüler können

- mehrschrittige Modellierungen mit wenigen und klar formulierten Einschränkungen vornehmen
- Ergebnisse einer solchen Modellierung interpretieren
- ein mathematisches Modell an veränderte Umstände anpassen

Anforderungsbereich III: Die Schülerinnen und Schüler können

- eine komplexe Realsituation modellieren, wobei Variablen und Bedingungen festgelegt werden müssen
- mathematische Modelle im Kontext einer Realsituation überprüfen, vergleichen und bewerten" (KMK 2012, S. 15)

Die Stufenmodelle können „als empirische Kategorie zur Klassifikation von Schülerinnen und Schülern in bestimmten Anforderungsfeldern" (Kleine 2004, S. 293) eingesetzt werden.

7.3.3 Empirische Untersuchungen

Inwieweit sich die genannten Ziele tatsächlich durch Anwendungen im Mathematikunterricht realisieren lassen, haben einige empirische Studien aufgezeigt. Kaiser-Meßmer (1986, S. 142ff.) stellte in einer Untersuchung fest, dass insbesondere pragmatische und kulturbezogene Zielsetzungen weitgehend erreicht werden. Im Einzelnen ergaben sich folgende Ergebnisse:

- Im anwendungsorientierten Mathematikunterricht erreichen fast alle Schüler Fähigkeiten zum besseren Verständnis und Bewältigen von schülerrelevanten außermathematischen Situationen.
- Globale Modellierungsfähigkeiten sind längerfristig und nicht bei allen Schülern erreichbar. Leichter zu fördern sind hingegen Teilfähigkeiten des Modellierungskreislaufes (Durchführung von Vereinfachungen, kritische Interpretation der mathematischen Lösung).
- Die Vermittlung eines angemessenen Bildes zum Verhältnis zwischen Mathematik und Realität ist bei einem entsprechend angelegten Mathematikunterrichts weitestgehend erreichbar.
- Modellierungsfähigkeiten müssen gezielt trainiert werden und sind nicht als Transferleistung zu erwarten:
  „Untersuchungen zu Modellierungsprozessen [. . .] haben gezeigt, dass Lernende hierbei große Schwierigkeiten haben, d. h., die Fähigkeit zum Modellbilden ist weder in der Schule noch bei Studierenden einfach als Transfer erwartbar. Es ist vielmehr nötig, Modellbilden zu lernen, wozu ein hohes Maß an Eigentätigkeit nötig ist." (Blum/Kaiser-Meßmer 1993, S. 3).

Das Argument der Motivationssteigerung ließ sich in der oben genannten Studie nicht uneingeschränkt beweisen. Durch den Einsatz von schülerrelevanten Anwendungen lässt sich bei einer Vielzahl der Schüler eine Motivationssteigerung feststellen. Diese ist jedoch meist kurzfristiger Natur und stark abhängig davon, inwieweit die außermathematischen Interessen der Schüler berücksichtigt werden. Bei komplexeren Anwendungsbeispielen setzt ein Gewöhnungseffekt ein, so dass die Motivation oft nicht aufrecht erhalten werden kann. Darüber hinaus weist Kaiser-Meßmer (1986) darauf hin, dass ein anwendungsbezogener Unterricht nicht zwangsläufig dazu führt, dass Schüler mathematische Inhalte länger behalten. Es ist zu beobachten, dass zwar die außermathematischen Inhalte mit bestimmten mathematischen Inhalten verbunden werden, die Rekonstruktion der mathematischen Inhalte aber oft nicht möglich ist.

Vergleichbar gute Ergebnisse hinsichtlich der pragmatischen und kulturbezogenen Ziele zeigten sich auch in einer Untersuchung von Clatworthy/Galbraith (1990, S. 157) in einem voruniversitären College-Kurs und in einer Studie von Dunne (1998, S. 30) in einer achten Klasse in Australien. Über die bereits erläuterten Ergebnisse hinaus wurde in der letztgenannten Studie nach einem einjährigen anwendungsbezogenen Mathematikunterricht eine positivere Einstellung der Schüler zur Mathematik festgestellt. Diese Beobachtung bestätigte auch Maaß (2004, S. 284ff.), die in einer 15-monatigen Studie untersuchte, inwieweit Schüler eines achten Schuljahres Modellierungskompetenzen in einem entsprechend angelegten Unterricht entwickelten. Darüber hinaus stellte Maaß (2004) im Gegensatz zu Kaiser-Meßmer (1986) fest, dass Schüler einer achten Klasse in einem realitätsnahen Unterricht nicht nur Teilkompetenzen im Bereich des Modellierens entwickelten. Sie waren auch in der Lage, selbstständig vollständige Modellierungskreisläufe sowohl bei vertrauten als auch bei unbekannten Sachsituationen zu durchlaufen. Dabei ließ sich ein enger Zusammenhang zwischen Kenntnissen zum Modellierungskreislauf und Modellierungskompetenzen nachweisen. In einer jüngeren Studie zu dreitägigen Modellierungsprojekten wurde zudem festgestellt, dass eine „eingehende Auseinandersetzung mit Modellierungsaufgaben während eines mehrtägigen Modellierungsprojekts bereits die Teilkompetenzen mathematischer Modellierung der Lernenden signifikant steigern kann." (Borromeo Ferri/Grünewald/Kaiser 2013, S. 55ff.), wobei in dieser Studie keine Aussage zur Nachhaltigkeit der erworbenen Modellierungskompetenzen getroffen werden.

Trotz der zum Teil sehr positiven Ergebnisse im Zusammenhang mit dem Erreichen der Ziele eines anwendungsorientierten Unterrichts (vgl. Abschn. 7.3.1) lassen sich einige Schwierigkeiten beim Modellieren ausmachen. So stellten Grund/Zais (1991, S. 6) die folgenden Probleme von Schülern bei der Entwicklung eines mathematischen Modells fest:

- Die Struktur des Sachproblems wird erkannt und richtig erfasst, aber die Schüler scheitern an der Überführung in ein geeignetes mathematisches Modell. Dies deutet auf ein begrenztes mathematisches Repertoire der Schüler hin.
- Die Struktur des Realproblems wird nicht erkannt, womit eine Entwicklung des Realmodells und daraus resultierend eines mathematischen Modells nahezu unmöglich ist. Die Ursache für diese Schwierigkeit kann in fehlenden Kenntnissen zum Fachgebiet, aus dem das Problem stammt, liegen.

Ähnliche Schwächen bei der Bildung des Realmodells zeigten sich auch in Untersuchungen von Haines/Crouch/Davies (2001, S. 366). Weitere typische Schülerfehler bzw. Missverständnisse fassen Förster/Kuhlmay (2000, S. 188ff.) zusammen:

- *Gleichsetzung des Realmodells mit der Realität:* Schüler erkennen oft nicht, dass bei der Bildung des Realmodells Vereinfachungen vorgenommen wurden und damit lediglich ein Ausschnitt aus der Realität modelliert wird. Dies kann bei der Interpretation des mathematischen Modells zu falschen Schlussfolgerungen in der Realität führen. Ähnliche Erfahrungen machte auch Maaß (2004, S. 284), die darüber hinaus beobachtete, dass vielen Schülern eine Unterscheidung zwischen dem Realmodell und dem mathematischen Modell nicht gelingt.
- *Betrachtung des Modellierungskreislaufs als kybernetischen Regelkreis:* Schüler nehmen an, dass ein Modell immer besser wird, je öfter der Modellierungskreislauf durchlaufen wird. Diese Erwartung verhindert, dass prinzipiell andere Modelle entwickelt werden.
- *Ablehnung der mathematischen Modellierung:* Es gibt Schüler, die mathematische Modellierung grundsätzlich ablehnen, auch wenn diese gerechtfertigt ist. Dies korreliert meist damit, dass Mathematik a priori abgelehnt wird. Diese Erkenntnis deckt sich mit den Beobachtungen von Potari (1993, S. 237), der darauf verweist, dass oft leistungsschwache Lernende bei der Bearbeitung von Modellierungsaufgaben keine mathema-

tischen Kenntnisse benutzen, sondern von ihren Erfahrungen aus dem Sachbereich berichten. Maaß (2004), die Ähnliches beobachten konnte, bezeichnet derartige Modellierer als „mathematikferne Modellierer" (S. 285).

• *Nichtanerkennung konkurrierender Modelle:* Schüler erwarten oft, dass unter einer Vielzahl von Modellen das „richtige" herausgestellt wird. Besonders schwer verständlich für Schüler ist es, „dass subjektive Komponenten des Modellbildungsprozesses, insbesondere die jeweiligen Zielvorstellungen des Modellbildners zu konkurrierenden Modellen führen können" (Förster/Kuhlmay 2000, S. 190), die alle ihre Berechtigung besitzen.

• *Schluss vom mathematischen Modell auf die Realität als Kausalitätsschluss:* Eng verbunden mit der obigen Sichtweise ist die Auffassung vieler Schüler, dass ein vernünftiges oder gar erwartetes Ergebnis das gewählte Modell als „richtiges Modell" legitimiert. Modellierungen erhalten durch das mathematische Modell eine nachträgliche Rechtfertigung, wenn das Ergebnis richtig erscheint oder durch Simulationen „bewiesen" werden kann.

Förster/Kuhlmay (2000) bemängeln, dass diese Fehlvorstellungen auch in mathematikdidaktischen Veröffentlichungen erkennbar sind:

„Auch dort wird die Richtigkeit von Modellen ‚experimentell bewiesen', wird aus den anschaulichen Ähnlichkeiten der Simulationsergebnisse auf die Richtigkeit der Annahmen geschlossen, wird aber auch behauptet, Modelle seien prinzipiell zur Beschreibung von Natur nicht tauglich." (Förster/Kuhlmay 2000, S. 190).

Neben den bereits genannten Schwierigkeiten treten Probleme im Umgang mit der mathematischen Lösung auf. Mit der Bestimmung des mathematischen Resultats beenden Schüler häufig den Modellierungsprozess, es fehlt die notwendige Rückinterpretation und Validierung des Modells (vgl. Hodgson 1997, S. 215, Maaß 2004, S. 284). Im Rahmen einer Fallstudie mit Schülern einer zehnten Klasse stellte Borromeo Ferri (2011) zudem fest, dass die individuellen Wege der Modellierung von den in der Mathematikdidaktik theoretisch entwickelten Modellierungskreisläufen z. T. erheblich abweichen. So durchlaufen beispielsweise einige Schüler einzelne Phasen des Modellierungskreislaufes mehrfach und lassen andere dafür komplett aus.

7.4   Stellenwert von Anwendungen

7.4.1   Vorstellungen zur Rolle von Anwendungen im Mathematikunterricht in der didaktischen Diskussion

Eng verbunden mit der Forderung nach einem anwendungsorientierten Mathematikunterricht ist die Frage, welchen Stellenwert Realitätsbezüge bzw. Modellierungen einnehmen sollten. In der didaktischen Diskussion scheint Konsens darüber zu bestehen, dass eine alleinige Anwendungsorientierung keine „Zauberformel für die Beseitigung aller Unterrichts-, Transfer- und Motivationsprobleme" (Humenberger/Reichel 1995, S. 17) darstellt. Vielmehr muss eine Balance zwischen den Anwendungen und der mathematischen Theorie bestehen, wie auch Blum (1996) betont:

> „Natürlich sind Anwendungsbezüge nur eine Komponente im komplexen Feld des Lehrens und Lernens von Mathematik. Wenn man diese Komponente zu sehr betont, entsteht – ebenso wie bei ihrer Vernachlässigung – ein reduktionistisches Mathematikbild." (Blum 1996, S. 23).

Diese Auffassung vertreten auch Humenberger/Reichel (1995), die überdies die Notwendigkeit der reinen Mathematik begründen:

> „Zufriedenstellende Anwendungsorientierung im Unterricht setzt u. E. grundlegende und gründliche genuin mathematische Kenntnisse voraus, weil sonst die Gefahr des Abgleitens ins rein ‚Spekulative' und/oder Triviales als Damokles-Schwert über jeglichen Bemühungen schwebt!" (Humenberger/Reichel 1995, S. 18).

Im Zusammenhang mit der Problematik des Stellenwerts von Realitätsbezügen stellt sich auch die Frage, in welcher Weise diese in den Mathematikunterricht einzubeziehen sind. Blum/Niss (1991, S. 60) unterscheiden dabei folgende Integrationsmöglichkeiten, die in Abhängigkeit von den Zielvorstellungen und den institutionellen Rahmenbedingungen variieren können:

- *The separation approach:* Anwendungen bzw. Modellierungen werden in speziellen Kursen oder in Form von Projekten separat behandelt.
- *The two-compartment approach:* Im Unterricht werden Anwendungen erst nach Bereitstellung der mathematischen Theorie bearbeitet.
- *The island approach:* In einem von reiner Mathematik geprägten Mathematikunterricht werden gelegentlich Anwendungen, auch „Anwendungsinseln" genannt, einbezogen.
- *The mixing approach:* Elemente des Modellierens werden gelegentlich, etwa zur Einführung neuer mathematischer Inhalte, herangezogen.
- *The mathematics curriculum integrated approach:* Mathematische oder außermathematische Problemstellungen dienen als Ausgangspunkt für die Entwicklung neuer mathematischer Theorien.
- *The interdisciplinary integrated approach:* Dieser Ansatz ist mit dem vorherigen zu vergleichen, es gibt aber keinen eigenständigen Mathematikunterricht mehr, sondern die Behandlung erfolgt in einem interdisziplinären Rahmen.

7.4.2 Stellenwert von Anwendungen im Mathematikunterricht

Trotz des hohen Stellenwerts von Anwendungen in der didaktischen Diskussion und vielfältiger Unterrichtsanregungen spielen Anwendungen außer in Form von eingekleideten Aufgaben in der realen Unterrichtspraxis häufig nur eine untergeordnete Rolle. Lehrerbefragungen zeigen, dass einerseits viele Lehrer einem anwendungsorientierten Mathematikunterricht grundsätzlich positiv gegenüber stehen (vgl. Tietze 1986, S. 187), dass es andererseits nach Auffassung der Befragten eine Vielzahl von Gründen gibt, warum Realitätsbezüge im Mathematikunterricht nicht die erwünschte Aufmerksamkeit erfahren:

- Lehrer sind in der Regel für einen anwendungsorientierten Mathematikunterricht sowohl aus fachlicher als auch aus methodischer Sicht nur ungenügend ausgebildet. Dies ist mit der universitären Ausbildung zu begründen, in der sie oft eine Ausbildung in der reinen Mathematik durchlaufen. Ihr dabei entstehendes Bild der Mathematik wird dabei so nachhaltig geprägt, „daß eine Korrektur in der zweiten Ausbildungsphase selten erfolgt." (Förster/Tietze 1996, S. 104).
- Während mathematische Probleme vollständig gelöst werden können bzw. deren Unlösbarkeit nachweisbar ist, bringen Realprobleme Unsicherheiten mit sich: „Sachprobleme sind imperfekt; was gegeben, gesucht, erlaubt ist, muß durchaus nicht naheliegen, sondern kann Teil des Problems, ja seine eigentliche Ursache sein. Dementsprechend relativiert, vorläufig, mehrdeutig, subjektiv sind die zugehörigen Argumentationen und Lösungsansätze." (Schupp 1988, S. 13).
- Die außermathematischen Probleme sind in der Regel derart komplex, dass sich Lehrer (und Schüler) zu wenig auf diesem Gebiet auskennen (vgl. Humenberger 1997, S. 35).
- Aufgrund fehlender außermathematischer Kenntnisse und unzureichender Materialien ist der zeitliche Aufwand für die Vorbereitung des Lehrers zu groß und unökonomisch (vgl. Humenberger 1997, S. 35).
- Nach Auffassung vieler Lehrer stehen ihnen oft nicht genügend geeignete Materialien zur Verfügung. Viele geeignete Vorschläge bzw. Materialien in Fachzeitschriften, Tagungsbänden und Büchern erreichen die Lehrer in der Regel nicht. Insbesondere finden Anwendungsbeispiele in den Schulbüchern, also der „Literatur", auf die Lehrer am häufigsten zurückgreifen, zu wenig Berücksichtigung. Inzwischen haben Anwendungen – meist in Form von Exkursen – Eingang in viele Schulbücher gefunden.
- Der zeitliche Aufwand für Anwendungen im Unterricht ist zu hoch. Um möglichst authentische Problemstellungen zu behandeln, sind oft komplexere Aufgabenstellungen notwendig, die längere Unterrichtseinheiten oder Projekte erfordern. Die curricularen Vorgaben und ein oft spürbarer Zeitdruck führen dazu, dass zunächst die vorgeschriebenen innermathematischen Inhalte behandelt werden, außermathematische Probleme werden häufig als isolierte Einzelprobleme bearbeitet oder aus Zeitgründen weggelassen (vgl. Förster 2002, S. 50).

Die Hoffnung, dass allein durch die verstärkte Verankerung von Anwendungsbezügen in den Rahmenplänen Anwendungen im Unterricht stärker berücksichtigt werden würden, ist u. E. illusorisch. Wenn Anwendungen im Mathematikunterricht stärker berücksichtigt werden sollen, müssen die genannten Bedenken der Lehrer verringert und Hemmschwellen abgebaut werden. Dazu können z. B. Lehrerfortbildungen, die entsprechende Ausbildung in angewandter Mathematik im Lehramtsstudium sowie die Bereitstellung geeigneter Materialien und damit verbunden die Verbesserung des Informationsflusses beitragen.

7.4.3 Konsequenzen für die Entwicklung der Unterrichtseinheiten

In den vorangegangenen Abschnitten wurden verschiedene Aspekte zu Anwendungen und Modellierungen im Mathematikunterricht vorgestellt. Dieses Kapitel fasst die Konsequenzen zusammen, die sich u. E. aus den theoretischen Überlegungen für die Planung der Unterrichtseinheiten unter Berücksichtigung der Ergebnisse der didaktischen Diskussion ergeben. Im Abschn. 7.3.3 wurden Ergebnisse von Maaß (2004) dargelegt, die den Nutzen von Kenntnissen zu Modellierungsprozessen bei der Bearbeitung von Modellierungsbeispielen durch Schüler bestätigten. Da in der Unterrichtseinheit „Die zufällige Irrfahrt einer Aktie" (siehe Kap. 12) neben der gemeinsamen Erarbeitung mathematischer Modelle zur „Prognose" von künftigen Aktienkursen der Schwerpunkt auf der selbstständigen Bewertung eines auf Aktienkursentwicklungen basierenden Zertifikats liegt, müssen die Schüler eben für diese Beurteilung über hinreichende Modellierungsfähigkeiten verfügen. Aus diesem Grund wird ein Erweiterungsmodul zum Thema Modellierung entwickelt, das bei Bedarf im Unterricht eingesetzt werden kann. Diese Entscheidung wird zusätzlich gestützt durch die von Keune (2004) formulierten Modellierungskompetenzen (siehe Abschn. 7.3.2), zu denen u. a. die Beschreibung eines Modellierungskreislaufes gehört. Des Weiteren zeigte die Studie von Borromeo Ferri (2011), dass Schüler z. T. individuelle Modellierungskreisläufe durchlaufen, die von den theoretisch entwickelten Ideen abweichen. Mit der Behandlung eines Modellierungskreislaufes verbinden wir die Hoffnung, dass dieses Phänomen nicht mehr beobachtet wird. In dem mit „Modellierungsprozesse" bezeichneten Unterrichtsabschnitt soll den Schülern ein Modellierungskreislauf am Beispiel der Modellierungsauffassung von Blum (1996) vorgestellt werden (siehe Abschn. 7.2), um so ein mögliches und geeignetes Vorgehen beim Modellieren aufzuzeigen. Die Wahl des sehr übersichtlichen Blumschen Modells resultiert dabei aus der Erkenntnis von Förster/Kuhlmay (2000), dass Schüler oft das Realmodell mit der Realität gleichsetzen und ihnen die für die Entwicklung eines Modells vorgenommenen Vereinfachungen vielfach nicht bewusst werden (siehe Abschn. 7.3.3). Dieses Problem verschärft sich u. E. weiter, wenn auf eine Trennung zwischen Realmodell und mathematischem Modell verzichtet wird. Damit schließen wir uns dem folgenden Standpunkt an:

> „Erst die Einnahme des Modellstandpunktes und die damit verbundene Trennung von außermathematischer Realität und Mathematik ermöglichen das Bewußtmachen implizierter Annahmen sowie die Befreiung von ihrem ‚faktischen' bzw. ‚naturgesetzlichen Charakter'." (Fischer/Malle 1985, S. 107).

Wir erachten es als sinnvoll, die Ziele, die im Zusammenhang mit dem Unterrichtsabschnitt „Modellierungsprozesse" erreicht werden sollen, mit den von Maaß (2004) formulierten Teilmodellierungskompetenzen (siehe Abschn. 7.3.2) zu beschreiben, da sich diese direkt am von Blum (1996) beschriebenen und für den Einsatz im Unterricht vorgeschlagenen Modellierungskreislauf orientieren. Wir erhoffen uns darüber hinaus auch einen Beitrag zur Vermittlung von globaleren Modellierungskompetenzen, wie sie etwa Keune

(2004) vorschlägt, wobei diese von längerfristiger Natur sind und nicht allein durch den Einsatz unserer Unterrichtseinheiten zu erreichen sind.

Wir sind wie Blum (1996) der Auffassung, dass mit einem realitätsbezogenen Mathematikunterricht und damit verbunden auch mit den entwickelten Unterrichtseinheiten eine Vielzahl von Zielen verfolgt werden sollte (siehe Abschn. 7.3.1). Neben der Vermittlung der bereits genannten Modellierungskompetenzen spielen inhaltsbezogene Ziele, die in den einzelnen Unterrichtsabschnitten formuliert werden, und die Vermittlung eines angemessenen und ausgewogenen Bildes von Mathematik eine große Rolle. Wir messen also der Vermittlung der so genannten kulturbezogenen Ziele eine große Bedeutung zu und schließen uns damit der folgenden Auffassung an:

„Realitätsbezogener Mathematikunterricht soll den Schülerinnen und Schülern Fähigkeiten vermitteln, wichtige Erscheinungen unserer Welt bewusster und kritischer zu sehen und praktische Nutzungsmöglichkeiten der Mathematik für das aktuelle und spätere Leben zu erfahren." (Kaiser 1995, S. 69).

Hieraus resultiert die inhaltliche Wahl der Finanz- und Wirtschaftsmathematik als Unterrichtsgegenstand. Allein zur Bewertung von diversen Finanzprodukten (Aktien, Optionen, aber auch Sparprodukte und Kredite) sind verschiedenste Modellannahmen möglich und notwendig. Gleiches gilt für die Erfassung komplexer Marktsituationen, die als Grundlage der Behandlung ökonomischer Funktionen dient. Insofern eignen sich u. E. sowohl die Finanz- als auch die Wirtschaftsmathematik besonders gut für einen realitätsnahen Mathematikunterricht, der auf echten Anwendungen beruht. Zur Vermittlung eines realen Bildes von Mathematik gehört ein ausgewogenes Verhältnis zwischen angewandter und reiner Mathematik. Diese weit verbreitete Auffassung (siehe Abschn. 7.4.1) findet bei der Planung der Unterrichtseinheiten Berücksichtigung, etwa indem nicht nur aus der Anwendung heraus neue mathematische Begriffe (z. B. Normalverteilung) entwickelt, sondern auch die mathematischen Hintergründe dieser Begriffe tiefergehend behandelt werden. Dazu gehören z. B. auch Beweise von typischen Eigenschaften der Normalverteilung.

Um ein adäquates reales Modell aufstellen und die Lösung des mathematischen Modells interpretieren zu können, ist es wichtig, dass der Modellierer über genügend Kenntnisse des ihm vorliegenden Sachproblems verfügt. Lehrer und Schüler müssen daher fachkundig sowohl in der Mathematik als auch in der zu bearbeitenden Anwendung sein. Als Schlussfolgerung für die vorliegende Arbeit ist daraus zu ziehen, dass zu Beginn einer Unterrichtseinheit mit finanzmathematischen Themen jeweils eine Einführung in die entsprechenden ökonomischen Grundlagen notwendig ist. Da diese sehr umfangreich und sehr komplex sind, stellen wir eine Auswahl zusammen, die unserer Meinung nach wichtig für die Unterrichtseinheiten ist.

Literatur

Tietze, U.-P., Klika, M., Wolpers, H. (Hrsg.): Mathematikunterricht in der Sekundarstufe II: Didaktik der Analysis. Vieweg-Verlag (2000)

Wittmann, E. C.: Grundfragen des Mathematikunterrichts. 6. Aufl., Vieweg-Verlag (1997)

KMK (Hrsg.).: Bildungsstandards im Fach Mathematik für den Mittleren Schulabschluss: Beschluss vom 04.12.2003. Wolters Kluwer (2004)

KMK (Hrsg.).: Bildungsstandards im Fach Mathematik für die Allgemeine Hochschulreife: Beschluss vom 18.10.2012. Bildungsstandards als PDF-Datei verfügbar unter http://www.kmk.org/fileadmin/veroeffentlichungen_beschluesse/2012/2012_10_18-Bildungsstandards-Mathe-Abi.pdf (Stand: 28.05.2015)

Blum, W.: Anwendungsbezüge im Mathematikunterricht. In: Trends und Perspektiven – Beiträge zum 7. Internationalen Symposium zur Didaktik der Mathematik in Klagenfurt, S. 15–38. Hölder-Pichler-Tempsky (1996)

Kaiser, G.: Realitätsbezüge im Mathematikunterricht – Ein Überblick über die aktuelle und historische Diskussion. In: Graumann, G. et al. (Hrsg.) Materialien für einen realitätsbezogenen Mathematikunterricht 2, S. 66–84. Verlag Franzbecker (1995)

Jablonka, E.: Was sind „gute" Anwendungsbeispiele? In: Maaß, J., Schlöglemann, W. (Hrsg.) Materialien für einen realitätsbezogenen Mathematikunterricht 5, S. 65–74. Verlag Franzbecker (1999)

Galbraith, P., Stillman, G.: Assumptions and context: Pursuing their role in modelling activity. In: Matos, J. F. et al. (Hrsg.) Modelling and Mathematics Education, Ictma 9: Applications in Science and Technology, S. 300–310. Horwood Publishing (2001)

Kaiser-Meßmer, G.: Anwendungen im Mathematikunterricht, 2 Bände. Verlag Franzbecker (1986)

Ebenhöh, W.: Mathematische Modellbildung – Grundgedanken und Beispiele. Mathematische Unterrichtspraxis **36(4)**, 5–15 (1990)

Baumert, J. et al. (Hrsg.): PISA 2000: Basiskompetenzen von Schülerinnen und Schülern im internationalen Vergleich. Leske + Budrich (2001)

Fischer, R., Malle, G.: Mensch und Mathematik: Eine Einführung in didaktisches Denken und Handeln. BI Wissenschaftsverlag (1985)

Claus, H. J.: Einführung in die Didaktik der Mathematik. Wissenschaftliche Buchgesellschaft (1989)

Baptist, P., Winter, H.: Überlegungen zur Weiterentwicklung des Mathematikunterrichts in der Oberstufe des Gymnasiums. In: Tenorth, H.-E. (Hrsg.) Kerncurriculum Oberstufe: Mathematik – Deutsch – Englisch, S. 54–76. Beltz (2001)

Blum, W.: Anwendungsorientierter Mathematikunterricht in der didaktischen Diskussion. Mathematische Semesterberichte **32(2)**, 195–232 (1985)

Greefrath, G. et al.: Mathematisches Modellieren: Eine Einführung in theoretische und didaktische Hintergründe. In: Borromeo Ferri, R. et al. (Hrsg.) Mathematisches Modellieren für Schule und Hochschule, S. 11–37. Springer Spektrum (2013)

Weinert, F. E.: Vergleichende Leistungsmessung in Schulen – eine umstrittene Selbstverständlichkeit. In: Weinert, F. E. (Hrsg.) Leistungsmessung in Schulen, S. 17–31. Beltz (2001)

Maaß, K.: Mathematisches Modellieren im Mathematikunterricht: Ergebnisse einer empirischen Studie. Verlag Franzbecker (2004)

Blum, W.: Die Bildungsstandards Mathematik: Einleitung. In: Blum, W. et al. (Hrsg.) Bildungsstandards Mathematik: konkret, S. 14–32. Cornelsen Scriptor (2006)

Keune, M.: Niveaustufenorientierte Herausbildung von Modellbildungskompetenzen. In: Gesellschaft für Didaktik der Mathematik (Hrsg.) Beiträge zum Mathematikunterricht, S. 289–292. Verlag Franzbecker (2004)

Kleine, M.: Wie lassen sich mathematische Kompetenzstufen inhaltlich beschreiben? In: Gesellschaft für Didaktik der Mathematik (Hrsg.) Beiträge zum Mathematikunterricht, S. 293–296. Verlag Franzbecker (2004)

Blum, W., Kaiser-Meßmer, G.: Einige Ergebnisse von vergleichenden Untersuchungen in England und Deutschland zum Lehren und Lernen von Mathematik in Realitätsbezügen. Journal für Mathematik-Didaktik **14(3–4)**, 269–305 (1993)

Clatworthy, N., Galbraith, P.: Beyond standard models – meeting the challenge of modelling. Educational Studies in Mathematics, 137–163 (1990)

Dunne, T. A.: Mathematical modelling in years 8 to 12 of secondary school. In: Galbraith, P. et al. (Hrsg.) Mathematically modelling: Teaching and assessment in a technology-rich world, S. 29–37. Horwood Publishing (1998)

Borromeo Ferri, R., Grünewald, S., Kaiser, G.: Effekte kurzzeitiger Intentionen auf die Entwicklung von Modellierungskompetenzen. In: Borromeo Ferri, R. et al. (Hrsg.) Mathematisches Modellieren für Schule und Hochschule, S. 11–37. Springer Spektrum (2013)

Grund, T., Zais, K. H.: Grundpositionen zum anwendungsorientierten Mathematikunterricht bei besonderer Berücksichtigung des Modellierungsprozesses. Mathematische Unterrichtspraxis **37(5)**, 4–17 (1991)

Haines, C., Crouch, R., Davies, J.: Understanding students' modelling skills. In: Matos, J. F. (Hrsg.) Modelling and Mathematics Education, Ictma 9: Applications in Science and Technology, S. 366–380. Horwood Publishing (2001)

Förster, F., Kuhlmay, P.: „The Box" – Ein Computerspiel hilft beim Verständnis von Modellbildungsprozessen. In: Graumann, G. et al. (Hrsg.) Materialien für einen realitätsbezogenen Mathematikunterricht 6, S. 188–198. Verlag Franzbecker (2000)

Potari, D.: Mathematisation in a real-live investigation. In: Lange, d. I. et al. (Hrsg.) Innovation in math education by modelling and applications, S. 235–243. Ellis Horwood (1993)

Hodgson, T.: On the use of open-ended, real-world problems. In: Houston, K. et al. (Hrsg.) Teaching and learning mathematical modelling, S. 211–218. Albion publishing limited (1997)

Borromeo Ferri, R.: Wege zur Innenwelt des mathematischen Modellierens – Kognitive Analysen von Modellierungsprozessen im Mathematikunterricht. Vieweg + Teubner (2011)

Humenberger, J., Reichel, C.: Fundamentale Ideen der angewandten Mathematik. BI Wissenschaftsverlag (1995)

Blum, W., Niss, M.: Applied mathematical problem solving, modelling, applications and links to other subjects – state, trends and issues in mathematics instruction. Educational Studies in Mathematics **22(1)**, 37–68 (1991)

Tietze, U.-P.: Der Mathematiklehrer in der Sekundarstufe II – Bericht aus einem Forschungsprojekt. Verlag Franzbecker (1986)

Förster, F., Tietze, U.-P.: Über die Bedeutung eines problem- und anwendungsorientierten Mathematikunterrichts für den Übergang zur Hochschule. Der Mathematikunterricht **42(4–5)**, 85–106 (1996)

Schupp, H.: Anwendungsorientierter Mathematikunterricht in der Sekundarstufe I zwischen Tradition und neuen Impulsen. Der Mathematikunterricht **34(6)**, 5–16 (1988)

Humenberger, H.: Anwendungsorientierung im Mathematikunterricht – erste Resultate eines Forschungsprojekts. Journal für Mathematik-Didaktik **18(1)**, 3–50 (1997)

Förster, F.: Vorstellungen von Lehrerinnen und Lehrern zu Anwendungen im Mathematikunterricht – Darstellung und erste Ergebnisse einer qualitativen Fallstudie. Der Mathematikunterricht **48(4–5)**, 45–47 (2002)

Vorstellung der Unterrichtseinheiten mit finanz- und wirtschaftsmathematischen Inhalten

Sparen für den Führerschein

Im Folgenden präsentieren wir einen Vorschlag für eine Unterrichtseinheit zur praxisorientierten Erarbeitung wesentlicher finanzmathematischer Grundlagen der Zinsrechnung. Der Unterrichtsvorschlag ist für einen Einsatz im Mathematikunterricht in der Sekundarstufe I vorgesehen. Wünschenswert wäre jedoch eine Zusammenarbeit mit Politik, Wirtschaft oder Verbraucherbildung. Bei der Konzeption wurden die unter der Leitidee „Zahl" zusammengefassten „Bildungsstandards im Fach Mathematik für den Mittleren Schulabschluss" (vgl. KMK 2004, S. 10) berücksichtigt.

8.1 Inhaltliche und konzeptionelle Zusammenfassung

Die Unterrichtseinheit besteht aus einem Basismodul und einem thematisch passenden Ergänzungsmodul. Das Basismodul ist in vier Abschnitte mit folgenden Themen gegliedert:

1. Ökonomische Grundlagen
2. Lineare Verzinsung
3. Exponentielle Verzinsung
4. Ratensparen.

Die einzelnen Abschnitte des Basismoduls bauen aufeinander auf und sollten möglichst vollständig und in der genannten Reihenfolge unterrichtet werden.

Das Ziel dieses Basismoduls ist es, wesentliche Inhalte der Zinsrechnung praxisnah zu erarbeiten. Damit sollen die Schüler befähigt werden, künftige finanzielle Entscheidungen auch durch mathematisch fundierte Überlegungen zu treffen und zu begründen. Zur Erarbeitung der folgenden Inhalte werden sichere Kenntnisse zum Thema Prozentrechnung vorausgesetzt. Um zudem realitätsnah arbeiten zu können, ist es von Vorteil, wenn die Schüler sicher im Umgang mit Excel sind. Insbesondere ist es notwendig, mit dem Mathematikmodus und Zellbezügen zu arbeiten. Das Ergänzungsmodul beschäftigt

© Springer Fachmedien Wiesbaden 2016
P. Daume, *Finanz- und Wirtschaftsmathematik im Unterricht Band 1*,
DOI 10.1007/978-3-658-10615-7_8

Abb. 8.1 Möglicher chronologischer Ablauf der
Unterrichtseinheit „Sparen
für den Führerschein"

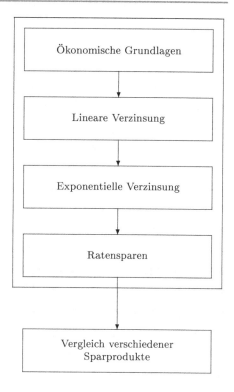

sich mit dem Vergleich verschiedener Sparprodukte. Die Abb. 8.1 zeigt einen Vorschlag
für einen chronologischen Ablauf der Unterrichtseinheit. Das Ergänzungsmodul wurde
an einer entsprechend zeitlich passenden Stelle eingeordnet. Im Folgenden werden die
Inhalte und Ziele der einzelnen Abschnitte des Basismoduls und des Ergänzungsmoduls
vorgestellt. Die vermittelten mathematischen und ökonomischen Inhalte ergeben sich dabei vollständig aus Kap. 2.

8.2 Das Basismodul

8.2.1 Ökonomische Grundlagen

Häufig schließt sich die Zinsrechnung unmittelbar an die Prozentrechnung als Anwen-
dungsbeispiel an. Meist wird durch diese Herangehensweise die Chance vertan, dass
Schüler sich mit einer Thematik intensiv auseinandersetzen, die für sie im zukünftigen
Leben eine wichtige Rolle spielen wird. Dabei besteht in Zusammenhang mit der Zinsrechnung die Möglichkeit, auf Vorwissen der Schüler zurückzugreifen und sich aus deren

Sicht dem Thema anzunähern. Dazu soll jeder Schüler zunächst für sich die Frage „Wofür sparen Sie Ihr Geld?" beantworten und zwei bis drei eigene Sparwünsche auf Moderatorenkarten notieren. Anschließend werden diese in einem Gruppengespräch gesammelt und dahingehend analysiert, welche Motive es für das Sparen von Geld gibt. Bereits bei der ersten Betrachtung der Schülerantworten wird deutlich, dass es neben individuellen Wünschen (z. B. Sparen auf ein Pferd) auch viele gemeinsame Sparziele gibt. Als Ergebnis der Diskussion sollten die folgenden möglichen Sparziele herausgearbeitet werden:

- Sparen für größere Anschaffungen (z. B. Einrichtungsgegenstände der ersten Wohnung, PKW, Führerschein)
- Absicherung der Ausbildung (z. B. Finanzierung des Studiums)
- Bildung von Rücklagen für eine finanzielle Sicherheit in Notsituationen (z. B. bei Arbeitslosigkeit)
- Wirtschaftliche Absicherung im Alter
- Vermögensaufbau ohne bestimmte Verwendungszwecke.

Nach der Klärung für mögliche Motive können die Schüler ihre eigenen Sparziele in die entsprechenden Sparmotive einordnen. Anschließend stellt sich kanonisch die Frage, welche Formen des Sparens möglich sind. In einer losen Sammlung werden die verschiedenen, den Schülern bereits bekannten Anlageformen zusammengetragen. Besonders häufig nennen die Schüler das Sparbuch, das Girokonto (Jugendgirokonto) und Sparkonten, wobei hiermit verschiedene Sparformen wie Festgeldanlage oder Ratensparen gemeint sein können. Seltener genannt werden Aktien, Anleihen, Optionen, Bausparen, Lebensversicherungen oder Rohstoffe wie Gold und Silber.

Im Anschluss an eine erste persönliche Auseinandersetzung mit dem Thema des Sparens kann die Überleitung zur Zinsrechnung erfolgen. Obwohl viele Schüler den Begriff der Zinsen bereits gehört haben, sollte dieser zunächst von der ökonomischen Seite her betrachtet werden. Neben einem Schülervortrag bietet sich als Einstieg der Artikel „Rekordtief: EZB hält an niedrigem Leitzins fest" (Abb. 8.2) an, da dieser bereits wichtige Begriffe im Zusammenhang mit Zinsen enthält, die im Laufe des weiteren Unterrichts geklärt werden können. Dazu erhalten die Schüler die Aufgabe 8.2.1, für deren Bearbeitung neben entsprechender Fachliteratur auch Wirtschaftslexika aus dem Internet[1] herangezogen werden können. Dabei sollen nur wenige wesentliche Begriffe geklärt werden. Inwieweit darüber hinaus auf die weiteren im Abschn. 2.1 beschriebenen Grundlagen im Unterricht eingegangen werden soll, ist dem unterrichtenden Lehrer freigestellt.

Aufgabe 8.2.1 *Lesen Sie den Ausschnitt aus dem Artikel „Rekordtief: EZB hält an niedrigem Leitzins fest" (Spiegel Online vom 15.04.2015) aufmerksam durch und notieren Sie*

---

[1] z. B. http://wirtschaftslexikon.gabler.de/ (Stand: 27.05.2015).

Rekordtief: EZB hält an niedrigem Leitzins fest

Banken im Euroraum können sich nach wie vor äußerst günstig Geld leihen: Die Europäische Zentralbank belässt ihren Leitzins bei 0,05 Prozent – und bestraft weiterhin Institute, die Geld lieber bei ihr parken. Der Leitzins im Euroraum bleibt auf dem Rekordtief von 0,05 Prozent. Das beschloss der Rat der Europäischen Zentralbank (EZB) in Frankfurt. Damit bleibt Zentralbankgeld für Geschäftsbanken extrem günstig. Zugleich verlangen die Währungshüter von den Geldinstituten weiterhin einen Strafzins von 0,2 Prozent, wenn diese Geld über Nacht bei der EZB parken. Damit will die EZB die Kreditvergabe ankurbeln.

(Spiegel Online: 15.04.2015)

Abb. 8.2 Ausschnitt aus dem Artikel „Rekordtief: EZB hält an niedrigem Leitzins fest" (Quelle: Spiegel Online vom 15.04.15)

sich ggf. Fragen, die Sie gemeinsam mit der Klasse klären möchten. Beantworten Sie zudem die folgenden Fragen:

(a) Erläutern Sie, was man unter Zinsen versteht und wofür diese gezahlt werden.
(b) Im Text wird vom so genannten Leitzins gesprochen. Erläutern Sie, was unter diesem Begriff zu verstehen ist und welche Auswirkungen die Festlegung der Höhe des Leitzinses haben kann.
(c) Es gibt eine Vielzahl weiterer Begriffe, die im Zusammenhang mit der Zinsrechnung eine Rolle spielen. Erläutern Sie die Begriffe „Habenzinsen" und „Sollzinsen".

Als Ergebnis der Bearbeitung der Aufgabe sollten folgende Grundlagen erarbeitet sein: **Zinsen** werden dafür gezahlt, dass ein Schuldner (Empfänger) einem Gläubiger (Bereitsteller) befristet Kapital überlässt. Als Schuldner bzw. Gläubiger sind unterschiedliche Institutionen möglich, häufig werden Zinsen jedoch bei Bankgeschäften fällig. Im Folgenden betrachten wir lediglich Geschäfte zwischen Banken und Privatpersonen. Sowohl Banken als auch Privatpersonen können dabei als Gläubiger oder Schuldner auftreten, wie die Abb. 8.3 zeigt.

Es wird also deutlich, dass Zinsen sowohl auf Sparguthaben als auch auf Kredite fällig werden. Leiht sich eine Bank bei ihrem Kunden zeitweise Geld aus den Einlagen des Sparguthabens, zahlt diese dem Kunden eine Entschädigung in Form von **Habenzinsen**. Banken beteiligen damit die Kunden an den Gewinnen, die sie durch das Verleihen des Geldes in Form von Krediten erzielen. Für die Bereitstellung eines Kredites werden in der Regel die so genannten **Sollzinsen** fällig, die der Kreditnehmer an die Bank zahlt. Der von der europäischen Zentralbank (EZB) bestimmte **Leitzins** legt fest, zu welchem Zinssatz

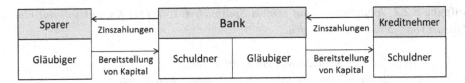

Abb. 8.3 Übersicht über Zahlungsströme im Spar- und Kreditwesen

sich Banken entsprechendes Zentralbankgeld leihen dürfen. Durch eine überlegte Wahl des Zinssatz kann der europäische Geld- und Kapitalmarkt beeinflusst werden. Ein niedriger Leitzinssatz beispielsweise kurbelt das Wirtschaftswachstum zumindest theoretisch an. Dies lässt sich damit begründen, dass die Banken die niedrigen Zinsen an ihre Kunden weitergeben können. Durch die dann günstigen Kredite investieren Unternehmen tendenziell stärker, auch die privaten Verbraucher konsumieren mehr. Niedrige Leitzinsen haben zwar den Vorteil, dass Sollzinsen niedrig sind, gleichzeitig führen sie aber zu geringen Habenzinsen. Wie aus dem Artikel ersichtlich wird, müssen Banken, die ihr Geld vorübergehend bei der EZB anlegen möchten, Strafzinsen zahlen. Es ist durchaus vorstellbar, dass auch deutsche Banken diese Negativzinsen an ihre Kunden weitergeben.

Lehrziele Angesichts der beschriebenen Unterrichtsinhalte ergeben sich für den Abschnitt „Ökonomische Grundlagen" die folgenden Lehrziele. Die Schüler ...

- ... erläutern die Begriffe der Zinsen, Habenzinsen und Sollzinsen.
- ... erläutern die Bedeutung des Leitzinssatzes der Europäischen Zentralbank.
- ... benennen verschiedene Anlageformen.

8.2.2 Lineare Verzinsung

Da die Zinsrechnung eine wichtige Anwendung der Prozentrechnung ist, müssen keine neuen mathematischen Verfahren eingeführt werden. Vielmehr sind zu Beginn neue Begriffe und Bezeichnungen zu erarbeiten:

$$\text{Grundwert} \Longleftrightarrow \text{Kapital, Guthaben}$$
$$\text{Prozentsatz} \Longleftrightarrow \text{(Jahres-)Zinssatz}$$
$$\text{Prozentwert} \Longleftrightarrow \text{(Jahres-)Zinsen}$$

Weitere Begriffe wie Laufzeit, Zinsperiode oder Zinszuschlagtermine werden ggf. im weiteren Unterricht geklärt. Zum Einstieg in das eigentliche Thema sollten die Schüler zunächst einfache Aufgaben der folgenden Art lösen, um ihre Kenntnisse zur Prozentrechnung zu aktivieren.

Aufgabe 8.2.2 *Johannes hat auf seinem Sparbuch € 150. Das Kapital soll mit einem Zinssatz von 1,5 % verzinst werden.*

(a) Informieren Sie sich darüber, was ein Sparbuch ist.
(b) Berechnen Sie die Zinsen, die Johannes nach einem Jahr erhält.

Ein **Sparbuch** ist eine klassische, risikofreie Anlageform. Auf ein Sparbuch sind jederzeit Einzahlungen möglich, die ab dem ersten Tag zu den aktuell gültigen Zinssätzen verzinst werden. Allerdings kann man nicht jederzeit über sein gesamtes Guthaben frei verfügen. Die Höhe des monatlich verfügbaren Auszahlungsbetrages ist begrenzt, meist dürfen nicht mehr als € 2000 im Monat abgehoben werden. Möchte man mehr als diesen Betrag abheben, ist das Sparbuch in der Regel drei Monate vorher zu kündigen.
Die Höhe der Zinsen für das Sparbuch von Johannes ist mit $0,015 \cdot € 150 = € 2,25$ bestimmt. Wichtig im Zuge der Zinsrechnung ist es, dass die Schüler sicher mit Wachstumsfaktoren (auch Änderungsfaktoren oder prozentuale Faktoren genannt) arbeiten und nicht auf eine Berechnung mittels Dreisatz oder Verhältnisgleichungen zurückgreifen. Insbesondere die multiplikative Verkettung dieser Wachstumsfaktoren führen bei der exponentiellen Verzinsung schneller zu Ergebnissen und neuen Erkenntnissen. Als Ergebnis der ersten Auseinandersetzung werden die folgenden Formeln festgehalten:

Die Zinsen Z und das Endkapital K_E berechnen sich bei gegebenem Zinssatz i und einem Anfangskapital K wie folgt:

$$Z = K \cdot \frac{i}{100} \tag{8.1}$$

$$K_E = K + Z = K + K \cdot \frac{i}{100} = K \cdot \left(1 + \frac{i}{100}\right) \tag{8.2}$$

Anschließend werden die Zinsen von Festgeldkonten berechnet, da in der Realität nach eigener Recherche die Angebote mit linearer Verzinsung überwiegen[2]. Die Schüler erhalten die folgende Aufgabe 8.2.3.

Aufgabe 8.2.3 *Die Bank MatMat bietet als Sparanlage so genannte Festgeldkonten an. Anouk möchte € 1000 dort anlegen. Die Bank bietet ihr dafür bei einer Laufzeit von 3 Jahren einen Zinssatz von 1,5 % an. Die am Ende eines Jahres gutgeschriebenen Zinsen werden nicht verzinst. Erst am Ende der Laufzeit erhält Anouk das angelegte Kapital samt Zinsen zurück.*

---

[2] Da es aber auch Banken gibt, die ihre Festgeldkonten exponentiell verzinsen, sollte an dieser Stelle ein geeignetes Beispiel durch den Lehrer vorgegeben werden.

(a) Informieren Sie sich, was man unter einem Festgeldkonto versteht.

(b) Berechnen Sie die Zinsen, die nach dem ersten Jahr auf das entsprechende Unterkonto gezahlt werden.

(c) Berechnen Sie die Zinsen, die Anouk über die gesamte Laufzeit erhält und wie hoch ihr Kapital am Ende der Laufzeit ist.

Bei einem **Festgeldkonto** stellt man der Bank für einen fest vereinbarten Zeitraum Geld zur Verfügung. Der vereinbarte Anlagezeitraum ist für beide Seiten bindend, d. h. eine vorzeitige Kündigung des Festgeldkontos ist nur mit Verlusten möglich. Während der Laufzeit wird das angelegte Geld zu einem festgelegten Zinssatz verzinst, wobei längere Laufzeiten in der Regel auch höhrere Zinssätze bedeuten. Häufig gelten die vereinbarten Zinssätz für den gesamten Zeitraum. Dadurch bietet das Festgeldkonto Anlegern ein hohes Maß an Planungssicherheit. Da Anouk ihr Geld für einen vereinbarten Zinssatz in Höhe von 1,5 % angelegt hat, gilt für die Zinsen entsprechend der Formel (8.1)

$$Z = € \, 1000 \cdot 0{,}015 = € \, 15 \, .$$

Für das erste Jahr erhält Anouk also € 15. Da die Zinsen in den folgenden Jahren nicht mitverzinst werden, erhält sie auch für das zweite und dritte Jahr jeweils € 15. Damit ergeben sich nach Ende der 3 Jahre Zinsen in Höhe von insgesamt € 45 und ein Endkapital von € 1045. Im Anschluss dieser Aufgabe sollte das Wesentliche der verwendeten Verzinsungsart – der so genannten linearen Verzinsung – herausgestellt werden: Bei der linearen Verzinsung wird auch bei längerer Anlagedauer lediglich die Spareinlage verzinst. Die Zinsen werden dabei entweder nach jeder Zinsperiode einzeln oder am Ende der Laufzeit vollständig (ohne Zinseszins) ausgezahlt. Das Endkapital wird berechnet, indem man die Zinsen zum Anfangskapital addiert. Abschließend könnte mit den Schülern diskutiert werden, in welchen Lebenslagen Festgeldkonten geeignet sind. Da Festgeldkonten in der Regel nicht vorzeitig kündbar sind, muss man sich ziemlich sicher sein, dass im Anlagezeitraum auf die Sparsumme verzichtet werden kann. Im Gegensatz zu Aktien oder Fonds kann man aber nach Ende der Laufzeit sicher auf die Einlagen sowie die erzielten Zinsen zurückgreifen.

Die Zinsen werden in der Regel erst am Ende eines Jahres gutgeschrieben. Häufig möchte man aber nicht am Jahresende auf sein erspartes Geld zugreifen, sondern mitten im Jahr. Entsprechend erhält man die Zinsen nicht für ein ganzes Jahr, sondern nur anteilig für die entsprechende Zeit, in der das Geld auf dem Konto lag. Da die Laufzeit proportional zur Höhe der Zinsen ist, berechnen sich die entsprechenden Zinsen als Anteil der Jahreszinsen. Zur Erarbeitung dieses Zusammenhanges erhalten die Schüler zunächst folgenden Informationstext mit der Aufgabe, diesen aufmerksam zu lesen und wichtige Inhalte zu notieren.

Monats- und Tageszinsen

Zinsen werden in der Regel erst zum Ende eines Jahres gutgeschrieben. Oft wartet man jedoch nicht bis Jahresende, sondern hebt schon im Laufe des Jahres sein erspartes Geld ab. Natürlich erhält man dann auch für diesen Zeitraum Zinsen. Möchte man die Zinsen ausrechnen, muss man wissen, wie viele Monate oder Tage das Geld angelegt war. Dazu haben die Banken spezielle Zählregeln:

- Ein Jahr besteht aus 12 Monaten.
- Ein Monat besteht aus 30 Tagen. Damit besteht das Bankjahr aus 360 Tagen (30/360-Methode).
- Für den Einzahlungstag werden keine Zinsen bezahlt, für den Auszahlungstag hingegen schon.

Möchte man nun berechnen, wie viel Zinsen man für sein Geld bekommt, wenn man es kürzer als ein Jahr anlegt, dann berechnet man zuerst die Jahreszinsen. Legt man sein Geld nur vier Monate an, erhält man dafür $\frac{4}{12}$ der Jahreszinsen. Wenn das Geld z. B. für 182 Tage auf dem Konto verbleibt, dann werden Zinsen in Höhe von $\frac{182}{360}$ der Jahreszinsen ausgezahlt.

Nachdem die Schüler den Text gelesen haben, werden in einem Gespräch die wichtigsten Punkte für die so genannte unterjährige Verzinsung zusammengetragen und so mögliche Verständnisschwierigkeiten beseitigt. Insbesondere muss gelegentlich wiederholt werden, wie der Anteil „$\frac{4}{12}$ von" bestimmt wird. Anschließend erhalten die Schüler die folgende Aufgabe, in der Zinsen für verschiedene Anlagezeiten berechnet werden sollen.

Aufgabe 8.2.4 *Paula, Nele, Isabella und Johanna haben bei der Eröffnung ihrer Sparbücher jeweils € 500 eingezahlt. Das Guthaben wird mit 0,6 % verzinst.*

(a) *Paula hebt genau 3 Monate nach der Einzahlung ihr Erspartes wieder ab. Berechnen Sie die Zinsen, die Paula für ihr Sparbuch erhält.*

(b) *Nele kündigt ihr Sparbuch nach 192 Tagen. Geben Sie die Höhe der Zinsen für Nele an.*

(c) *Isabella hat ihr Sparbuch am 15.07. eröffnet und am 03.12. des selben Jahres wieder gekündigt. Bestimmen Sie die Zinsen für Isabella.*

(d) *Johanna hat bereits nach 42 Tagen erstmals € 200 abgehoben, nach weiteren 94 Tagen entschloss sie sich, sich auch die restlichen € 300 auszahlen zu lassen. Berechnen Sie, wie viele Zinsen Johanna insgesamt erhält.*

Die Teilaufgaben (a) und (b) sollten problemlos bearbeitet werden: Paula erhält für 3 Monate Zinsen in Höhe von € 0,75, Nele für 192 Tage € 1,60. Schwieriger wird es bei den

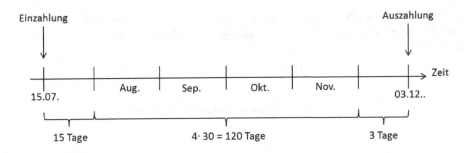

Abb. 8.4 Zeitstrahl

beiden anderen Teilaufgaben. Bei der Berechnung der Tageszinsen für Isabella muss zunächst die Anzahl der Tage bestimmt werden, für die sie Zinsen erhält. Dazu verdeutlichen wir uns die Situation an einem Zeitstrahl (Abb. 8.4). Dieser hilft, die zeitliche Abfolge bei Sparanlagen zu strukturieren und unterstützt somit das Bestimmen der Laufzeit.

Beim Anfertigen des Zeitstrahls ist darauf zu achten, dass jeder Monat nach unseren Vereinbarungen 30 Tage hat. Zudem werden am ersten Tag keine, am letzten Tag volle Zinsen gezahlt. Insgesamt erhält Isabella für 138 Tage Zinsen in Höhe von € 1,15. Zur Bestimmung der Zinsen von Johanna in Teilaufgabe (d) müssen wir zwei verschiedene Zeiträume betrachten. Für die ersten 42 Tage erhält sie Zinsen für die gesamten € 500, danach werden ihr für die weiteren 94 Tage nur Zinsen auf ihr restliches Guthaben in Höhe von € 300 gezahlt. Für die Berechnung der Zinsen von Johanna gilt:

$$Z = € 500 \cdot 0{,}006 \cdot \frac{42}{360} + € 300 \cdot 0{,}006 \cdot \frac{94}{360} = € 0{,}82.$$

Da die Höhen der Monats- und Tageszinsen auf die Jahreszinsen zurückgeführt werden, ist es nicht zwingend notwendig, die folgenden Formeln abschließend zu fixieren. Wir geben sie der Vollständigkeit halber an.

Wird die Laufzeit der Überlassungsfrist in Monaten gemessen (m Monate), so berechnen sich bei gegebenem Jahreszinssatz i die Monatszinsen Z für ein Guthaben der Höhe K gemäß der Formel:

$$Z = K \cdot \frac{i}{100} \cdot \frac{m}{12}. \tag{8.3}$$

Wird die Laufzeit der Überlassungsfrist hingegen in Tagen gemessen (t Tage), so berechnen sich mit den obigen Parametern die Tageszinsen Z wie folgt:

$$Z = K \cdot \frac{i}{100} \cdot \frac{t}{360}. \tag{8.4}$$

Tab. 8.1 Übersicht über die Kontobewegungen auf Theos Tagesgeldkonto

Datum	Kontobewegung		Kontostand	Tage	Zinsen
	Einzahlung	Auszahlung	in €		in €
01.01.			1167	33	
03.02.		150	1017		
⋮			⋮		
Bis Jahresende angesammelte Zinsen:					

Abschließend wird die so genannten Kontostaffelmethode anhand einer Aufgabe eingeführt. Die Kontostaffelmethode findet beispielsweise bei der Bestimmung der Zinsen für
das Guthaben auf (nur noch selten) verzinsten Girokonten und Tagesgeldkonten Anwendung. Die Berechnung der Zinsen erfolgt mit jeder Änderung des Kontostandes, die z. B.
bei Girokonten durch verschiedene monatliche Kontobewegungen (z. B. Gehaltseingang,
Mietzahlungen) üblich sind. Die Zinsen werden dabei taggenau ohne Zinseszins berechnet und am Ende der Periode auf dem Konto gutgeschrieben. Nachdem die Verzinsung bei
regelmäßigen Kontobewegungen erläutert wurde, erhalten die Schüler die Aufgabe 8.2.5.
Als Alternative könnte die Berechnung mittels eines „echten" Kontoauszuges erfolgen,
aus dem die Ein- und Auszahlungen sichtbar werden.

Aufgabe 8.2.5 *Theo hat auf seinem Tagesgeldkonto am 01.01.15 einen Betrag in Höhe
von € 1167. Für das Guthaben erhält er einen Zinssatz in Höhe von 1 %. Bis zum Ende
des Jahres tätigt er folgende Ein- und Auszahlungen:*

> *03.02.15 Auszahlung € 150*
> *14.03.15 Einzahlung € 200*
> *29.05.15 Einzahlung € 50*
> *28.09.15 Auszahlung € 250*

(a) Informieren Sie sich, was ein Tagesgeldkonto ist.
*(b) Berechnen Sie die Zinsen, die Theo am Ende des Jahres erhält. Gehen Sie davon aus,
    dass die Zinsen mit jeder Ein- und Auszahlung neu berechnet werden. Nutzen Sie zur
    übersichtlichen Darstellung ihrer Ergebnisse die Tab. 8.1. Notieren Sie alle Ein- und
    Auszahlungen und bestimmen Sie die Anzahl der Tage für das jeweilige Guthaben.*

Ein **Tagesgeldkonto** ist ein Anlagekonto, bei dem der Kontoinhaber im Gegensatz
zum Festgeldkonto und zum Sparbuch jederzeit über sein gesamtes Guthaben verfügen
kann. Dabei werden die Zinsen in bestimmten Zeitabständen gutgeschrieben, übliche
Zinsperioden sind Monate, Quartale und Jahre. Aufgrund der Flexibilität bzgl. der Anlagedauer sind die Zinsen nicht für einen bestimmten Zeitraum festgeschrieben, die Banken
können die Zinsen für ein Tagesgeldkonto theoretisch täglich ändern. Insbesondere die
Herabsetzung des Leitzinssatzes führt in der Regel auch zu einer Senkung der Tagesgeldzinsen. Berücksichtigt man alle Ein- und Auszahlungen ergibt sich folgende Kontostaffel
(Tab. 8.2). Die Zinsen werden für jeden Abschnitt separat mit der Formel (8.4) berechnet.

Tab. 8.2 Kontostaffel für das Tagesgeldkonto von Theo	Datum	Kontobewegung		Kontostand	Tage	Zinsen
		Einzahlung	Auszahlung	in €		in €
	01.01.			1167	33	1,07
	03.02.		150	1017	41	1,16
	14.03.	200		1217	75	2,54
	29.05.	50		1267	119	4,19
	28.09.		250	1017	92	2,60
	Bis Jahresende angesammelte Zinsen:					**11,56**

Lehrziele Angesichts der beschriebenen Unterrichtsinhalte ergeben sich für den Abschnitt „Lineare Verzinsung" die folgenden Lehrziele. Die Schüler . . .

- . . . berechnen Jahres-, Monats- und Tageszinsen unter Berücksichtigung der „30/360-Methode".
- . . . stellen Kontostaffeln für unterjährige Verzinsungen auf.

8.2.3 Exponentielle Verzinsung

Mit dem Wissen aus dem vorherigen Abschnitt lässt sich in diesem Unterrichtsabschnitt problemlos die exponentielle Verzinsung erarbeiten. Als Einstieg erhalten die Schüler die Aufgabe 8.2.6, in der drei Angebote für Festgeld miteinander zu vergleichen sind, die auf real existierenden Angeboten[3] vom 11.05.15 beruhen. Dabei stoßen die Schüler auf zum Teil unbekannte Begriffe, die sie zunächst selbst klären sollten[4].

Aufgabe 8.2.6 *Ronja möchte von ihren bisherigen Ersparnissen einen Betrag in Höhe von € 1000 für ein Jahr fest anlegen. Nachdem sie sich bei verschiedenen Banken beraten ließ, hat sie nun drei Werbeflyer (siehe Abb. 8.5) vorliegen. Vergleichen Sie die Angebote miteinander. Begründen Sie, für welches der Angebote sich Ronja entscheiden sollte.*

In einer ersten Diskussion stellt sich häufig heraus, dass die meisten Schüler nicht alle Parameter beachten. So kommt es vor, dass die Schüler sich aufgrund des höchsten Jahreszinssatzes von 1,3 % zunächst für das Angebot 1 entscheiden. Beim Angebot 3 gehen die Schüler davon aus, dass der Jahreszinssatz und nicht der monatliche Zinssatz angegeben ist. Häufig genügt der Hinweis, sich die Modalitäten zur Zinsgutschrift genauer

---

[3] Da die Angebote zu diversen Sparanlagen fast täglich variieren, ist es sinnvoll zunächst mit fiktiven, aber realistischen Beispielen zu arbeiten. Erst im Abschn. 8.3.1 erachten wir den Vergleich von real existierenden Angeboten für sinnvoll.

[4] Als Alternative könnten die Begriffe im Vorfeld gemeinsam erarbeitet werden. Dies halten wir aber nicht für sinnvoll, da die Schüler auch bei nachfolgenden Recherchen – ob nun in der weiteren Unterrichtseinheit oder im späteren Leben – für eine Urteilsfindung unklare Begriffe in vielen Fällen allein klären müssen.

Angebot 1: Angebot 2: Angebot 3:

Abb. 8.5 Angebote zum Vergleich einer Sparanlage

anzuschauen, damit die Schüler die Zinsen jeweils für die einzelnen Angebote berechnen und vergleichen. Bzgl. dieser Modalitäten ist zu klären, was Zinseszins heißt. Viele Schüler erkennen insbesondere an der Formulierung „Zinsgutschrift" richtig, dass die Zinsen monatlich bzw. vierteljährlich gutgeschrieben werden und in der darauffolgenden Zinsperiode mit verzinst werden. Mit diesem Wissen können die Schüler nun die Aufgabe 8.2.6 lösen. Beim Angebot 1 kann das Kapital K_1 zum Ende des ersten Jahres gemäß der im vorherigen Abschnitt formulierten Formel (8.2) für die lineare Verzinsung bestimmt werden. Es gilt:

$$K_1 = (1 + i) \cdot K_0 = 1{,}013 \cdot \text{€} \, 1000 = \text{€} \, 1013.$$

Beim Angebot 2 muss berücksichtigt werden, dass die Zinsen alle 3 Monate gutgeschrieben und im nächsten Quartal mit verzinst werden. Dabei erfolgt die Berechnung dieser Zinsen mit der Formel 8.3. Das Kapital am Ende des Jahres wird schrittweise bestimmt. Wir berechnen zunächst das Kapitel K_1 nach dem ersten Vierteljahr. Mit diesem Wert bestimmen wir dann das Kapital K_2 am Ende des zweiten Quartals und führen dies sukzessive fort. Es gilt:

$$K_1 = \text{€} \, 1000 + \text{€} \, 1000 \cdot 0{,}012 \cdot \frac{3}{12} = \text{€} \, 1003$$

$$K_2 = \text{€} \, 1003 + \text{€} \, 1003 \cdot 0{,}012 \cdot \frac{3}{12} = \text{€} \, 1006{,}01$$

$$K_3 = \text{€} \, 1006{,}01 + \text{€} \, 1006{,}01 \cdot 0{,}012 \cdot \frac{3}{12} = \text{€} \, 1009{,}03$$

$$K_4 = \text{€} \, 1009{,}03 + \text{€} \, 1009{,}03 \cdot 0{,}012 \cdot \frac{3}{12} = \text{€} \, 1012{,}06 \, .$$

Man erkennt, dass das Angebot 1 im Vergleich zum Angebot 2 besser ist. Kommen wir nun zum Angebot 3. Hierzu gibt es verschiedene Lösungwege: Die Berechnung des Gut-

Tab. 8.3 Zinsentwicklung für ein Kapital bei monatlicher Zinsgutschrift (Kapital: € 1000, Laufzeit: 12 Monate, Zinssatz: 0,12 p.m.)

Monat	Betrag zum Beginn des Monats in €	Zinsgutschrift zum Ende des Monats in €	Betrag zum Ende des Monats in €
1	1000,00	1,20	1001,20
2	1001,20	1,20	1002,40
3	1002,40	1,20	1003,60
4	1003,60	1,20	1004,81
5	1004,81	1,21	1006,01
6	1006,01	1,21	1007,22
7	1007,22	1,21	1008,43
8	1008,43	1,21	1009,64
9	1009,64	1,21	1010,85
10	1010,85	1,21	1012,07
11	1012,07	1,21	1013,28
12	1013,28	1,22	**1014,50**

haben zum Ende des Jahres erfolgt in Analogie zum Beispiel 2 erneut in Einzelschritten. Schnell wird klar, dass diese Zerlegung insgesamt 12 Rechnungen erfordert. Diese Rechnungen können z. B. mit einem Tabellenkalkulationsprogramm durchgeführt werden. Die mit Excel bestimmte Entwicklung der Zinsen für das Angebot 3 ist in Tab. 8.3 dargestellt.

Mit den berechneten Zinsen sind die Angebote vergleichbar. Entscheidet sich Ronja für das Angebot 3, erhält sie durch den Zinseszinseffekt die meisten Zinsen. Im Zusammenhang mit der Aufgabe 8.2.6 sollten abschließend die Besonderheiten der exponentiellen Verzinsung festgehalten werden, deren wichtigstes Merkmal es ist, dass am Ende einer Zinsperiode die Zinsen dem Kapital gutgeschrieben und in der folgenden Zinsperiode mit verzinst werden.

Die Zerlegung in Einzelschritte wird von den Schülern zunächst häufig angefangen, führt aber schnell zum Wunsch nach einer Formel. Gute Schüler erkennen dabei die Möglichkeit, mit dem Wachstumsfaktor zu arbeiten und stellen so einen strukturellen Zusammenhang fest. Um allen Schülern eine schnelle Lösung zu ermöglichen, wird diese Struktur auch im Klassengespräch erarbeitet. Dabei ist es wichtig, dass zunächste keine (Zwischen-)ergebnisse bestimmt werden. Kommen wir zu unserem Beispiel zurück: Nach dem ersten Monat beträgt das Kapital bei einem Anfangskapital von € 1000 und einem Monatszinssatz von 0,12 %:

$$K_1 = € 1000 + € 1000 \cdot 0,0012 = € 1000 \cdot (1 + 0,0012).$$

Nach dem zweiten Monat ergibt sich dann folgendes Kapital K_2:

$$K_2 = K_1 + K_1 \cdot 0{,}0012 = K_1 \cdot (1 + 0{,}0012)$$
$$= \text{€}\,1000 \cdot (1 + 0{,}0012) \cdot (1 + 0{,}0012)$$
$$= \text{€}\,1000 \cdot (1 + 0{,}0012)^2\,.$$

Für das Kapital K_3 nach drei Monaten lässt sich folgende Gleichung festhalten:

$$K_3 = K_2 + K_2 \cdot 0{,}0012 = K_2 \cdot (1 + 0{,}0012)$$
$$= \text{€}\,1000 \cdot (1 + 0{,}0012)^2 \cdot (1 + 0{,}0012)$$
$$= \text{€}\,1000 \cdot (1 + 0{,}0012)^3\,.$$

Aus den bisherigen Überlegungen werden zunächst die Gleichung für das Kapital K_{12} nach dem 12. Monat und abschließend eine allgemeine Formel für die exponentielle Verzinsung abgeleitet. Für das Kapital nach dem 12. Monat gilt:

$$K_{12} = \text{€}\,1000 \cdot (1 + 0{,}0012)^{12} = \text{€}\,1014{,}50.$$

Allgemein gilt folgender Zusammenhang:

Das Endkapital K_n berechnet sich im Falle der exponentiellen Verzinsung bei gegebenem Anfangskapital K, bei einer Laufzeit von n Jahren und einem Zinssatz von i gemäß der folgenden Formel:

$$K_n = K \cdot \left(1 + \frac{i}{100}\right)^n = K \cdot q^n. \tag{8.5}$$

Dabei wird $q := 1 + \frac{i}{100}$ als Aufzinsungsfaktor bezeichnet. Die Formel (8.5) ist auch für Monate bzw. Tage gültig, vorausgesetzt der Zinssatz bezieht sich auf die entsprechenden Zeiteinheiten.

Nachdem weitere Übungen zur exponentiellen Verzinsung (z. B. mit dem Schulbuch) erfolgt sind, endet der Unterrichtsabschnitt „Exponentielle Verzinsung" mit einer Gegenüberstellung von linearer und exponentieller Verzinsung, um den Zinseszinseffekt deutlich herauszustellen. Während die Zinsen bei linearer Verzinsung konstant sind, steigen sie bei exponentieller Verzinsung mit fortschreitender Dauer immer schneller an. Zur Verdeutlichung des Zinseszinseffekts wird daher folgende Aufgabe gestellt, deren Zinssätze und Laufzeiten allerdings fiktiv und unrealistisch (Stand: 25.05.15) sind.

Aufgabe 8.2.7 *Die Großeltern von Oliver haben zu seiner Geburt ein Festgeldkonto mit einem Guthaben von € 3000 angelegt. Das Guthaben soll nach 18 Jahren an ihn aus-gezahlt werden, so dass er damit seine Ausbildung finanzieren kann. Damals haben die Eltern ein unschlagbares „Kinder-Vorsorge-Paket" erhalten, bei der über die Laufzeit von 18 Jahren ein Zinssatz von 5 % festgelegt wurde. Die jährlich ausgezahlten Zinsen erhält Oliver zwar zu jedem Geburtstag geschenkt, er darf sie aber nicht vor dem 18. Geburtstag ausgeben. Insofern sammelt er sie in einem Sparstrumpf.*

Zur Geburt von Erik haben seine Großeltern ebenfalls ein Festgeldkonto zu den glei-chen Konditionen abgeschlossen. Auch sie haben zur Kontoeröffnung € 3000 eingezahlt. Allerdings werden ihnen die Zinsen nicht jährlich ausgezahlt, sondern auf das Guthaben aufgeschlagen und im Folgejahr mit verzinst.

(a) Schätzen Sie das Kapital, das Oliver und Erik nach 18 Jahren erhalten.

(b) Berechnen Sie das Kapital, über das die beiden nach 18 Jahren verfügen können.

(c) Wir möchten die Entwicklung des Kapitals nach jedem einzelnen Jahr untersuchen. Erstellen Sie mit Excel eine Tabelle, aus der ersichtlich wird, wie hoch das Kapital und die Zinsen nach 1, 2, ..., 18 Jahren sind. Beachten Sie, dass Oliver die Zinsen jährlich ausgezahlt bekommt, aber erst am Ende der Laufzeit darauf zugreifen darf. Was stellen Sie fest?

Die Schüler sollen zunächst schätzen, auf welchen Betrag das Kaptial nach 18 Jahren anwächst. Häufig erwarten die meisten Schüler keinen großen Unterschied zwischen der linearen und exponentiellen Verzinsung. Für das Endkapital K_{18} von Oliver gilt aufgrund der linearen Verzinsung nach einer Laufzeit von 18 Jahren:

$$K_{18} = € 3000 + 18 \cdot 0{,}05 \cdot € 3000 = € 5700.$$

Für das Kapital K_{18} für Erik hingegen gilt aufgrund des Zinseszinses nach einer Laufzeit von 18 Jahren:

$$K_{18} = € 3000 \cdot 1{,}05^{18} = € 7219{,}86.$$

Es zeigt sich, dass bei einer entsprechenden Laufzeit und einem guten Zinssatz der Un-terschied schon bemerklich ist[5]. Für viele Schüler erscheint dieser Unterschied von rund € 1500 zu groß und sie zweifeln an ihren Ergebnissen. Äußerungen der Art „Da muss es doch einen Haken geben" sind nicht selten. Daher wird durch Bearbeitung der Aufgabe (c) die Kapitalentwicklung gut nachvollziehbar. Die Schüler erkennen, dass das Kapital bei der exponentiellen Verzinsung schneller wächst, da die Zinsen auf das Kapital gezahlt

---

[5] Natürlich wächst jede Exponentialfunktion deutlich schneller als eine lineare Funktion. Allerdings werden die Unterschiede besonders gut deutlich, wenn die Laufzeit entsprechend lang oder der Zinssatz geeignet hoch gewählt werden.

Tab. 8.4 Vergleich der linearen und exponentiellen Verzinsung (Kapital: € 3000, Laufzeit: 18 Jahre, Zinssatz: 5 %)

	Oliver			Erik		
Jahr	Kapital zu Beginn des Jahres in €	Zinsauszahlung zum Ende des Jahres in €	Kapital zum Ende des Jahres in €	Kapital zu Beginn des Jahres in €	Zinsgutschrift zum Ende des Jahres in €	Kapital zum Ende des Jahres in €
1	3000,00	150,00	3000,00	3000,00	150,00	3150,00
2	3000,00	150,00	3000,00	3150,00	157,50	3307,50
3	3000,00	150,00	3000,00	3307,50	165,38	3472,88
4	3000,00	150,00	3000,00	3472,88	173,64	3646,52
5	3000,00	150,00	3000,00	3646,52	182,33	3828,84
6	3000,00	150,00	3000,00	3828,84	191,44	4020,29
7	3000,00	150,00	3000,00	4020,29	201,01	4221,30
8	3000,00	150,00	3000,00	4221,30	211,07	4432,37
9	3000,00	150,00	3000,00	4432,37	221,62	4653,98
10	3000,00	150,00	3000,00	4653,98	232,70	4886,68
11	3000,00	150,00	3000,00	4886,68	244,33	5131,02
12	3000,00	150,00	3000,00	5131,02	256,55	5387,57
13	3000,00	150,00	3000,00	5387,57	269,38	5656,95
14	3000,00	150,00	3000,00	5656,95	282,85	5939,79
15	3000,00	150,00	3000,00	5939,79	296,99	6236,78
16	3000,00	150,00	3000,00	6236,78	311,84	6548,62
17	3000,00	150,00	3000,00	6548,62	327,43	6876,05
18	3000,00	150,00	3000,00	6876,05	343,80	7219,86
Guthaben nach 18 Jahren:		2700,00	5700,00		4219,86	7219,86

werden, das sich zu Beginn des Jahres auf dem Konto befand. Bei der linearen Verzinsung hingegen bleiben die Zinsen und das Kapital zu Beginn des Jahres konstant. Die Tab. 8.4 zeigt die Kapitalentwicklung einer Festgeldanlage mit 18 Jahren Laufzeit und einem Zinssatz von 5 % sowohl mit als auch ohne Zinseszins.

Lehrziele Angesichts der beschriebenen Unterrichtsinhalte ergeben sich für den Abschnitt „Exponentielle Verzinsung" die folgenden Lehrziele. Die Schüler ...

- ... berechnen Jahreszinsen unter Berücksichtigung des Zinseszins.
- ... leiten die Formel zur Berechnung der Jahreszinsen bei exponentieller Verzinsung her.
- ... stellen lineare und exponentielle Verzinsung vergleichend gegenüber und erläutern den so genannten Zinseszinseffekt.

8.2.4   Ratensparen

Die im vorherigen Abschnitt vorgestellten Kapitalanlagen zur Geburt werden aufgrund der Niedrigzinsphase immer seltener angeboten. Festgeldkonten haben in der Regel eine kürzere Laufzeit, bei Tagesgeldkonten oder beim Sparbuch kann der Zinssatz unangekündigt geändert werden. Insofern bietet sich als eine weitere Alternative das Ratensparen an. So bewarb beispielsweise ein größerer Automobilclub bis zum 13.05.15 das so genannte „Führerscheinsparen"[6]. Das Ziel ist es, über einen längeren Zeitraum monatlich eine bestimmte Sparsumme einzuzahlen. Das monatlich steigende Guthaben wird je nach Laufzeit des Vertrages mit unterschiedlichen Zinssätzen verzinst. Die Konditionen des auch unter dem Begriff „Sparplan" bekannten Ratensparens variieren von Bank zu Bank. So weisen sie zum Beispiel in den Laufzeiten, Kündigungsfristen oder Mindestanlagebeträgen Differenzen auf. Es ist beispielsweise möglich, dass bei einigen Banken zwischenzeitlich Geld, z. T. nur zweckgebunden u. a. für den Führerschein, entnommen werden kann. Bei anderen Banken ist eine vorzeitige Entnahme vor Ende der Laufzeit nicht möglich. Bevor im Unterricht ein Sparplan mit langer Laufzeit betrachtet wird, ist das Prinzip des Ratensparens zunächst an kleineren Beispielen zu erarbeiten[7]. Die Schüler erhalten die folgende Aufgabe zum Einstieg in das Ratensparen.

Aufgabe 8.2.8 *Vincent möchte regelmäßig sparen. Er beschließt daher jedes Jahr zu Beginn des Jahres € 1200 auf ein Sparkonto einzuzahlen. Für eine Laufzeit von 5 Jahren bietet ihm die Bank einen Zinssatz in Höhe von 1,1 %, vorausgesetzt, er hebt kein Geld vorzeitig ab. Außerdem werden die dazukommenden Zinsen in der nächsten Zinsperiode mit verzinst. Berechnen Sie das Guthaben von Vincent nach 5 Jahren. Nutzen Sie für eine übersichtliche Darstellung Tab. 8.5.*

Bei der Bearbeitung der Aufgabe müssen die Schüler erkennen, dass sich das Kapital zu Beginn eines neuen Jahres immer additiv aus den neu eingezahlten € 1200 und dem Guthaben zum Ende des Vorjahres zusammensetzt. Dabei ist zu berücksichtigen, dass das Kapital zum Ende des Vorjahres auch die gezahlten Zinsen enthält. So ergibt sich durch Anwendung der bekannten Rechenvorschriften für die Zinsrechnung die Tab. 8.6. Die Tabelle wird auch Sparplan oder Kontostaffel genannt. Aus dieser wird ersichtlich, dass das Kapital von Vincent auf € 6200,93 angewachsen ist.

Bei der Besprechung der Lösung der Aufgabe merken Schüler häufig berechtigterweise an, dass es doch ungewöhnlich sei, bereits zu Beginn eines Jahres große Summen in einen Sparplan einzuzahlen. Daher wird das obige Beispiel nochmals betrachtet. Allerdings erfolgt nun eine monatliche Einzahlung von € 100. Dazu erhalten die Schüler die Aufgabe 8.2.9. Sinnvoll ist es, wenn die Schüler zunächst begründet darlegen, welches Modell des Ratensparens – das der monatlichen Einzahlung oder das der jährlichen Einzahlung – ertragreicher ist.

---

[6] Dieses Produkt wurde aufgrund der Niedrigzinsphase während der Fertigstellung des vorliegenden Buches am 13.05.15 eingestellt. Eine Wiederaufnahme in das Programm ist aber im Falle wieder steigender Zinsen nicht ausgeschlossen.

[7] Hierbei steht nicht die Erarbeitung einer allgemeinen Formel im Fokus der unterrichtlichen Betrachtungen. Die Schüler sollen vielmehr ein Verständnis für die Funktionsweise des Ratensparens entwickeln. Besonders gut wird dieses Ziel erreicht, wenn die Schüler eigene Excel-Tabellen programmieren.

Tab. 8.5 Vorlage zur übersichtlichen Darstellung einer Kontostaffel für ein mögliches Modell des jährlichen Ratensparens

Jahr	Einzahlung zu Beginn des Jahres in €	Guthaben zu Beginn des Jahres in €	Zinsgutschrift am Ende des Jahres in €	Guthaben am Ende des Jahres in €
1	1200,00	1200,00		
2				
3				
4				
5				

Tab. 8.6 Kontostaffel für ein mögliches Modell des jährlichen Ratensparens (Jährliche Einzahlung: € 1200, Laufzeit: 5 Jahre, Zinssatz: 1,1%)

Jahr	Einzahlung zu Beginn des Jahres in €	Guthaben zu Beginn des Jahres in €	Zinsgutschrift am Ende des Jahres in €	Guthaben am Ende des Jahres in €
1	1200,00	1200,00	13,20	1213,20
2	1200,00	2413,20	26,55	2439,75
3	1200,00	3639,75	40,04	3679,78
4	1200,00	4879,78	53,68	4933,46
5	1200,00	6133,46	67,47	6200,93

Aufgabe 8.2.9 *Annabell hat sich dagegen entschieden, wie Vincent am Anfang des Jahres bereits eine große Summe auf ihr Sparkonto zu überweisen. Stattdessen hat sie einen Dauerauftrag eingerichtet und überweist zu Beginn jeden Monats € 100. Die Laufzeit beträgt ebenfalls 5 Jahre, der Zinssatz wiederum 1,1 %. Die Zinsen werden trotz monatlicher Einzahlung erst am Ende des Jahres gutgeschrieben.*

(a) Berechnen Sie die Zinsen, die Annabell für die laufenden Einzahlungen eines Jahres jeweils erhält.

(b) Ergänzen Sie Tab. 8.7 und geben Sie das Endkapital von Annabell nach 5 Jahren an.

Da laut Aufgabenstellung die Gutschrift der Zinsen erst zum Jahresende erfolgt, werden alle eingezahlten Beträge linear verzinst. Daher sind zunächst die Zinsen zu bestimmen, die Annabell für jedes Jahr erhält. Die Berechnung der Zinsen erfolgt dabei mit der Kontostaffelmethode unter Nutzung von Excel. Die Tab. 8.8 zeigt entsprechend die Zinsentwicklung für die Einzahlungen eines laufenden Jahres.

Annabell erhält für die Einzahlungen eines Jahres Zinsen in Höhe von € 7,15. Zu diesen Zinsen kommen weitere Zinsen für das Guthaben, das sich zu Beginn des Jahres auf dem Konto befand. Mit den bisherigen Überlegungen können wir nun abschließend den Sparplan (Tab. 8.9) für das Ratensparen mit monatlichen Einzahlungen aufstellen. Das Endkapital von Annabell beträgt demnach € 6170,01.

Tab. 8.7 Vorlage zur übersichtlichen Darstellung einer Kontostaffel für ein mögliches Modell des monatlichen Ratensparens

Jahr	Guthaben zu Beginn des Jahres in €	Einzahlungen bis Ende des Jahres in €	Zinsgutschrift für alle Einzahlungen des laufenden Jahres	Zinsgutschrift für Guthaben vom Beginn des Jahres in €	Guthaben am Ende des Jahres in €
1		1200,00			
2					
...					

Tab. 8.8 Zinszahlungen für ein laufendes Jahr in einem möglichen Modell des jährlichen Ratensparens (Monatliche Einzahlung: € 100, Zinssatz: 1,1 %)

Monat	Einzahlung zu Beginn des Monats in €	Guthaben zu Beginn des Monats in €	Zinsgutschrift zum Ende des Jahres in €
1	100	100	0,09
2	100	200	0,18
3	100	300	0,28
4	100	400	0,37
5	100	500	0,46
6	100	600	0,55
7	100	700	0,64
8	100	800	0,73
9	100	900	0,83
10	100	1000	0,92
11	100	1100	1,01
12	100	1200	1,10
Gesamtzinsen für Einzahlungen:			**7,15**

Wir erkennen, dass das jährliche Ratensparen effektiver ist. Dies wird von den wenigsten Schülern vermutet, da sie jeweils davon ausgehen, dass die Gesamteinzahlung bei Annabell und Vincent gleich ist. Die Schüler vergessen jedoch, dass bei Vincent dieses Kapital ein ganzes Jahr lang verzinst wird, bei Annabell hingegen erst im letzten Monat des Jahres. Nach Bearbeitung der beiden Beispiele sind die Schüler in der Lage, Sparpläne für verschiedene Ratensparangebote aufzustellen. Dabei können sie unabhängig von der Laufzeit in Analogie zu den betrachteten Beispielen weitere Sparpläne für reale An-

Tab. 8.9 Kontostaffel für ein mögliches Modell des monatlichen Ratensparens (Monatliche Einzahlung: € 100, Laufzeit: 5 Jahre, Zinssatz: 1,1 %)

Jahr	Guthaben zu Beginn des Jahres in €	Einzahlungen bis Ende des Jahres in €	Zinsgutschrift für alle Einzahlungen des laufenden Jahres	Zinsgutschrift für Guthaben vom Beginn des Jahres in €	Guthaben am Ende des Jahres in €
1	0,00	1200,00	7,15		1207,15
2	1207,15	1200,00	7,15	13,28	2427,58
3	2427,58	1200,00	7,15	26,70	3661,43
4	3661,43	1200,00	7,15	40,28	4908,86
5	4908,86	1200,00	7,15	54,00	6170,01

gebote erstellen. Durch eine selbstständige Recherche stellen sie hier die verschiedensten Kondition fest und entwickeln eine gewisse Sensibiltät im Umgang mit derartigen Finanzprodukten.

Lehrziele   Angesichts der beschriebenen Unterrichtsinhalte ergibt sich für den Abschnitt „Ratensparen" das folgende Lehrziel. Die Schüler ...

• ... berechnen die Zinsen für verschiedene Beispiele des Ratensparens durch das Aufstellen von Sparplänen mit Excel.

8.3 Das Ergänzungsmodul

8.3.1 Vergleich verschiedener Sparprodukte

Ziel dieses Unterrichtsabschnittes ist es, verschiedene real existierende Sparprodukte miteinander zu vergleichen. Da es mittlerweile eine Vielzahl von Produkten auf dem deutschen Markt gibt, wird sich hierbei aber auf die bisher betrachteten Produkte Sparbuch, Tagesgeldkonto, Festgeldkonto und Ratensparen begrenzt. Selbst für diese vier Oberformen des Sparens erhält man eine Vielzahl von verschiedenen Angeboten, so dass man leicht den Überblick verlieren kann. Aus diesem Grund erhalten die Schüler zunächst die Aufgabe, die bisher besprochenen Finanzprodukte vergleichend gegenüberzustellen und Empfehlungen abzuleiten, für welche Lebensphasen bzw. Sparziele sich bestimmte Anlageformen eignen. Tagesgeldkonten beispielsweise sollte man wählen, wenn man jederzeit auf seine Ersparnisse zugreifen möchte, da es hier keine Einschränkungen gibt. Gleichzeitig sind weitere Einzahlungen jederzeit möglich. Die Zinssätze sind meist etwas höher als bei Sparbüchern. Tagesgeldkonten eignen sich also insbesondere, wenn größere Ausgaben bevorstehen (z. B. Wohnungseinrichtungen) und das Geld zwischenzeitlich angelegt werden soll. Wer sich hingegen sicher ist, dass er über einen längeren Zeitraum auf einen Teil seines Geldes verzichten kann, legt es besser auf einem Festgeldkonto an. Hier sind in der Regel die Zinsen etwas höher als bei Sparbüchern oder Tagesgeldkonten, allerdings kann der Kontoinhaber sein Geld nur mit Verlusten vorzeitig entnehmen. Festgeldkonten sind daher zum Vermögensaufbau oder für längerfristige Sparziele sinnvoll. Möchte man langfristig monatlich kleinere Beträge sparen, zieht man das Ratensparen als Möglichkeit in Betracht. Dabei gibt es die unterschiedlichsten Formen, so dass man im Falle des Ratensparens durchaus flexibel sein kann. Zahlt man seine monatlichen Beiträge beispielsweise auf ein Tagesgeldkonto ein, bleibt der tägliche Zugriff auf sein Guthaben möglich. Dieser Vorteil geht allerdings einher mit dem Risiko einer Anpassung des Zinssatzes an einen sinkenden Leitzinssatz. Hinsichtlich des Ratensparens gibt es auch Angebote mit festen Laufzeiten und im Vorfeld festgelegten Zinssätzen. Das Ratensparen bietet sich u. a. als Vorsorgesparen oder zum Vermögensaufbau an. Das Sparbuch ist eher eine klassische Anlageform, die wie die anderen keinerlei Risiken birgt. Es hat im Vergleich zu den bisher genannten Anlageformen den Nachteil, dass es in der Regel die niedrigsten Zinsen gibt. Darüber hinaus kann man monatlich nur über ein Guthaben von bis zu € 2000 frei verfügen. Größere Beträge müssen mit dreimonatiger Vorlauffrist gekündigt werden, wobei das Sparbuch mit dem restlichen Guthaben bestehen bleibt. Die wesentlichen Erkenntnisse sollten im Unterricht abschließend tabellarisch (Tab. 8.10) festgehalten werden.

Der folgende Abschnitt gestaltet sich relativ frei. Die Schüler sollen für eine der Sparformen drei Angebote verschiedener Banken einholen und diese vergleichen. Dabei entscheiden sie sich bewusst für eine der vorgestellten Sparformen. Als Entscheidungshilfe werden die folgenden Leitfragen gemeinsam mit den Schülern entwickelt:

- Welches Sparziel verfolge ich? Welche Summe benötige ich dafür?
- Wann soll das Geld zur Verfügung stehen?
- Wie viel Zeit habe ich noch, bis ich das Geld brauche?
- Welche Anlageformen kommen für mich infrage, welche nicht?
- Möchte ich das Konto jederzeit kündigen können?
- Was passiert, wenn die Bank insolvent geht? Bekomme ich dann mein Geld vollständig zurück?
- Würde ich mein Geld auch bei einer ausländischen Bank anlegen?

Im Anschluss an die begründete Entscheidung sollen die Schüler durch eine gezielte Recherche Angebote für ihre gewählte Sparform einholen und diese miteinander vergleichen. Im Internet gibt es eine Vielzahl von Seiten, die die Angebote zu einer gewählten Sparform übersichtsartig darstellen[8]. Durch eine zusätzliche Recherche auf den eigenen Homepages

---

[8] Bei einigen der Seiten z. B. auf https://www.check24.de/konto-kredit/ (Stand: 25.05.15) ist es möglich, die gewünschte Laufzeit und den Anlagebetrag manuell einzugeben, so dass neben den vorgeschlagenen Banken auch die berechneten Zinsen angegeben werden. Geeigneter sind Internetseiten, die zunächst nur wenige Informationen enthalten. Die Schüler werden hierbei aufgefordert, sich weitere Informationen direkt bei den entsprechenden Banken einzuholen. Positiv in

Tab. 8.10 Vergleich verschiedener Sparformen

Sparform	Mindest- bzw. Maximaleinlage, Einzahlungen während der Laufzeit	Laufzeit	Verfügbarkeit des Guthabens während der Laufzeit	Zinssatz Zinsgutschrift
Sparbuch	keine Mindesteinlage, z. T. Maximaleinlage bis €100.000; jederzeit weitere Einzahlungen möglich	unbefristet	bis max. €2000 monatlich frei, bei höheren Beträgen dreimonatige Kündigungsfrist	Zinssatz jederzeit durch die Bank änderbar (Orientierung am Leitzins der EZB); Zinsgutschrift zum Ende des Jahres
Tagesgeld	keine Mindesteinlage, bei einigen Banken Festlegung einer Maximaleinlage; jederzeit weitere Einzahlungen möglich	unbefristet	Auszahlung des Guthabens in beliebiger Höhe jederzeit möglich	Zinssatz jederzeit durch die Bank änderbar (Orientierung am Leitzins der EZB); Zinsgutschrift je nach Bank jährlich, vierteljährlich oder monatlich
Festgeld	Mindesteinlagen ab €500, bei vielen Banken deutlich höher, meist Maximaleinlagen bis €100.000; während der Laufzeit keine weiteren Einzahlungen möglich	befristet für eine zur Kontoeröffnung festgelegte Dauer; 1-120 Monate möglich; Automatische Verlängerung des Vertrages	meist keine vorzeitige Kündigung möglich, gelegentlich vorzeitige Auszahlung von Teilbeträgen mit Verlusten (z. B. Senken des Zinssatzes)	Zinssatz meist über die Laufzeit konstant, bei einigen Banken nur für einen Teil der Laufzeit fest, danach flexible; Zinsgutschrift meist zum Ende des Anlegezeitraums, manchmal am Ende eines Sparjahres
Ratensparen	monatliche Mindesteinlage meist ab €50, Maximaleinlagen möglich; meist keine weiteren Einzahlungen über festgelegten Betrag hinaus, aber z. T. Änderungen oder Aussetzen der Sparraten bei einigen Banken während der Laufzeit möglich	befristet für eine zur Kontoeröffnung festgelegte Dauer; 1-120 Monate möglich	z. T. Sperrfristen für einen Teil der Laufzeit, danach Entnahme mit Verlusten (z. B. Senken des Zinssatzes) möglich	Angebote variieren von fixen bis flexiblen Zinssätzen über die gesamte Laufzeit; Zinsgutschrift meist zum Ende des Jahres

der Banken werden häufig Konditionen sichtbar, die nur im so genannten „Kleingedruckten" versteckt sind. So gelten manchmal bestimmte Zinssätze nur für einen bestimmten
Maximalbetrag. Darüber liegende Beträge werden nur minimal verzinst. Es ist auch möglich, dass hohe Zinssätze nur für einen bestimmten Zeitraum gewährt werden, für die Zeit
nach Ablauf der Zeit werden keine festen Vereinbarungen getroffen. Neben der Höhe der
Zinsen sollten die Schüler daher weitere Parameter begründet vergleichen. Bei der Bestimmung der Zinsen müssen die Schüler teilweise Modellannahmen treffen, etwa durch
Festlegung der Höhe für den unbekannten Zinssatz nach Ablauf der Zinsbindungsfrist.
Die vergleichende Gegenüberstellung sowie die Entscheidungen münden abschließend in
einer schriftlichen Ausarbeitung oder Präsentation. Dabei ist es sinnvoll, die wesentlichen
Ergebnisse aus der Analyse jedes untersuchten Finanzproduktes in Form eines „Fazits"
der folgenden Art festzuhalten.

*Aufgrund der niedrigen Zinsen ist das Angebot im Moment nicht attraktiv. Derzeit ist es nicht
notwendig, sich einen Zinssatz von 1 % über eine Laufzeit von 17 Jahren zu sichern. Da
dieser Zinssatz für die gesamte Zeit bindend und keine vorzeitige Kündigung möglich ist,
profitiert man bei diesem Angebot nicht von möglicherweise wieder steigenden Zinssätzen.
Des Weiteren ist zu bemängeln, dass keine Einmalzahlungen (etwa zum Geburtstag erhaltene
Geldgeschenke) und keine vorzeitigen Auszahlungen möglich sind.*

Mit einem abschließenden Fazit, das eine Empfehlung aussprechen kann, ist sichergestellt, dass die Schüler auch Konsequenzen aus ihren untersuchten Ergebnissen ziehen.
Insbesondere verknüpfen sie die Ergebnisse (berechnete Zinsen, Konditionen) auch mit
dem jeweiligen Sparziel und reflektieren zielgerichtet.

Lehrziele Angesichts der beschriebenen Unterrichtsinhalte ergeben sich für den Abschnitt „Vergleich von diversen Sparprodukten" die folgenden Lehrziele. Die Schüler
...

- ... beschreiben die grundlegenden Konditionen für die Anlageformen Sparbuch, Tagesgeldkonto, Festgeldkonto und Ratensparen.
- ... vergleichen zielgerichtet konkrete Angebote verschiedener Banken zu einer selbst
gewählten Anlageform.

Literatur

KMK: Bildungsstandards im Fach Mathematik für den Mittleren Schulabschluss: Beschluss vom
04.12.2003. Wolters Kluwer (2004)

---

dieser Hinsicht ist zum Beispiel die Seite „Konto-Testsieger", die unter http://www.konto-testsieger.
de/ (Stand: 25.05.15) erreichbar ist.

Leben auf Pump

Im Folgenden präsentieren wir einen Vorschlag für eine Unterrichtseinheit zur praxisnahen Erarbeitung von finanzmathematischen Grundlagen des Kreditwesens. Der Unterrichtsvorschlag ist für einen Einsatz im Mathematikunterricht in der Sekundarstufe I vorgesehen. Wünschenswert wäre jedoch eine Zusammenarbeit mit Politik, Wirtschaft oder Verbraucherbildung. Bei der Konzeption wurden die unter der Leitidee „Zahl" zusammengefassten „Bildungsstandards im Fach Mathematik für den Mittleren Schulabschluss" (vgl. KMK 2004, S. 10) berücksichtigt.

Die Unterrichtseinheit baut unmittelbar auf den Unterrichtsvorschlag „Sparen für den Führerschein" auf. Wir setzen daher voraus, dass dessen Inhalte bekannt sind. Insbesondere sind die Grundlagen der Zinsrechnung zum Verständnis der folgenden Ausführungen notwendig. Zur Einführung in die bisher unbekannten Themen verweisen wir auf die Ausführungen im Kap. 8.

9.1 Inhaltliche und konzeptionelle Zusammenfassung

Die Unterrichtseinheit besteht aus einem Basismodul und zwei thematisch passenden Ergänzungsmodulen. Das Basismodul ist in drei Abschnitte mit folgenden Themen gegliedert:

1. Ökonomische Grundlagen
2. Tilgungsdarlehen
3. Annuitätendarlehen

Die einzelnen Abschnitte des Basismoduls bauen aufeinander auf und sollten möglichst vollständig und in der genannten Reihenfolge unterrichtet werden. Das Ziel dieses Ba-

© Springer Fachmedien Wiesbaden 2016
P. Daume, *Finanz- und Wirtschaftsmathematik im Unterricht Band 1*,
DOI 10.1007/978-3-658-10615-7_9

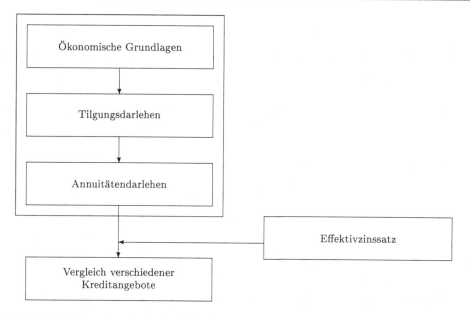

Abb. 9.1 Möglicher chronologischer Ablauf der Unterrichtseinheit „Leben auf Pump"

sismoduls ist es, wesentliche Inhalte der Tilgungsrechnung zu erarbeiten und zu festigen. Sichere Kenntnisse zum Thema Zins- und Zinseszinsrechnung werden vorausgesetzt. Um zudem realitätsnah arbeiten zu können, ist es notwendig, dass die Schüler sicher mit Excel umgehen können. Die Ergänzungsmodule widmen sich den folgenden Themen:

1. Effektivzinssatz
2. Vergleich verschiedener Kreditangebote

Die Abb. 9.1 zeigt einen Vorschlag für einen chronologischen Ablauf der Unterrichtseinheit. Die Ergänzungsmodule wurden an entsprechend zeitlich passenden Stellen eingeordnet. Es wäre zudem sinnvoll, in leistungsstarken Lerngruppen die Schuldentilgungsformel und Restschuldformel aus Kap. 3 zu erarbeiten, so dass die Schüler eigenständig die Höhe der Annuitäten[1] ermitteln können. Auf einen konkreten Unterrichtsvorschlag verzichten wir an dieser Stelle. Im Folgenden werden die Inhalte und Ziele der einzelnen Abschnitte des Basismoduls und des Ergänzungsmoduls vorgestellt. Die vermittelten mathematischen und ökonomischen Inhalte ergeben sich dabei vollständig aus Kap. 3.

---

[1] Diese werden in den folgenden Beispielen stets als „von der Bank errechnet" vorgegeben.

Alles nur auf Pump?

Schulden bei Jugendlichen

Das Handy auf Raten, das Auto auf Kredit: Die Zahl der überschuldeten Jugendlichen wächst rasant. Manche haben 30.000 Euro Schulden angehäuft. Gerade junge Menschen erliegen der Illusion, sich alles leisten zu können - auch wenn die Gläubiger ihnen längst im Nacken sitzen.

Da steht ein Mädchen, höchstens 18, in einem dieser Einkaufstempel einer bekannten Modehauskette, sie trägt eine Abercrombie-&-Fitch-Tüte, die langen Haare zu einer Art Vogelnest zusammengesteckt, neue Doc Martens an den Füßen. Zum urbanen Outfit fehlt lediglich die schwarze Lederjacke aus dem Schaufenster. Neue Kollektion, 299 Euro. Aber der Preis wird hier kein Thema sein, die Entscheidung fällt binnen Sekunden. Die junge Frau marschiert zur Kasse, sie zückt ihre Karte. Ob sie das Geld wirklich hat, spielt jetzt keine Rolle.

Es ist eine einzelne Szene und trotzdem steht sie für den Trend innerhalb einer ganzen Generation: Zahlen auf Pump, unbezahlte Rechnungen und ein Schuldenberg, der immer weiter wächst - die Zahl der überschuldeten Jugendlichen nimmt rasant zu. Glaubt man dem Schuldneratlas, den die Auskunftei Creditreform jedes Jahr herausbringt, hat sich die Zahl der Schuldner unter 20 seit 2004 mehr als vervierfacht. Keine andere Altersgruppe zeigt einen derart hohen Anstieg. Jeder Achte unter den 18- bis 20-Jährigen ist nicht in der Lage, seine laufenden Kosten zu decken. Und auch die Älteren sind kein Vorbild: Die Zahl der 20-bis 29-jährigen Schuldner ist um knapp 60 Prozent gewachsen.

Heute funktioniert alles auf Pump

Aber wie kommt es dazu, dass immer mehr junge Menschen in die Schuldenfalle geraten? Michael Bretz von der Auskunftei ist ein Mann, der einfach ausspricht, was er denkt. „Alles, was

früher bar über den Tresen ging, funktioniert heute auf Pump", sagt er. Der Verkauf über Ratenzahlung sei inzwischen eines der wichtigsten Verkaufsargumente, gerade für Jugendliche gebe es viel mehr Möglichkeiten, sich zu überschulden.

Die Waschmaschine oder das neueste Smartphone in 24 Monatsraten, gerade im Internet lockten verführerische Angebote, nur einen schnellen Klick entfernt. Und auch die Geldhäuser nutzen ihre Chancen bei jungen Kunden. "Die Banken sprechen diese Zielgruppe mit ihren Angeboten direkt an", sagt Bretz, etwa mit Dispo-Krediten für Auszubildende. Die Illusion, die entsteht, ist ebenso trügerisch wie perfekt - sie lautet: Ich kann mir alles leisten, auch ohne Geld.

Bis zu 30.000 Euro Schulden

Fünftes Stockwerk, ein großes wuchtiges Gewerkschaftshaus in der Münchner Innenstadt. Carolin Tschapka, eine junge Frau mit freundlichen blauen Augen und rötlichem Haar, sitzt hinter einem Schreibtisch, in den Regalen quetschen sich Aktenordner. Seit drei Jahren arbeitet die Soziologin für die Jugendschuldnerberatung der Arbeiterwohlfahrt (Awo). Die meisten ihrer Klienten sind Anfang zwanzig, gerade in der Ausbildung, viele bekommen Arbeitslosengeld II. Carolin Tschapka weiß: Konsumwünsche und Kontostand klaffen bei vielen weit auseinander. „Gerade der Übergang in die Lebensselbständigkeit ist für die meisten eine echte Klippe." Die Jugendlichen wollen unabhängig sein, von Zu-

hause ausziehen, sich eine Wohnung leisten und ein eigenes Leben aufbauen. „Aber das erste Ausbildungsgehalt reicht zum Teil noch nicht mal für ein WG-Zimmer", sagt Tschapka.

Wer den Weg zu ihr findet, kommt spät. 7000 Euro Schulden haben ihre Klienten im Durchschnitt, die Fälle reichen bis zu 30.000 Euro. Fast immer kommen die Klienten wegen einer scheinbaren Kleinigkeit: einer offenen Handyrechnung, die sie nicht zahlen können oder einem Bußgeldbescheid wegen Schwarzfahrens. Erst allmählich, im Beratungsgespräch, stellt sich heraus, dass das Problem viel größer ist. Dass sich hinter einer kleinen Rechnung ein großer Schuldenberg verbirgt. Und viel Verzweiflung.

Oft sitzen den Jugendlichen schon sechs bis sieben Gläubiger im Nacken, öffentliche Verkehrsbetriebe, Gerichte und Sozialbehörden gehören zu den häufigsten. Bei einer Branche aber steht die junge Käuferschicht besonders oft in der Kreide. „Fast immer gehören Telefongesellschaften zu den Gläubigern", sagt Tschapka.

Im vergangenen Jahr schuldeten die unter 25-jährigen Schuldner den Telefongesellschaften laut Statistischem Bundesamt im Durchschnitt 1400 Euro. Das Handy gilt als eines der häufigsten Konsumgüter, für das sich Jugendliche zum ersten Mal verschulden, aus einem verständlichen Grund: „Das soziale Leben findet im Internet statt", sagt Carolin Tschapka, für sie sei es eine Art Zugang zur Gesellschaft.

Süddeutsche Zeitung (12.12.13)

Abb. 9.2 Zeitungsartikel „Alles nur auf Pump: Schulden bei Jugendlichen". Quelle: Süddeutsche Zeitung vom 12.12.13

9.2 Das Basismodul

9.2.1 Ökonomische Grundlagen

Häufig werden im Zuge der Zinsrechnung beispielhaft einige praxisferne Aufgaben zum geliehenen Geld, also zu Krediten, bearbeitet. Eine Aufklärung findet nahezu nicht statt, so dass u. E. eine Chance vertan wird, Schüler für einen sinnvollen und angemessenen Umgang mit Geld zu sensibilisieren. Als motivierender Einstieg in die Unterrichtseinheit eignet sich der folgende Auszug aus einem Zeitungsartikel in Abb. 9.2, der das Thema der Verschuldung von Jugendlichen von mehreren Seiten beleuchtet. Mit dem Artikel und der

Bearbeitung der Aufgabe 9.2.1 sollen die Schüler neben Ursachen für die Verschuldung
von Jugendlichen auch bereits erste Kreditformen kennenlernen.

Aufgabe 9.2.1 *Lesen Sie den Artikel aufmerksam durch und notieren Sie sich ggf. Fragen,
wenn Sie etwas nicht verstehen. Beantworten Sie zudem die folgenden Fragen.*

*(a) Im Artikel werden bereits einige Ursachen dafür genannt, warum Jugendliche sich
verschulden. Nennen Sie diese und formulieren Sie weitere mögliche Ursachen.*
*(b) Erläutern Sie, warum gerade junge Erwachsene gefährdet sind, in die „Schuldenfalle"
zu geraten.*
(c) Nennen Sie mögliche Strategien, wie Schulden vermieden werden können.
*(d) Im Artikel werden mit Ratenzahlungen und dem Dispokredit zwei mögliche Kreditfor-
men genannt. Erläutern Sie, was man unter diesen Kreditformen versteht. Recherchieren Sie zudem, welche weiteren Formen es gibt.*

Bereits im Artikel werden einige Ursachen für Schulden bei Jugendlichen genannt. So
ist es verhältnismäßig einfach, Kredite für die Finanzierung von Einrichtungsgegenstän-
den und Autos zu erhalten. Sie werden schnell in Anspruch genommen, wenn Konsumwünsche das Einkommen übersteigen. Auch das Handy als mögliche und bei Jugendlichen häufige Schuldenfalle wird angesprochen. Die Handyschulden kommen insbesondere durch unüberschaubare Handyverträge zustande, die an bestimmte Mindestlaufzeiten
gebunden sind. Häufig sind die Verträge u. a. so gestaltet, dass zum Beginn der Laufzeit
die Kosten günstig sind und nach einer bestimmten „Schonfrist" zum Teil stark ansteigen.
Ebenso führen häufig begrenzte Internetflatrates zu explodierenden Kosten. Weitere Ursachen liegen im Konsumverhalten (z. B. regelmäßige außerhäusliche Verpflegung) oder im
mangelnden Vorbild der Familie (Umgang mit Geld nicht erlernt).

Doch warum sind häufig junge Erwachsene gefährdet, in die „Schuldenfalle" zu geraten? Bedenkt man die aktuelle Lebenssituation von Jugendlichen im Alter von 18 bis
24 Jahren, steht in diesem Zeitraum häufig der Auszug aus dem Elternhaus an. Neben
falsch eingeschätzten Kosten bzgl. eines eigenen Haushaltes werden u. a. Einrichtungsgegenstände mit Ratenfinanzierung erworben. Mit dem 18. Geburtstag erlangen Jugendliche
zudem die unbeschränkte Geschäftsfähigkeit, was auch den eigenständigen Abschluss von
(Handy-)Verträgen einschließt. Wie im Text beschrieben, werden Jugendliche in diesem
Alter besonders stark von Banken umworben. Gezielte Werbung für die entsprechende
Altersgruppe verspricht beispielsweise Auszubildenden einen Ausbildungsdispo.

Um Schulden zu vermeiden, gibt es unterschiedliche Strategien: Bargeldzahlungen
helfen im verfügbaren Rahmen zu agieren, denn beim bargeldlosen Zahlungsverkehr werden häufig Kreditkarten oder Dispokredite belastet. Das Führen eines Haushaltsbuches
verschafft zudem einen guten Überblick über Einnahmen und Ausgaben. Überwiegen
dauerhaft die Ausgaben, ist insbesondere das eigene Konsumverhalten (was ist lebens-
notwendig, was ist Luxus?) zu hinterfragen. Ebenso sind Mehrfachverschuldungen zu

vermeiden. Mehrere parallel laufende Kreditkarten oder Ratenverträge führen häufig in eine Verschuldungssituation. Eine Begrenzung des Dispokredits auf eine vertretbare Summe ist ebenfalls hilfreich. Ist der Dispokredit bereits stark belastet, ist eine Umschuldung ratsam, da Ratenkredite deutlich niedrigere Zinssätze aufweisen als die teuren Dispokredite. Bildet man durch Sparen Rücklagen, kann in Notfällen darauf zurückgegriffen werden. Vertragsabschlüsse sind aufmerksam zu lesen, um versteckte Kosten zu entdecken. Um nicht in Zahlungsverzug zu geraten, der häufig mit Mahngebühren einher geht, ist es zudem ratsam für die monatlichen Fixkosten wie Miete und Strom Daueraufträge einzurichten.

Was heißt es eigentlich, mit Krediten zu finanzieren? Stellt ein Kreditgeber (Gläubiger) einem Kreditnehmer (Schuldner) leihweise Geld zur Verfügung, spricht man von einem Kredit. In der Regel wird eine feste Laufzeit festgeschrieben, in der das geliehene Geld zurückgezahlt werden muss. Neben der geliehenen Summe muss der Schuldner Zinsen zahlen, deren Höhe theoretisch frei vereinbart werden kann. Meist wird jedoch ein marktüblicher Zinssatz festgelegt, der sich am Leitzins (siehe Abschn. 2.1) orientiert und die Länge der Laufzeit berücksichtigt. Im Text werden bereits zwei Kreditarten genannt: Beim **Dispokredit** wird dem Inhaber eines Girokontos die Möglichkeit eingeräumt, sich kurzfristig ohne weitere Kreditverträge bei der Bank Geld zu leihen. Die Zinsen auf einen Dispokredit sind im Vergleich zu Raten- oder Tilgungsdarlehen sehr hoch (mit Stand vom 25.05.15 zwischen 7,5 % und 12 %). Bei einem **Ratenkredit**, auch unter dem Begriff Annuitätendarlehen bekannt, erfolgt die Rückzahlung des ausgeliehenen Geldes in gleich bleibenden, festen Monatsraten. Die Annuität[2] setzt sich additiv aus einem Zins- und einem Tilgungsanteil zusammen. Mit dem Tilgungsanteil werden Teile der Kreditsumme, mit dem Zinsanteil die fälligen Zinsen gezahlt. Bei langen Laufzeiten sind die Monatsraten häufig niedriger, in ihnen steckt aber auch ein niedrigerer Tilgungsanteil. Durch eine lange Laufzeit kostet der Kredit zudem insgesamt mehr. Das **Tilgungsdarlehen** unterscheidet sich vom Ratendarlehen hinsichtlich der Rückzahlungsmodalitäten. Hier setzt sich die Rückzahlungsrate aus einem über die gesamte Laufzeit gleich hohen Tilgungsanteil und dem Zinsanteil für die verbleibende Restschuld zusammen. Da die Restschuld, also die Schuld nach einer bestimmten Zeit, mit jeder Rate abnimmt, wird auch der zu zahlende Zinsanteil immer niedriger. Aus diesem Grund sinkt bei einem Tilgungsdarlehen die Höhe der Raten im Laufe des Rückzahlungszeitraumes.

Neben den genannten Kreditarten gibt es mit der **Kreditkarte** eine weitere Möglichkeit, sich kurzfristig Geld zu leihen. Mit der Ausgabe der Kreditkarte wird in der Regel ein Verfügungsrahmen – also die maximal ausleihbare Summe – vereinbart. Es wird zwischen verschiedenen Kreditkartenformen in Deutschland unterschieden. Sobald die Kreditkarte eingesetzt wird, wird zunächst das Kreditkartenkonto belastet. Zur anschließenden Abrechnung wird in Deutschland häufig das Charge-Card-Modell genutzt. Dabei wird zum Monatsende eine Abrechnung zum Kreditkartenkonto erstellt und der entsprechende Betrag vom Girokonto eingezogen. In der Regel werden bis zum Abrechnungsdatum keine

---

[2] Im Unterricht kann auch der Begriff der Rate genutzt werden.

Sollzinsen fällig. Insofern kann die Kreditkarte nach dem Charge-Card-Modell als kurzfristiges, kostenloses Darlehen angesehen werden. Erfolgt keine Zahlung des offenen Betrags der belasteten Kreditkarte zum Abrechnungstermin werden hohe Zinszahlungen fällig.

Es gibt weitere Möglichkeiten, Kredite zu klassifizieren. Inwieweit hierauf im Unterricht eingegangen wird, sollte der unterrichtende Lehrer entscheiden: In Hinblick auf die beteiligten Partner wird grundsätzlich zwischen **Bank- und Privatkrediten** unterschieden. Bei Krediten zwischen Privatpersonen sind in der Regel nur die Zinsen zu zahlen. Das Risiko für eine Nichtrückzahlung des Kredites liegt also beim Kreditgeber, wobei gelegentlich auch Sicherheiten wie das eigene Auto gefordert werden. Mittlerweile gibt es eine Vielzahl von privaten Kreditvermittlern, die mit einem Slogan wie etwa „Auch mit schlechter Schufa" werben. Treten Banken hingegen als Gläubiger auf, schützen diese sich gegen Ausfallverluste, indem sie weitere Sicherheiten fordern. Bei kleineren Kreditbeträgen enthalten häufig die Zinssätze bereits zusätzliches Geld zur Absicherung. Bei höheren Kreditwünschen fordern die Banken meist eine hohe Bonität, die durch hohe pfändbare Gehälter nachgewiesen werden kann. Bei Immobilienfinanzierungen beanspruchen viele Kreditgeber zur Kreditabsicherung zusätzlich das Pfandrecht an einem Grundstück durch einen Eintrag in das entsprechende Grundbuch. Hinsichtlich der Laufzeit lassen sich **kurz-, mittel- und langfristige Kredite** klassifizieren. Kurzfristige Kredite haben eine Laufzeit unter einem Jahr, sie werden beispielsweise zur Zwischenfinanzierung genutzt. Mittelfristige Kredite, die häufig zur Finanzierung eines Autokaufs angeboten werden, haben eine Laufzeit zwischen einem und fünf Jahren. Zu den langfristigen Krediten, also Kredite mit über fünf Jahren Laufzeit, gehören u. a. Darlehen zur Bau- und Immobilienfinanzierung.

Lehrziele Angesichts der beschriebenen Unterrichtsinhalte ergeben sich für den Abschnitt „Ökonomische Grundlagen" die folgenden Lehrziele. Die Schüler . . .

- . . . diskutieren mögliche Ursachen für die Verschuldung von Jugendlichen und leiten daraus Strategien zur Vermeidung von Schulden ab.
- . . . erläutern, was man unter einem Kredit versteht.
- . . . klassifizieren verschiedene Kreditarten nach ihren Rückzahlungsmodalitäten.

9.2.2 Tilgungsdarlehen

Bevor mit der Betrachtung des Tilgungsdarlehens im Unterricht begonnen wird, sollten anhand von einfachen Grundaufgaben (z. B. Berechnung von Jahreszinsen) wesentliche Grundzüge der Zinsrechnung wiederholt werden. In dieser Wiederholungsphase kann auf Aufgaben aus dem Schulbuch zurückgegriffen werden, so dass wir an dieser Stelle auf entsprechende Aufgabenvorschläge verzichten. Weiterhin sollten die wichtigsten Begriffe geklärt werden.

- Unter der **Gesamtschuld** verstehen wir das zum Zeitpunkt $t = 0$ von einer Bank gesamte ausgeliehene Kapital K_0. Die **Restschuld** K_t gibt uns hingegen den verbleibenden noch zurückzuzahlenden Betrag nach t Perioden an.

- Unter der **Tilgungsrate** T_t versteht man den Rückzahlungsbetrag, der am Ende der Periode t zur Verringerung der Restschuld K_t führt. Im Falle konstanter Tilgungen sei $T_t = T$.

- Vorrang vor der Tilgung des Kredits hat die Zahlung von **Zinsen** Z_t, die jeweils auf die Restschuld erhoben werden. Mit sinkender Restschuld sinkt auch der Zinsanteil an der Annuität.

- Die Annuität A_t setzt sich aus den Zinsen Z_t und der Tilgungsrate T_t zusammen und gibt somit den gesamten nach einer Zeitperiode t zu zahlenden Betrag an. Bei konstanter Annuität sei $A_t = A$. Für die Höhe der Annuität gilt:

$$A_t = T_t + Z_t.$$

- Die Rückzahlungmodalitäten werden in so genannten **Tilgungsplänen** übersichtlich dargestellt. Dort werden sämtliche Zinsen, Tilgungsraten, Annuitäten und die Restschuld für jedes einzelne Jahr der gesamten Laufzeit festgehalten.

- Gerundet wird nach den bekannten kaufmännischen Rundungsregeln.

Wie bereits erwähnt, erfolgt im Rahmen eines Tilgungsdarlehens eine stets gleich bleibende Tilgung der Kreditsumme. Damit sinken im Laufe der Zeit die Zinsen, die für die Restschuld fällig werden. In diesem Unterrichtsabschnitt sollen die Schüler das Prinzip der Tilgungsdarlehen anhand von Tilgungsplänen erläutern. Eine Herleitung der allgemeingültigen Formel wie im Abschn. 3.2 ist nicht vorgesehen. Zur Erarbeitung des Grundprinzips von Tilgungsdarlehen erhalten die Schüler zunächst den folgenden Informationstext und die Aufgabe 9.2.2.

Das Tilgungsdarlehen

Es gibt verschiedene Kreditarten in Deutschland. Insbesondere hinsichtlich der Spielregeln für die Rückzahlung gibt es große Unterschiede. Eine häufig gewählte Kreditart ist das so genannte Tilgungsdarlehen. Wie wir schon wissen, setzt sich die Annuität (oder Rate) aus einem Zins- und einem Tilgungsanteil zusammen. Mit dem Zinsanteil zahlen wir jeweils einen Teil der vereinbarten Zinsen, mit dem Tilgungsanteil bauen wir die Kreditsumme ab. Bei der Rückzahlung des Kredits hat immer die Zinszahlung Vorrang. Bei einem Tilgungsdarlehen wird mit der Bank stets die Tilgungsrate fest vereinbart. Über die gesamte Laufzeit wird also der Kredit mit einem gleichbleibenden Betrag zurückgezahlt. Gleichzeitig müssen noch Zinsen in der vereinbarten Höhe auf die restlichen Schulden gezahlt werden. Wir betrachten ein kleines Beispiel: Nele hat einen Kredit über € 2400 aufgenommen, um ihren Führerschein zu finanzieren. Sie möchte den Kredit in 3 Jahren abbauen und vereinbart mit der Bank, dass sie pro Jahr € 800 plus die fälligen Zinsen in Höhe von

3 % zahlt. Wir untersuchen nun, welchen Betrag Nele am Ende des ersten Jahres an die Bank zahlen muss. Zunächst muss sie die vereinbarte Tilgunsrate in Höhe von € 800 zahlen. Dazu kommen noch 3 % Zinsen auf die Schulden, die sie zu Beginn des ersten Jahres hatte. Das waren € 2400. Wir berechnen also 3 % von € 2400 und erhalten für die Zinsen Z_1 für das erste Jahr:

$$0,03 \cdot € 2400 = € 72.$$

Nach dem ersten Jahr zahlt Nele also insgesamt € 872 an die Bank. Wie sieht das ganze für das zweite Jahr aus? Zu Beginn des zweiten Jahres hat Nele noch € 2400 − € 800 = € 1600 Schulden, von denen sie am Ende des zweiten Jahres € 800 zurückzahlen will. Außerdem muss sie am Ende noch 3 % Zinsen für die restlichen € 1600 Schulden zahlen. Das sind € 48. Insgesamt muss Nele also nach dem zweiten Jahr € 848 zahlen.

Aufgabe 9.2.2 *Lesen Sie sich den Text zum Tilgungsdarlehen aufmerksam durch und notieren Sie sich ggf. Fragen, die Sie gemeinsam mit der Klasse besprechen möchten. Bearbeiten Sie zudem die folgenden Aufgaben.*

(a) *Erklären Sie, warum Nele jährlich € 800 für die Rückzahlung des Kreditbetrages zahlt.*

(b) *Zeigen Sie, dass die Zinsen für das zweite Jahr € 48 betragen.*

(c) *Geben Sie an, wie hoch die restlichen Schulden zu Beginn des dritten Jahres sind. Berechnen Sie die Zinsen und die Annuität, die Nele für das dritte Jahr zahlen muss.*

(d) *Um nicht die Übersicht zu verlieren, erhält Nele von der Bank einen Rückzahlungsplan. Man bezeichnet einen solchen Plan auch als Tilgungsplan. Die Tab. 9.1 zeigt einen Ausschnitt aus dem Tilgungsplan von Nele. Ergänzen Sie diesen und erläutern Sie den Aufbau.*

(e) *Ermitteln Sie, wie hoch der prozentuale Anteil der insgesamt gezahlten Zinsen am Kredit ist.*

Als Ergebnis der Aufgabe sind die folgenden Aspekte herauszuarbeiten. Da Nele einen Kredit in Höhe von € 2400 aufgenommen hat und diesen in drei gleich großen Raten tilgen möchte, ergibt sich die konstante Tilgungrate von $T = € 2400 : 3 = € 800$. Da die Zinsen nur auf die Restschuld erhoben werden, berechnen wir Z_2 auf den noch offenen Betrag von € 1600. Bei einem Zinssatz von 3 % gilt:

$$Z_2 = 0,03 \cdot € 1600 = € 48.$$

Tab. 9.1 Ausschnitt aus einem Tilgungsplan (Kreditsumme: € 2400, Laufzeit: 3 Jahre, Zinssatz: 3 %)

Jahr	Restschuld zum Beginn des Jahres in €	Zinsen zum Ende des Jahres in €	Tilgungsrate zum Ende des Jahres in €	Annuität zum Ende des Jahres in €	Restschuld zum Ende des Jahres in €
1	2400	72	800	872	1.600
2	1600	48			
3					

Nach dem zweiten Jahr bleibt eine Restschuld von € 800. Auf diese werden Zinsen in Höhe von 3 % fällig, es gilt:

$$Z_3 = 0{,}03 \cdot € 800 = € 24.$$

Somit ergibt sich eine letzte Rate von € 824. Diese Ergebnisse sind im Tilgungsplan zu notieren. Aus einem Tilgungsplan wird deutlich, welche Raten bis zum Ende der Laufzeit gezahlt werden müssen. Dabei ist sowohl der Zins- als auch der Tilgungsanteil angegeben. Banken sind bei der Kreditvergabe verpflichtet, Tilgungspläne zu erstellen. Summiert man die im Tilgungsplan angegebenen Zinsen, wird deutlich, dass Nele für ihren Kredit insgesamt € 144 Zinsen zahlen muss. Dies entspricht 6 % von der ursprünglichen Kreditsumme, was bei Schülern häufig zu Verwunderung führt, da der Zinssatz doch nur 3 % betrug. Hier wird deutlich, dass vielen Schülern (und auch Erwachsenen) nicht bewusst ist, dass sich der Zinssatz nicht auf die gesamte Laufzeit bezieht, sondern jährlich Zinsen fällig werden. Mit der Berechnung des prozentualen Anteils der Zinsen an der Kreditsumme können Kredite miteinander verglichen werden, sofern keine weiteren Kosten vorhanden sind.

Nach dem Einführungsbeispiel werden weitere Beispiele mit dem Ziel betrachtet, dass die Schüler sicher Tilgungspläne aufstellen können. Sinnvoll ist hierbei der Einsatz von Excel, wobei die Schüler die notwendigen Zellbezüge selbstständig programmieren sollten. Dadurch werden die entsprechenden Zusammenhänge – auch in Hinblick auf die spätere Betrachtung des Annuitätendarlehens – weiter vertieft. Steht kein Rechner zur Verfügung, sind die Beispiele auf kurze Laufzeiten zu begrenzen. Möglich ist beispielsweise die folgende Aufgabe:

Aufgabe 9.2.3 *Paula möchte ein fünfjähriges Tilgungsdarlehen zur Finanzierung ihres neuen Autos aufnehmen und jeweils am Ende eines Jahres ihre Rate zahlen. Für das Auto braucht sie € 12.000. Der Zinssatz betrage 3 %.*

(a) Bestimmen Sie die konstante Tilgungsrate, die Zinsen und die Annuität, die Paula am Ende des ersten Jahres zahlt.

Tab. 9.2 Tilgungsplan für ein Tilgungsdarlehen mit jährlichen Annuitäten (Kreditsumme: € 12.000, Laufzeit: 5 Jahre, Zinssatz: 3 %)

Jahr	Restschuld zum Beginn des Jahres in €	Zinsen zum Ende des Jahres in €	Tilgungsrate zum Ende des Jahres in €	Annuität zum Ende des Jahres in €	Restschuld zum Ende des Jahres in €
1	12.000	360	2400	2760	9600
2	9600	288	2400	2688	7200
3	7200	216	2400	2616	4800
4	4800	144	2400	2544	2400
5	2400	72	2400	2472	0

(b) Stellen Sie einen Tilgungsplan auf. Überlegen Sie sich stets, wie viele Schulden Paula zu Beginn eines Jahres hat. Welche Zinsen und welche Annuität ergeben sich daraus für das laufende Jahr?

(c) Berechnen Sie, wie viele Zinsen Paula insgesamt für ihr Darlehen zahlt. Geben Sie die Zinsen auch als Anteil (in %) an der Kreditsumme an.

(d) Betrachten Sie den Verlauf der Zinsen und der Annuitäten. Begründen Sie eventuelle Auffälligkeiten.

Wenn Paula ihren Kredit in fünf gleich großen Tilgungsraten zurückzahlen möchte, dann ergibt sich für eine Tilgungsrate eine Höhe von $T = €\,12.000 : 5 = €\,2400$. Zum Ende des ersten Jahres werden die Zinsen auf die volle Kreditsumme bezahlt, es gilt:

$$Z_1 = 0,03 \cdot €12.000 = €360.$$

Durch Addition der Tilgungs- und Zinsanteile ergibt sich die erste Annuität. Diese beträgt € 2760 und wird von Paula zum Ende des ersten Jahres an die Bank gezahlt. Durch analoge Überlegungen lässt sich der Tilgungsplan (Tab. 9.2) aufstellen. Für ihr Darlehen muss Paula insgesamt Zinsen in Höhe von € 1080 zahlen. Dies entspricht einem Anteil von 9 %. Bei der Betrachtung der Zinsen und Annuitäten fällt auf, dass beide mit fortgeschrittener Zeit sinken. Dies lässt sich mit folgenden Zusammenhängen begründen. Die Zinsen werden jeweils auf die Restschuld zum Beginn des Jahres erhoben, diese sinkt im Laufe der Zeit, da entsprechende Tilgungsraten gezahlt wurden. Nimmt die Höhe der Zinsen ab, sinkt auch die Annuität, denn diese setzt sich aus den Zinsen und der konstanten Tilgungsrate zusammen.

Häufig kommt bei der Bearbeitung der Aufgaben seitens der Schüler die Kritik auf, dass die Raten üblicherweise nicht jährlich, sondern monatlich zurückgezahlt werden. Dies trifft auch auf einen Großteil der Kredite zu, so dass im Folgenden entsprechende Aufgaben zu bearbeiten sind. In der Praxis sind monatliche, viertel- oder ganzjährliche

Rückzahlungen möglich. Um die fälligen Zinsen bei monatlicher und jährlicher Kredit-
rückzahlung vergleichen zu können, ist es empfehlenswert, Aufgaben mit den gleichen
Parametern wie in den Aufgaben 9.2.2 und 9.2.3 zu bearbeiten.

Aufgabe 9.2.4 *Nele möchte sich ihren Führerschein mit einem Tilgungsdarlehen in Höhe
von € 2400 finanzieren. Sie möchte den Kredit nach drei Jahren zurückgezahlt haben, wobei zum Ende eines jeden Monats die entsprechende Rate von ihrem Girokonto abgebucht
wird. Mit der Bank wird ein Zinssatz von 3 % vereinbart.*

(a) *Bestimmen Sie die konstante Tilgungsrate, die Zinsen für den ersten Monat und die
Annuität, die Nele am Ende des ersten Monats zahlt.*
(b) *Geben Sie an, wie hoch die Restschuld am Ende des ersten Monats ist. Berechnen Sie
zudem die Zinsen, die Nele für den zweiten Monat der Laufzeit zahlen muss.*
(c) *Erstellen Sie mit Excel einen Tilgungsplan für die gesamte Laufzeit.*
(d) *Berechnen Sie die Zinsen, die Nele für diesen Kredit insgesamt zahlen muss und
vergleichen Sie diese mit der jährlichen Rückzahlungsweise. Erklären Sie eventuelle Unterschiede.*

Für die monatlich konstante Tilgungsrate ergibt sich $T = €\,2400{:}36 \approx €\,66{,}67$. Zur
Berechnung der monatlichen Zinsen greifen wir auf das Prinzip der unterjährigen Verzinsung (Abschn. 2.3) zurück. Da eine monatliche Tilgung des Kredits erfolgt, sind nur im
ersten Monat Zinsen auf die volle Kreditsumme fällig. Diese berechnen sich wie folgt:

$$Z_1 = 0{,}03 \cdot \frac{1}{12} \cdot €\,2400 = €\,6$$

Insofern beträgt die erste Rate, die Nele an die Bank zahlt, € 72,67. Mit einer Tilgungsrate
von € 66,67 ergibt sich am Ende des ersten Monats bzw. zu Beginn des zweiten Monats
zudem eine Restschuld in Höhe von € 2333,33, auf die am Ende des zweiten Monats
Zinsen in Höhe von

$$Z_2 = 0{,}03 \cdot \frac{1}{12} \cdot €\,2333{,}33 = €\,5{,}83$$

zu zahlen sind. Setzt man diese Überlegungen fort, erhält man den Tilgungsplan in
Tab. 9.3. Da bereits die Tilgungsrate gerundet wurde, ergibt sich für den 36. Monat rechnerisch eine negative Restschuld. Eine rechnerisch negative Restschuld wird umgangen,
wenn die letzte Tilgungsrate entsprechend der Restschuld zum Beginn des 36. Monats angepasst wird. Anstatt der konstanten Rate werden im letzten Monat nur noch die offenen
€ 66,55 zur Tilgung des Kredits gezahlt. Im Tilgungsplan (Tab. 9.3) wurde dies bereits
berücksichtigt.

Tab. 9.3 Tilgungsplan für ein Tilgungsdarlehen mit monatlichen Annuitäten (Kreditsumme: € 2400, Laufzeit: 3 Jahre, Zinssatz: 3 %)

Monat	Restschuld zu Beginn des Monats in €	Zinsen zum Ende des Monats in €	Tilgungsrate zum Ende des Monats in €	Annuität zum Ende des Monats in €	Restschuld zum Ende des Monats in €
1	2400,00	6,00	66,67	72,67	2333,33
2	2333,33	5,83	66,67	72,50	2266,66
3	2266,66	5,67	66,67	72,34	2199,99
4	2199,99	5,50	66,67	72,17	2133,32
5	2133,32	5,33	66,67	72,00	2066,65
6	2066,65	5,17	66,67	71,84	1999,98
7	1999,98	5,00	66,67	71,67	1933,31
8	1933,31	4,83	66,67	71,50	1866,64
9	1866,64	4,67	66,67	71,34	1799,97
10	1799,97	4,50	66,67	71,17	1733,30
11	1733,30	4,33	66,67	71,00	1666,63
12	1666,63	4,17	66,67	70,84	1599,96
13	1599,96	4,00	66,67	70,67	1533,29
14	1533,29	3,83	66,67	70,50	1466,62
15	1466,62	3,67	66,67	70,34	1399,95
16	1399,95	3,50	66,67	70,17	1333,28
17	1333,28	3,33	66,67	70,00	1266,61
18	1266,61	3,17	66,67	69,84	1199,94
19	1199,94	3,00	66,67	69,67	1133,27
20	1133,27	2,83	66,67	69,50	1066,60
21	1066,60	2,67	66,67	69,34	999,93
22	999,93	2,50	66,67	69,17	933,26
23	933,26	2,33	66,67	69,00	866,59
24	866,59	2,17	66,67	68,84	799,92
25	799,92	2,00	66,67	68,67	733,25
26	733,25	1,83	66,67	68,50	666,58
27	666,58	1,67	66,67	68,34	599,91
28	599,91	1,50	66,67	68,17	533,24
29	533,24	1,33	66,67	68,00	466,57
30	466,57	1,17	66,67	67,84	399,90
31	399,90	1,00	66,67	67,67	333,23
32	333,23	0,83	66,67	67,50	266,56
33	266,56	0,67	66,67	67,34	199,89
34	199,89	0,50	66,67	67,17	133,22
35	133,22	0,33	66,67	67,00	66,55
36	66,55	0,17	66,55	66,72	0,00

Durch Addition der Zinsen über den gesamten Zeitraum erhalten wir € 110,99, dies entspricht einem Anteil von 4,6 %. Nele muss also im Vergleich zum analogen Tilgungsdarlehen mit jährlichen Annuitäten, bei dem die gesamten Zinsen € 144 betrugen, deutlich weniger Zinsen zahlen. Dies ist natürlich kein Zufall, die Höhe der Zinsen ist bei monatlichen Rückzahlungen immer niedriger als bei einem gleichen Tilgungsdarlehen mit jährlichen Annuitäten. Dies liegt daran, dass die Zinsen stets auf die Restschuld erhoben werden, die bei einer monatlichen Tilgung bereits unterjährig abnimmt, während bei einer jährlichen Tilgung erst zum Ende eines Jahres eine Reduzierung erfolgt. Diese Erkenntnis ist wesentlich und sollte mit den Schülern unbedingt herausgearbeitet werden. Hierfür kann als weiteres Beispiel das fünfjährige Tilgungsdarlehen von Paula (Aufgabe 9.2.3) untersucht werden. Es zeigt sich, dass im Fall einer monatlichen Rückzahlung € 162 weniger Zinsen gezahlt werden. Auch wenn die monatliche Rückzahlungsweise aus zinstechnischer Sicht sinnvoll ist, gibt es durchaus Gründe in bestimmten Situationen jährliche Annuitäten zu vereinbaren. Wenn beispielsweise mit Einmalzahlungen wie Steuerrückzahlungen, Weihnachtsgeld oder Urlaubsgeld zu rechnen ist, kann eine jährliche Rückzahlung zweckmäßiger als eine monatliche Belastung sein.

Abschließend sind die Grundzüge eines Tilgungsdarlehens zusammenzufassen: Bei einem Tilgungsdarlehen ist die Tilgungsrate über die gesamte Laufzeit konstant. Die Höhe der Zinsen einer Periode berechnet sich aus der Restschuld zum Beginn der Periode. Da diese Restschuld mit fortschreitender Zeit abnimmt, reduzieren sich auch die Zinsen. Dies führt zu abnehmenden Annuitäten, denn diese setzen sich aus einem immer kleiner werdenden Zinsanteil und einem konstanten Tilgungsanteil zusammen. Die „schnellere" Abnahme der Restschuld führt zudem dazu, dass bei monatlichen Rückzahlungen die Zinsen über die gesamte Laufzeit niedriger sind als bei einem Tilgungsdarlehen mit gleichen Parametern und jährlicher Rückzahlung.

Auf eine Diskussion von Vor- und Nachteilen eines Tilgungsdarlehens wird an dieser Stelle verzichtet. Dies erfolgt im Ergänzungsmodul beim Vergleich von verschiedenen Kreditangeboten, weil sich entsprechende Vorzüge und Nachteile erst in Abgrenzung zu anderen Kreditformen herausstellen lassen. Wird auf das Ergänzungsmodul verzichtet, können die Vor- und Nachteile nach der Behandlung des Annuitätendarlehens im folgenden Unterrichtsabschnitt erfolgen.

Lehrziele Angesichts der beschriebenen Unterrichtsinhalte ergeben sich für den Abschnitt „Tilgungsdarlehen" die folgenden Lehrziele. Die Schüler ...

- ... erläutern das Prinzip eines Tilgungsdarlehens.
- ... stellen Tilgungspläne für Tilgungsdarlehen mit monatlichen und jährlichen Annuitäten auf.
- ... erläutern den Einfluss der Rückzahlungsmodalitäten auf die Höhe der Zinsen und Annuitäten.

9.2.3 Annuitätendarlehen

Das Annuitätendarlehen, das auch unter dem Begriff des Ratenkredits bekannt ist, ist neben dem Tilgungsdarlehen die häufigste gewählte Kreditart. Im Unterschied zum Tilgungsdarlehen vereinbart man mit der Bank gleichbleibend hohe Annuitäten, die sich aus veränderlichen Zins- und Tilgungsanteilen zusammensetzen. Zur Erarbeitung des Grundprinzips von Annuitätendarlehen erhalten die Schüler zunächst den folgenden Informationstext und die Aufgabe 9.2.5. Um das Annuitätendarlehen mit dem Tilgungsdarlehen zu vergleichen, werden erneut die gleichen Beispiele wie im Abschn. 9.2.2 betrachtet.

Das Annuitätendarlehen bzw. der Ratenkredit

Es gibt verschiedene Kreditarten in Deutschland. Insbesondere hinsichtlich der Spielregeln für die Rückzahlung gibt es große Unterschiede. Bereits kennengelernt haben wir das Tilgungsdarlehen, bei dem eine feste Tilgungsrate vereinbart wird. Die Zinsen ergeben sich aus der Restschuld. Sie sinken im Laufe der Zeit, so dass die Annuität im Laufe der Zeit immer kleiner wird. Anders ist dies beim Annuitätendarlehen (bzw. Ratenkredit). Bei einem Annuitätendarlehen vereinbart man mit der Bank feste Annuitäten, die man im Laufe der Zeit an die Bank zahlen möchte. Die Höhe dieser Annuität verändert sich während der gesamten Laufzeit nicht. Wie wir bereits wissen, setzen sich Annuitäten aus einem Tilgungs- und einem Zinsanteil zusammen. Bei einem Annuitätendarlehen hat (wie bei allen anderen Krediten auch) die Zahlung der Zinsen oberste Priorität. Daher werden von der festgelegten Annuität beim Annuitätendarlehen erst die Zinsen gezahlt, der Rest wird für die Rückzahlung des Kredits genutzt.

Wir betrachten ein kleines Beispiel: Sophie hat ein Annuitätendarlehen über € 2400 mit einem Zinssatz von 3 % aufgenommen, um ihren Führerschein zu finanzieren. Sie möchte den Kredit in drei Jahren abbauen. Die Bank errechnet, dass ihre jährliche Rate € 848,47 beträgt. Wir bestimmen nun den Zins- und Tilgungsanteil dieser Rate. Zunächst berechnen wir die Zinsen, die Sophie für den Kredit nach dem ersten Jahr zahlen muss. Mit einem Zinssatz von 3 % erhalten wir für die Zinsen Z_1:

$$0{,}03 \cdot €\,2400 = €\,72.$$

Von der ersten Rate in Höhe von € 848,47 werden also € 72 für Zinsen benötigt. Der Rest der Rate, also € 776,47, wird zur Tilgung des Kredits genutzt. Damit hat Sophie am Ende des ersten Jahres noch insgesamt € 1623,53 Schulden.

Aufgabe 9.2.5 *Lesen Sie sich den Text zum Annuitätendarlehen aufmerksam durch und notieren Sie sich ggf. Fragen, die Sie gemeinsam mit der Klasse besprechen möchten. Bearbeiten Sie zudem die folgenden Aufgaben.*

(a) *Zeigen Sie: Die Zinsrate beträgt für das zweite Jahr € 48,71, die dazugehörige Tilgungsrate € 799,76.*

(b) *Geben Sie an, wie hoch die restlichen Schulden zu Beginn des dritten Jahres sind. Berechnen Sie den Zins- und Tilgungsanteil für das dritte Jahr.*

(c) *Ermitteln Sie, wie hoch der prozentuale Anteil der insgesamt gezahlten Zinsen am Kredit ist. Vergleichen Sie Ihr Ergebnis mit den entsprechenden Ergebnissen des zugehörigen Tilgungsdarlehens.*

Die Zinsen für das zweite Jahr beziehen sich auf die Restschuld am Ende des ersten bzw. zu Beginn des zweiten Jahres. Diese beträgt € 1623,53, auf die 3 % Zinsen erhoben werden. Für die Zinsen Z_2 zum Ende des Jahres gilt:

$$Z_2 = 0,03 \cdot € 1623,53 = € 48,71.$$

Von der konstanten Annuität in Höhe von € 848,47 werden also € 48,71 für die Zinsen benötigt, der Rest € 848,47 − € 48,71 = € 799,76 kann für die Tilgung des Kredits genutzt werden. Damit bleiben Sophie zum Ende des zweiten Jahres € 823,76, für die im dritten Jahr € 24,71 Zinsen fällig werden. Zudem werden die verbleibenden € 823,76 als letzte Tilgungsrate nach dem dritten Jahr gezahlt. Insgesamt muss Sophie für ihr Darlehen € 145,42 (6,1 %) Zinsen zahlen. Dies ist minimal mehr als beim vergleichbaren Tilgungsdarlehen. Hier wurden € 144 (6 %) fällig. Nach der Einstiegsaufgabe empfiehlt es sich, zur Festigung auch für die Aufgabe 9.2.3 das entsprechende Annuitätendarlehen zu untersuchen.

Aufgabe 9.2.6 *Maurice möchte ein fünfjähriges Annuitätendarlehen zur Finanzierung seines neuen Autos aufnehmen und jeweils am Ende eines Jahres eine Annuität zahlen. Diese soll über die gesamte Laufzeit gleich hoch sein. Für das Auto braucht Maurice € 12.000. Die Höhe der jährlichen Annuität betrage € 2620,25, der Zinssatz beträgt wiederum 3 %.*

(a) *Bestimmen Sie die Tilgungs- und die Zinsanteile, die Maurice am Ende des ersten Jahres zahlt.*

(b) *Stellen Sie einen Tilgungsplan auf. Überlegen Sie sich stets, wie viele Schulden Maurice zu Beginn eines Jahres hat. Welche Zinsen und welche Tilgung ergeben sich daraus für das laufende Jahr?*

(c) *Berechnen Sie, wie viele Zinsen Maurice insgesamt für sein Darlehen zahlt. Geben Sie die Zinsen auch als Anteil (in %) an der Kreditsumme an. Vergleichen Sie Ihr Ergebnis mit den entsprechenden Ergebnissen des zugehörigen Tilgungsdarlehens.*

Maurice zahlt für das erste Jahr Zinsen auf die volle Kreditsumme, also:

$$Z_1 = 0,03 \cdot €12.000 = €360.$$

Tab. 9.4 Tilgungsplan für ein Annuitätendarlehen mit jährlichen Annuitäten (Kreditsumme: € 12.000, Höhe der Annuität: € 2620,25, Laufzeit: 5 Jahre, Zinssatz: 3 %)

Jahr	Restschuld zum Beginn des Jahres in €	Zinsen zum Ende des Jahres in €	Tilgungsrate zum Ende des Jahres in €	Rate (Annuität) zum Ende des Jahres in €	Restschuld zum Ende des Jahres in €
1	12.000,00	360,00	2260,25	2620,25	9739,75
2	9739,75	292,19	2328,06	2620,25	7411,69
3	7411,69	222,35	2397,90	2620,25	5013,79
4	5013,79	150,41	2469,84	2620,25	2543,96
5	2543,96	76,32	2543,93	2620,25	0,03

Da die jährliche Annuität € 2620,25 beträgt, bleiben zur Tilgung des Kredits folglich € 2620,25 − € 360 = € 2260,25. Damit beträgt die Restschuld am Ende des ersten Jahres € 9739,75. Für die Folgejahre werden die Zins- und Tilgungsanteile analog berechnet, es ergibt sich der entsprechende Tilgungsplan für das Darlehen von Maurice (Tab. 9.4). Für sein Darlehen zahlt Maurice insgesamt Zinsen in Höhe von € 1101,27 (9,2 %). Diese Werte liegen wiederum leicht über den Werten des vergleichbaren Tilgungsdarlehens, bei denen Zinsen in Höhe von € 1080 (9 %) fällig wurden.

Es bietet sich erneut an, die monatliche Entwicklung zu betrachten. Einerseits können wir einen Vergleich zum entsprechenden Tilgungsdarlehen ziehen, andererseits wird die Abnahme der Zinsen bei gleichzeitiger Zunahme des Tilgungsanteils noch deutlicher.

Aufgabe 9.2.7 *Sophie möchte sich ihren Führerschein mit einem Annuitätendarlehen in Höhe von € 2400 finanzieren und den Kredit nach drei Jahren zurückgezahlt haben. Die monatliche Rate betrage € 69,79, der Zinssatz 3 %.*

(a) Erstellen Sie mit Excel einen Tilgungsplan für den Kredit von Sophie.
(b) Berechnen Sie, wie viele Zinsen Sophie insgesamt für ihr Darlehen zahlt. Geben Sie die Zinsen auch als Anteil (in %) an der Kreditsumme an. Vergleichen Sie diese mit dem entsprechenden Annuitätendarlehen mit jährlichen Annuitäten.
(c) Stellen Sie den Verlauf der Zins- und der Tilgungsanteile in einem geeigneten Diagramm graphisch dar. Beschreiben Sie die Entwicklung der Zins- und Tilgungsanteile und begründen Sie diese.

Bei der Erstellung des Tilgungsplans ist darauf zu achten, dass sich der angegebene Zinssatz von 3 % auf ein Jahr bezieht. Die jeweils monatlich fälligen Zinsen werden gemäß der folgenden Formel berechnet:

$$Z_t = K_{t-1} \cdot i \cdot \frac{1}{12}.$$

Tab. 9.5 Tilgungsplan für ein Annuitätendarlehen mit monatlichen Annuitäten (Kreditsumme: € 2400, Höhe der Annuität: € 69,79, Laufzeit: 3 Jahre, Zinssatz: 3 %)

Monat	Restschuld zu Beginn des Monats in €	Zinsen zum Ende des Monats in €	Tilgungsrate zum Ende des Monats in €	Annuität zum Ende des Monats in €	Restschuld zum Ende des Monats in €
1	2400,00	6,00	63,79	69,79	2336,21
2	2336,21	5,84	63,95	69,79	2272,26
3	2272,26	5,68	64,11	69,79	2208,15
4	2208,15	5,52	64,27	69,79	2143,88
5	2143,88	5,36	64,43	69,79	2079,45
6	2079,45	5,20	64,59	69,79	2014,86
7	2014,86	5,04	64,75	69,79	1950,11
8	1950,11	4,88	64,91	69,79	1885,19
9	1885,19	4,71	65,08	69,79	1820,12
10	1820,12	4,55	65,24	69,79	1754,88
11	1754,88	4,39	65,40	69,79	1689,47
12	1689,47	4,22	65,57	69,79	1623,91
13	1623,91	4,06	65,73	69,79	1558,18
14	1558,18	3,90	65,89	69,79	1492,28
15	1492,28	3,73	66,06	69,79	1426,22
16	1426,22	3,57	66,22	69,79	1360,00
17	1360,00	3,40	66,39	69,79	1293,61
18	1293,61	3,23	66,56	69,79	1227,05
19	1227,05	3,07	66,72	69,79	1160,33
20	1160,33	2,90	66,89	69,79	1093,44
21	1093,44	2,73	67,06	69,79	1026,38
22	1026,38	2,57	67,22	69,79	959,16
23	959,16	2,40	67,39	69,79	891,77
24	891,77	2,23	67,56	69,79	824,21
25	824,21	2,06	67,73	69,79	756,48
26	756,48	1,89	67,90	69,79	688,58
27	688,58	1,72	68,07	69,79	620,51
28	620,51	1,55	68,24	69,79	552,27
29	552,27	1,38	68,41	69,79	483,86
30	483,86	1,21	68,58	69,79	415,28
31	415,28	1,04	68,75	69,79	346,53
32	346,53	0,87	68,92	69,79	277,61
33	277,61	0,69	69,10	69,79	208,51
34	208,51	0,52	69,27	69,79	139,24
35	139,24	0,35	69,44	69,79	69,80
36	69,80	0,17	69,80	69,97	0,00

Dabei geben Z_t die Zinsen für den t-ten Monat, K_{t-1} das Kapital zum Beginn des t-ten Monats und i den Zinssatz an. In der Tab. 9.5 ist der entsprechende Tilgungsplan dargestellt.

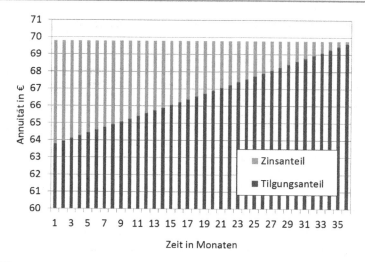

Abb. 9.3 Zins- und Tilgungsanteile eines Annuitätendarlehens

Da die Ergebnisse auf zwei Nachkommastellen gerundet sind, gehen die Annuitäten
rechnerisch nicht vollständig auf. Es bliebe nach der letzten Annuitätenzahlung ein Rest
von € 0,18, der auf die letzte Tilgungsrate aufgeschlagen wird. Durch Addition aller Zinszahlungen erhalten wir Zinsen in einer Höhe von insgesamt € 112,62 (4,7 %), die Sophie
über den gesamten Zeitraum tätigt. Im Vergleich zum entsprechenden Annuitätendarlehen
mit jährlicher Rückzahlung mit € 145,42 (6,1 %) Zinsen ist hier schon ein deutlicher Unterschied erkennbar. Dies lässt sich damit begründen, dass die Restschuld bei monatlicher
Rückzahlung schneller sinkt. Damit sinkendie Zinsanteile ebenfalls schneller. Vergleicht
man die Zinsen mit dem analogen Tilgungsdarlehen, fällt auf, dass auch hier die Zinsen
minimal über den gesamten Zinsen (€ 110,99) des Tilgungsdarlehens liegen. Für die graphische Darstellung des Verlaufes der Zins- und Tilgungsrate sind verschiedene Formen
möglich. Neben einem Linien- oder Balkendiagramm ist das in Abb. 9.3 abgebildete Säulendiagramm möglich. Zur besseren Verdeutlichung der jeweiligen Entwicklungen wurde
nur ein Ausschnitt entlang der vertikalen Achse abgebildet.

Aus der Abb. 9.3 wird die Entwicklung der Zins- und Tilgungsrate gut deutlich. Während der Zinsanteil abnimmt, nimmt der Tilgungsanteil mit fortschreitender Zeit zu. Dies
ist damit zu begründen, dass sich die konstante Annuität stets aus einem Zins- und einem
Tilgungsanteil zusammensetzt. Die Zinsen einer Periode beziehen sich dabei jeweils auf
die Restschuld zum Beginn der Periode. Da die Restschuld im Laufe der Zeit abnimmt,
werden auch immer weniger Zinsen pro Periode fällig. Dies führt bei konstanten Annuitäten zu einer Erhöhung des Tilgungsanteils.

Abschließend werden die Grundzüge eines Annuitätendarlehens zusammengefasst: Bei
einem Annuitätendarlehen ist die Höhe der Annuität über die gesamte Laufzeit konstant.
Diese setzt sich aus einem im Laufe der Zeit sinkenden Zins- und einem gleichzeitig
steigenden Tilgungsanteil zusammen. Eine „schnellere" Abnahme der Restschuld führt

zudem dazu, dass bei monatlichen Rückzahlungen die Zinsen über die gesamte Laufzeit niedriger sind als bei einem Annuitätendarlehen mit gleichen Parametern und jährlicher Rückzahlung.

Lehrziele Angesichts der beschriebenen Unterrichtsinhalte ergeben sich für den Abschnitt „Annuitätendarlehen" die folgenden Lehrziele. Die Schüler . . .

- . . . erläutern das Prinzip eines Annuitätendarlehens.
- . . . stellen Tilgungspläne für Annuitätendarlehen mit monatlichen und jährlichen Rückzahlungen auf.
- . . . erläutern den Einfluss der Rückzahlungsmodalitäten eines Annuitätendarlehens auf die Höhe des Zins- und Tilgungsanteils.

9.3 Die Ergänzungsmodule

9.3.1 Effektivzinssatz

Um unterschiedliche Kreditangebote miteinander zu vergleichen, sind Banken verpflichtet, den effektiven Jahreszinssatz anzugeben. Dieser beinhaltet sämtliche Kosten, die durch die Aufnahme des Kredits entstehen. Neben Zinsen fließen also auch Abschluss-, Bereitstellungs- und Kontoführungsgebühren ein. Durch die Angabe des Effektivzinssatzes können sogar Kredite mit völlig unterschiedlichen Konditionen (z. B. unterschiedliche Laufzeiten und unterschiedliche Zinssätze) verglichen werden. Die Berechnung des Effektivzinssatzes ist verhältnismäßig komplex und bedarf weiterer, tiefgehender Kenntnisse zum Beispiel zum so genannten Äquivalenzprinzip der klassischen Finanzmathematik. Aus diesem Grund verzichten wir an dieser Stelle auf eine Darstellung der korrekten Berechnung und geben uns mit einer Faustformel zufrieden, die uns eine Abschätzung des Effektivzinssatzes erlaubt. Der effektive Zinssatz (in % angegeben) lässt sich näherungsweise mit der so genannten Uniform-Methode berechnen. Nach dieser gilt:

$$i_{\text{eff}} \approx \frac{\text{Kreditkosten}}{\text{Kreditsumme}} \cdot \frac{24}{\text{Laufzeit in Monaten} + 1} \cdot 100$$

Dabei setzen sich die Kreditkosten additiv aus der Höhe der gesamten Zinsen und sämtlicher Gebühren zusammen. Nachdem die Schüler in einem informativen Gespräch die Formel kennengelernt haben, sollen sie für die bisher betrachteten Darlehen jeweils die Effektivzinssätze berechnen. An dieser Stelle sei exemplarisch die Lösung für das Annuitätendarlehen der Aufgabe 9.2.7 dargestellt. Bei einer Kreditsumme von € 2400 und Laufzeit von 36 Monaten betragen die Zinsen (Zinssatz 3 %) für den gesamten Zeitraum € 112,62. Nimmt man an, dass keine weiteren Kosten enstehen, entsprechen die Zinsen den Kreditkosten. Damit ergibt sich der folgende näherungsweise Effektivzinssatz:

$$i_{\text{eff}} \approx \frac{€\,112{,}62}{€\,2400} \cdot \frac{24}{37} \cdot 100 = 3{,}04\,\%.$$

Nach der Berechnung von verschiedenen Effektivzinssätzen können diese mit den von Internetrechnern bestimmten Zinssätzen verglichen werden, um so die Güte der Faustformel abzuschätzen.

Lehrziele Angesichts der beschriebenen Unterrichtsinhalte ergeben sich für den Abschnitt „Effektivzinssatz" die folgenden Lehrziele. Die Schüler ...

- ... berechnen den Effektivzinssatz mit der Uniform-Methode.
- ... nutzen den Effektivzinssatz für den Vergleich von verschiedenen Kreditangeboten.

9.3.2 Vergleich verschiedener Kreditangebote

Ziel dieses Unterrichtsabschnittes ist es, verschiedene real existierende Kreditangebote miteinander zu vergleichen. Da es mittlerweile eine Vielzahl von Produkten auf dem deutschen Markt gibt, wird sich auf die bisher betrachteten Produkte Annuitäten- bzw. Tilgungsdarlehen begrenzt. Ggf. können Hypothekendarlehen berücksichtigt werden, denn zur Bewertung dieses Produktes reichen die Kenntnisse zu Annuitäten- und Tilgungsdarlehen aus. Bei einem Hypothekendarlehen handelt es sich dem Wesen nach um ein Annuitäten- oder Tilgungsdarlehen. Der Unterschied zu den genannten Kreditformen besteht darin, dass ein Hypothekendarlehen ausschließlich zur Finanzierung einer Immobilie dient. Aufgrund der meist hohen Kreditsummen, die für die Immobilienfinanzierung benötigt werden, fordern die Banken neben einem regelmäßigen Einkommen weitere Sicherheiten. Im Falle des Hypothekendarlehens setzt man den Wert eines Grundstücks bzw. einer Immobilie als Sicherheit ein. Bis zur vollständigen Rückzahlung des Kredits bleibt die Bank mit einer Grundschuld im Grundbuch eingetragen. Ähnlich wie beim Vergleich verschiedener Sparprodukte (Abschn. 8.3.1) sollen die Schüler in diesem Unterrichtsabschnitt die Gelegenheit zum projektartigen Arbeiten erhalten. Sie formulieren einen eigenen Finanzierungswunsch (z. B. Führerschein, erste Wohnungseinrichtung) und tragen nach entsprechenden Recherchen zu möglichen Kosten verschiedene Kreditangebote aus dem Internet zusammen. Abschließend stellen sie diese vergleichend gegenüber. Bevor sie sich begründet auf eine Kreditart festlegen, ist es sinnvoll, in einer Diskussion die Vor- und Nachteile eines Annuitäten- bzw. Tilgungsdarlehens herauszuarbeiten. Aus den genannten Vor- und Nachteilen können auch Empfehlungen abgeleitet werden, in welchen Situationen eine Kreditform besonders geeignet erscheint. Das Annuitätendarlehen ist die häufigste gewählte Kreditform. Dies liegt an der Planungssicherheit aufgrund der über die gesamte Laufzeit konstanten Annuitäten. Gilt zudem für die gesamte Laufzeit ein fester Zinssatz, weiß man bereits mit Abschluss des Kreditvertrages, welche Restschuld nach Ende der Laufzeit übrig bleibt. Damit ist ein Annuitätendarlehen eine geeignete Kreditform für Personen, die über ein konstantes (oder steigendes) Einkommen verfügen. Ein wichtiger Vorteil eines Tilgungsdarlehens ist, dass durch die Festlegung einer entsprechenden Tilgungsrate von Anfang an eine hohe und damit verbunden schnelle Tilgung der Kreditschuld erfolgen kann. Zu der festen Tilgungsrate, die über die gesamte Laufzeit einzuhalten ist, kommen die Zinsen hinzu. Darin ist ein Nachteil des Tilgungsdarlehens zu sehen, denn bei hohen Krediten ist die anfängliche Zinszahlung höher, so dass ein Tilgungsdarlehen häufig mit einer im Vergleich zum Annuitätendarlehen höheren Anfangsbelastung einhergeht. Im Laufe der Zeit sinken die Annuitäten bei einem Tilgungsdarlehen. Insbesondere durch die hohe Anfangsbelastung sollte man ein Tilgungsdarlehen nur dann aufnehmen, wenn die Einkommenssituation in den Anfangsjahren überschaubar ist. Möchte man ein Tilgungsdarlehen zur Immobilienfinanzierung nutzen, ist zu bedenken, dass gerade zu Beginn der Finanzierung – also kurz nach dem Kauf oder dem Bau der Immobilie – häufig unerwartete Zusatzkosten auftreten.

Mit dem notwendigen Hintergrundwissen schließt sich eine individuelle Phase des Vergleichs verschiedener Kreditangebote an. Dazu erhalten die Schüler die folgende Aufgabe, die in Form einer Präsentation oder eines Berichtes bearbeitet wird.

Aufgabe 9.3.1 *Vergleichen Sie drei verschiedene Kreditangebote zu einem selbst gewählten Finanzierungswunsch. Stellen Sie Ihre Ergebnisse in einer Präsentation dar. Berücksichtigen Sie bei der Bearbeitung folgende Teilaufgaben:*

(a) *Überlegen Sie sich, was Sie mit einem Kredit finanzieren möchten. Recherchieren Sie, mit welchen Kosten Sie für Ihren Wunsch rechnen müssen.*

(b) *Nennen Sie Ihren Berufswunsch und recherchieren Sie, mit welchem Ausbildungs- bzw. Anfangsgehalt Sie rechnen können.*

(c) *Legen Sie unter Berücksichtigung von (a) und (b) begründet dar, welche Kreditform Sie zur Finanzierung nutzen möchten. Legen Sie eine sinnvolle Laufzeit und eine geeignete Rate fest.*

(d) *Holen Sie zu Ihrer gewählten Kreditform mindestens drei verschiedene Angebote ein. Vergleichen Sie diese durch Rückgriff auf Tilgungspläne und Effektivzinssatz. Lesen Sie auch das Kleingedruckte: Gilt der Zinssatz für die gesamte Laufzeit? Sind Sonderzahlungen möglich?*

(e) *Leiten Sie aus Ihren bisherigen Überlegungen eine begründete Entscheidung für einen der untersuchten Kredite ab.*

Die Aufgabe enthält viele Modellierungsaspekte und ermöglicht den Schülern eine reflektierte Auseinandersetzung mit dem Kreditwesen.

Lehrziele Angesichts der beschriebenen Unterrichtsinhalte ergeben sich für den Abschnitt „Vergleich verschiedener Kreditangebote" die folgenden Lehrziele. Die Schüler ...

- ... beschreiben Vor- und Nachteile eines Tilgungs- und Annuitätendarlehens.
- ... vergleichen zielgerichtet konkrete Angebote verschiedener Banken zu einer selbst gewählten Kreditform und präsentieren ihre Ergebnisse.

Literatur

KMK: Bildungsstandards im Fach Mathematik für den Mittleren Schulabschluss: Beschluss vom 04.12.2003. Wolters Kluwer (2004)

Steuern – mathematisch betrachtet 10

Im Folgenden präsentieren wir einen Entwurf für eine Unterrichtseinheit zur mathematischen Betrachtung von Steuern. Der Unterrichtsvorschlag ist für einen Einsatz zu Beginn der Sekundarstufe II vorgesehen[1]. Bei der Konzeption wurden die unter der Leitidee „Funktionaler Zusammenhang" zusammengefassten „Bildungsstandards im Fach Mathematik für die Allgemeine Hochschulreife" (vgl. KMK 2012, S. 20) berücksichtigt.

10.1 Inhaltliche und konzeptionelle Zusammenfassung

Die Unterrichtseinheit besteht aus einem Basismodul und einem Ergänzungsmodul. Das Basismodul gliedert sich in vier Abschnitte mit folgenden Themen:

1. Ökonomische Grundlagen
2. Einkommensteuer
3. Durchschnittssteuersatz
4. Grenzsteuersatz.

Die einzelnen Abschnitte des Basismoduls bauen aufeinander auf und sollten möglichst vollständig und in der genannten Reihenfolge unterrichtet werden. Das Ziel dieses Basismoduls ist es, wesentliche Inhalte der Steuerpolitik zu erarbeiten und diese mittels Differentialrechnung mathematisch zu untersuchen.

---

[1] Der Abschnitt zur Mehrwertsteuer könnte ggf. auch im Zusammenhang mit der Prozentrechnung in Klasse 7 unterrichtet werden. Eine Berücksichtigung der gesetzlichen Grundlagen im Unterricht wäre in dieser Altersklasse aber schwer möglich. Im Zuge des Einsatzes in der Sekundarstufe II setzen wir die notwendigen Kenntnisse zur Prozentrechnung voraus und gehen daher nicht mehr explizit darauf ein.

© Springer Fachmedien Wiesbaden 2016
P. Daume, *Finanz- und Wirtschaftsmathematik im Unterricht Band 1*,
DOI 10.1007/978-3-658-10615-7_10

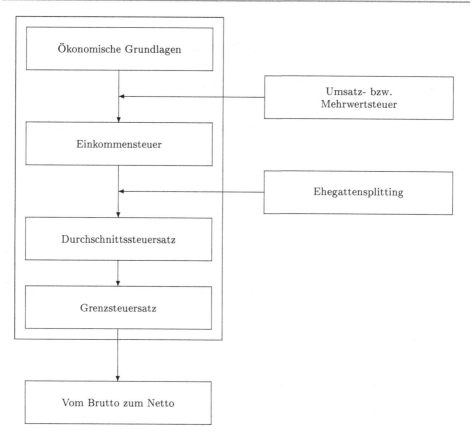

Abb. 10.1 Möglicher chronologischer Ablauf der Unterrichtseinheit „Steuern – mathematisch betrachtet"

Die Ergänzungsmodule widmen sich den folgenden Bereichen:

1. Umsatz- bzw. Mehrwertsteuer
2. Ehegattensplitting
3. Vom Brutto zum Netto.

Die Abb. 10.1 zeigt einen Vorschlag für einen chronologischen Ablauf der Unterrichtseinheit. Die Ergänzungsmodule wurden entsprechend zeitlich an passender Stelle eingeordnet.

Im Folgenden werden die Inhalte und Ziele der einzelnen Abschnitte des Basismoduls und der Ergänzungsmodule vorgestellt. Die vermittelten mathematischen und ökonomischen Inhalte ergeben sich dabei vollständig aus Kap. 4.

10.2 Das Basismodul

10.2.1 Ökonomische Grundlagen

Zum Thema Steuern gibt es stets politische Diskussionen, die auch in den Medien aufgegriffen werden. Beim Einkaufen sind die Schüler bereits aufgrund der Mehrwertsteuer direkt mit Steuern in Kontakt gekommen. Dennoch sind vielen Schülern die ökonomischen Grundlagen unbekannt. Aus diesem Grund sollten zu Beginn der Unterrichtseinheit wesentliche Begriffe des Steuerrechts erarbeitet werden. Hierbei sind verschiedene Wege möglich. Neben einem Kurzvortrag über Steuern oder einem politisch aktuellen Zeitungsartikel kann der Unterrichtseinstieg auch anhand von Comics (siehe Abb. 10.2) erfolgen. Die Comics greifen die weit verbreitete Fehlvorstellung auf, nach der eingenommene Steuern zweckgebunden verwendet werden müssten. Sie bieten damit einen geeigneten Diskussionsanlass.

Da für die Erarbeitung der nachfolgenden mathematischen Inhalte keine tiefergehenden wirtschaftlichen Kenntnisse über Steuern notwendig sind, kann sich im Unterricht auf wenige wesentliche Begriffe beschränkt werden. Für die Begriffsklärung erhalten die Schüler die Aufgabe 10.2.1, für deren Bearbeitung neben Informationsbroschüren[2] auch Lexika aus dem Internet[3] herangezogen werden können.

Aufgabe 10.2.1 *Bearbeiten Sie die folgenden Aufgaben:*

(a) *Erläutern Sie, was man unter Steuern versteht und aus welchen Gründen diese erhoben werden. Nehmen Sie auch Stellung zu den Comics.*

Abb. 10.2 Comics zum Thema „Steuern" (gezeichnet von Rebekka Voss)

---

[2] z. B. Bundeszentrale für politische Bildung (2012).
[3] z. B. http://www.bundesfinanzministerium.de/Web/DE/Service/Glossar/glossar.html
(Stand: 25.05.2015).

(b) Notieren Sie mindestens fünf Produkte, wofür Sie oder Ihre Familie in der letzten Woche Geld ausgaben. Recherchieren Sie, welche Form von Steuern auf Ihre Einkäufe erhoben wurden.

(c) Neben Steuern kann der Staat noch Gebühren und Beiträge als Abgaben erheben. Informieren Sie sich zu diesen Begriffen und stellen Sie wesentliche Informationen zu Steuern, Gebühren und Beiträgen übersichtlich dar. Achten Sie darauf, dass insbesondere die Unterschiede deutlich herausgearbeitet werden.

Im Ergebnis der Bearbeitung der Aufgabe 10.2.1 sollten die Schüler mit folgenden Grundlagen vertraut sein: Nach §3 Abs. 1 AO sind **Steuern** gesetzlich geregelte Abgaben, die jeder Bürger zahlen muss. Im Gegensatz zu allen anderen öffentlich-rechtlichen Abgaben sind Steuern an keine konkreten Gegenleistungen oder bestimmte Ausgabezwecke gebunden. Dies widerspricht einer in der Bevölkerung weit verbreiteten Auffassung. Im Gegensatz zur Maut beispielsweise dienen Einnahmen aus der Kfz-Steuer nicht nur dem Ausbau des Straßennetzes, sondern fließen in den Gesamthaushalt des Staates ein. Ebenso ist die Hundesteuer nicht zur Reinigung von durch Hundekot verunreinigten Straßen vorgesehen. Insofern sind die Äußerungen des Hundehalters und der Autofahrerin in den Comics nicht gerechtfertigt. Es gibt verschiedene Gründe für die Erhebung von Steuern. Das unumstritten wichtigste Argument ist das Ziel, Einnahmen zur Finanzierung von staatlichen Aufgaben wie der finanziellen Unterstützung von Bildung zu erzielen. Darüber hinaus werden Steuern wie die Tabaksteuer auch als Disziplinierungsinstrument genutzt. Betrachtet man die Einkäufe von einer Woche, kann man eine Vielzahl von unterschiedlichen Steuerarten entdecken. Zunächst wird bei jedem Einkauf im Supermarkt die Mehrwertsteuer fällig. Auf Kaffee wird neben der Mehrwertsteuer auch eine Kaffeesteuer erhoben. Auch beim Tanken sind Steuern zu zahlen: Mehrwert- und Energiesteuer. So lassen sich unzählige Beispiele im täglichen Leben finden, die zeigen, dass bereits Schüler direkt oder indirekt mit Steuerzahlungen in Berührung kommen. Wie die einzelnen Steuerarten zu klassifizieren sind, ist im Abschn. 4.2 dargestellt. Hierauf kann im Unterricht bei Bedarf eingegangen werden, inbesondere dann, wenn die Möglichkeit besteht, mit den Fächern Politik oder Wirtschaft zu kooperieren.

Zu den weiteren öffentlich-rechtlichen Abgaben gehören **Gebühren** und **Beiträge**, die alle zweckgebunden erhoben werden. Gebühren werden für die tatsächliche Inanspruchnahme öffentlicher Leistungen entrichtet und lassen sich in Verwaltungsgebühren (z. B. bei der Erstellung eines neuen Reisepasses oder einer Baugenehmigung) und Benutzungsgebühren (z. B. Müllgebühren, Abwassergebühren) unterteilen. Beiträge hingegen sind einmalige Abgaben für die mögliche Inanspruchnahme öffentlicher Leistungen. Sie dienen z. B. der Deckung der Kosten für den Ausbau oder der Erneuerung öffentlich-rechtlicher Einrichtungen wie etwa Straßen. Beispielsweise müssen sich alle Eigentümer eines Neubaugebiets mit Erschließungsbeiträgen am Bau von Straßen und Wasserleitungen beteiligen. Diese Ausführungen sind in der Abb. 10.3 übersichtlich zusammengefasst.

Zum Abschluss des Unterrichtsabschnitts ist es sinnvoll, die Schüler schätzen zu lassen, welche Steuern dem Staat die meisten Einnahmen erzielen. Die Vermutungen lassen

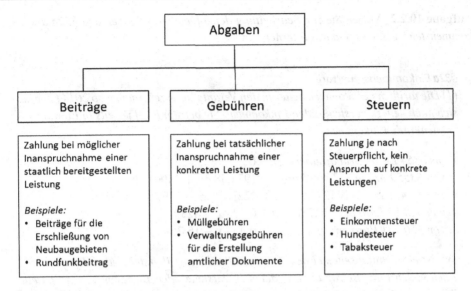

Abb. 10.3 Übersicht zu verschiedenen Abgabeformen

sich mit der so genannten Steuerspirale überprüfen. Aus dieser wird ersichtlich, dass die Umsatz- bzw. Mehrwertsteuer und die Lohnsteuer als besondere Form der Einkommensteuer das größte Aufkommen haben. Damit lässt sich die ausgewählte Behandlung der Einkommensteuer im Basismodul (Abschn. 10.2.2) und der Umsatz- bzw. Mehrwertsteuer im Ergänzungsmodul (Abschn. 10.3.1) begründen bzw. motivieren.

Lehrziele Angesichts der beschriebenen Unterrichtsinhalte ergeben sich für den Abschnitt „Ökonomische Grundlagen" die folgenden Lehrziele. Die Schüler . . .

- . . . erläutern die wichtigsten Grundbegriffe zum Thema Steuern und deren politische Bedeutung.
- . . . grenzen Steuern als Abgabeform von Beiträgen und Gebühren ab.

10.2.2 Einkommensteuer

Eine der wichtigsten Einnahmequellen des Staates ist die Einkommensteuer. Wie alle Steuern ist auch die Einkommensteuer gesetzlich geregelt. Da das Einkommensteuergesetz im §32a die Berechnung der Einkommensteuer beschreibt, bietet sich dieser Paragraph als Ausgangspunkt für eine mathematische Erarbeitung an. Mit Hilfe des entsprechenden Auszuges[4] bearbeiten die Schüler zunächst die Aufgabe 10.2.2. Hierzu sollte den Schülern genügend Zeit zum Lesen und Verstehen zur Verfügung stehen.

---

[4] Es ist sinnvoll, im Unterricht auf die jeweils aktuellen Gesetzestexte zurückzugreifen. Der angegebene Auszug bezieht sich auf das Jahr 2015.

Aufgabe 10.2.2 *Nutzen Sie zur Bearbeitung der folgenden Aufgaben den §32a des Einkommensteuergesetzes und das Internet.*

---

§32a Einkommensteuertarif

(1) Die tarifliche Einkommensteuer in den Veranlagungszeiträumen ab 2014 bemisst sich nach dem zu versteuernden Einkommen. Sie beträgt [. . .] jeweils in Euro für zu versteuernde Einkommen

1. bis 8354 Euro (Grundfreibetrag):   0

2. von 8355 Euro bis 13.469 Euro: $(974{,}58 \cdot y + 1400) \cdot y$

3. von 13.470 Euro bis 52.881 Euro: $(228{,}74 \cdot z + 2397) \cdot z + 971$

4. von 52.882 Euro bis 250.730 Euro: $0{,}42 \cdot x - 8239$

5. von 250.731 Euro an: $0{,}45 \cdot x - 15.761.$

„y" ist ein Zehntausendstel des den Grundfreibetrag übersteigenden Teils des auf einen vollen Euro-Betrag abgerundeten zu versteuernden Einkommens. „z" ist ein Zehntausendstel des 13.469 Euro übersteigenden Teils des auf einen vollen Euro-Betrag abgerundeten zu versteuernden Einkommens. „x" ist das auf einen vollen Euro-Betrag abgerundete zu versteuernde Einkommen. Der sich ergebende Steuerbetrag ist auf den nächsten vollen Euro-Betrag abzurunden.

(a) *Lesen Sie den Auszug aus dem Einkommensteuergesetz gründlich durch. Notieren Sie sich ggf. Fragen, die Sie im Plenum besprechen möchten.*

(b) *Informieren Sie sich, welche Einkommensarten versteuert werden müssen.*

(c) *Bestimmen Sie die jeweilige Einkommensteuer, die auf ein jährliches Einkommen in Höhe von € 12.068,93 bzw. € 55.890,23 erhoben werden.*

Als Ergebnis der Aufgabe 10.2.2 sollte festgehalten werden, dass sich das zu versteuernde Einkommen aus folgenden Einkünften zusammensetzt:

- Einkünfte aus Land- und Forstwirtschaft
- Einkünfte aus Gewerbebetrieb
- Einkünfte aus selbstständiger Arbeit
- Einkünfte aus nicht selbstständiger Arbeit
- Einkünfte aus Kapitalvermögen
- Einkünfte aus Vermietung und Verpachtung
- Sonstige Einkünfte.

Ggf. kann im Zusammenhang mit den steuerpflichtigen Einnahmen zusätzlich auf die Problematik der steuerfreien Einnahmen eingegangen werden, hierzu sei auf die entsprechenden fachwissenschaftlichen Ausführungen zur Einkommensteuer (Abschn. 4.4.1) verwiesen.

Zur Berechnung der Einkommensteuer wird direkt auf die entsprechenden Passagen im Einkommensteuergesetz zurückgegriffen. Bei einem Jahreseinkommen in Höhe von $x = €\,12.068{,}93$ wird die Formel $(974{,}58 \cdot y + 1400) \cdot y$ angewendet, wobei „,y' [...] ein Zehntausendstel des den Grundfreibetrag übersteigenden Teils des auf einen vollen Euro-Betrag abgerundeten zu versteuernden Einkommens [x ist]" (§32a Abs. 1 EStG). Demnach gilt für die Höhe der Einkommensteuer t:

$$t = \left(974{,}58 \cdot \frac{12.068 - 8354}{10.000} + 1400\right) \cdot \frac{12.068 - 8354}{10.000} = 654{,}39.$$

Bei einem Einkommen von $€\,12.068{,}93$ werden also $€\,654$ Steuern gezahlt. Für den Fall, dass das Einkommen $x = €\,55.890{,}23$ beträgt, müssen wir zur Berechnung der Einkommensteuer t die Formel $0{,}42 \cdot x - 8239$ nutzen. Es gilt:

$$t = 0{,}42 \cdot 55.890 - 8239 = 15.234{,}80.$$

Dies bedeutet eine Einkommensteuer in Höhe von $€\,15.234$. Im Rahmen des weiteren Unterrichts empfiehlt es sich, die Einkommensteuer durch im Internet zur Verfügung stehende Einkommenrechner zu bestimmen, da eine händische Berechnung keine neuen Erkenntnisse bringt. Das Bundesministerium der Finanzen[5] stellt u. E. einen sehr übersichtlichen und einfach zu bedienenden Einkommen- und Lohnsteuerrechner zur Verfügung.

Aufgabe 10.2.3 *Wir möchten das Einkommensteuergesetz nutzen, um die Höhe der Einkommensteuer mathematisch zu beschreiben.*

(a) *Stellen Sie eine zusammengesetzte Steuerfunktion $t(x)$ auf, mit der zu jedem beliebigen Einkommen x die entsprechende Einkommensteuer berechnet werden kann.*

(b) *Stellen Sie die Steuerfunktion $t(x)$ mit einem graphikfähigen Taschenrechner oder einer entsprechenden Mathematiksoftware (z. B. Geogebra) graphisch dar. Beschreiben Sie den Verlauf des zugehörigen Graphen.*

(c) *Im Zuge von politischen Diskussionen um die Höhe einer „gerechten" Steuer werden stets verschiedene Steuergrundsätze formuliert. Neben einem steuerfreien Existenzminimum soll die Besteuerung nach dem Leistungsfähigkeitsprinzip erfolgen. Das Leistungsfähigkeitsprinzip besagt, dass jeder Steuerpflichtige entsprechend seiner individuellen ökonomischen Leistungsfähigkeit belastet werden soll. Beurteilen Sie mit Hilfe des Einkommensteuergesetzes oder Ihrer Steuerfunktion $t(x)$, inwieweit diese Grundsätze berücksichtigt werden.*

Aus dem Einkommensteuergesetz lässt sich selbstständig eine Funktionsvorschrift für die Einkommensteuer aufstellen.

---

[5] https://www.bmf-steuerrechner.de/ekst/? (Stand: 15.05.2015).

Es sei x das auf einen vollen Euro-Betrag abgerundete zu versteuernde Jahresein-kommen. Dann berechnet sich die zu zahlende Einkommensteuer $t(x)$ (abgerundet auf einen vollen Euro) gemäß der folgenden Formel:

$$t(x) = \begin{cases} 0 & 0 \leq x < 8355 \\ \left(974{,}58 \cdot \frac{x-8354}{10.000} + 1400\right) \cdot \frac{x-8354}{10.000} & 8355 \leq x < 13.470 \\ \left(228{,}74 \cdot \frac{x-13.469}{10.000} + 2397\right) \cdot \frac{x-13.469}{10.000} + 971 & 13.470 \leq x < 52.882 \\ 0{,}42x - 8.239 & 52.882 \leq x < 250.731 \\ 0{,}45x - 15.761 & x \geq 250.731 \end{cases}$$

Ist den Schülern die Schreibweise nicht vertraut, kann die Funktion auch zunächst in mehreren Teilfunktionen notiert werden. Anschließend wird die neue Notation vom Lehrer eingeführt. Betrachtet man den Funktionsterm und den zugehörigen Graphen (Abb. 10.4), wird deutlich, dass die Funktion monoton steigend[6] ist. Dieses Monotonie-verhalten zeigt, dass das Leistungsfähigkeitsprinzip beachtet wurde, da grundsätzlich gilt, dass mit steigendem Einkommen die Einkommensteuer steigt. Aus der Steuerfunktion wird zudem die Berücksichtigung eines steuerfreien Existenzminimums deutlich. Bis zu einem Einkommen in Höhe von € 8354 werden keine Steuern fällig.

Als Alternative zum Aufgabenteil (b) der Aufgabe 10.2.3 kann den Schülern die Abb. 10.4 zur Verfügung gestellt werden. Wurde zudem der Begriff der Stetigkeit behan-delt, kann die angegebene Steuerfunktion auf Stetigkeit[7] untersucht werden. Hierbei zeigt sich, dass die Funktion an den „Verbindungsstellen" nicht stetig (siehe Abschn. 4.4.1) ist. Die mathematisch nachweisbaren Sprünge in der Funktion sind für die Praxis jedoch irrelevant, da die Einkommensteuer auf volle Euro abgerundet wird.

Lehrziele Angesichts der beschriebenen Unterrichtsinhalte ergeben sich für den Ab-schnitt „Einkommensteuer" die folgenden Lehrziele. Die Schüler . . .

- . . . berechnen die Einkommensteuer für verschiedene Einkommen auf Grundlage des Einkommensteuergesetzes.
- . . . beschreiben den Einkommensteuertarif durch eine zusammengesetzte Funktion.
- . . . begründen den Einkommensteuertarif hinsichtlich ausgewählter Steuergrundsätze.

---

[6] Aufgrund des komplexen Funktionterms sollte auf den rechnerischen Nachweis der Monotonie verzichtet werden.

[7] Da in vielen Bundesländern die Behandlung der Stetigkeit nicht mehr im Rahmenplan verbindlich festgeschrieben ist, verzichten wir an dieser Stelle auf eine ausführliche Darstellung.

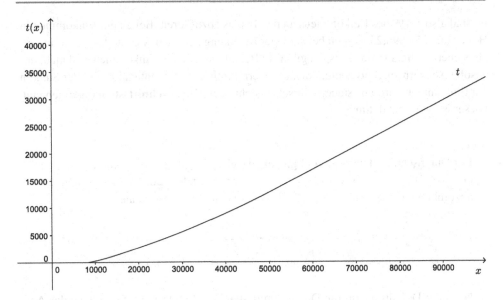

Abb. 10.4 Graph der Steuerfunktion

10.2.3 Durchschnittssteuersatz

Wir haben im vorherigen Abschnitt beim Vergleich der absoluten Werte festgestellt, dass mit einem höheren Einkommen eine höhere Einkommensteuer gezahlt wird. Gilt dies auch für die relativen Werte? In diesem Abschnitt soll die Berücksichtigung ausgewählter Steuergrundsätze anhand des Durchschnittssteuersatzes erneut untersucht werden. Zum Einstieg ist von den Schülern die folgende Aufgabe zu bearbeiten, die den Begriff des Durchschnittssteuersatzes vorbereitet.

Aufgabe 10.2.4 *Bisher haben wir nur betrachtet, wie viel Einkommensteuern bei verschiedenen Einkommen fällig werden. Einige empfinden dabei € 1000 als viel, andere als wenig. Entscheidend ist dabei das Ausgangseinkommen. Interessanter ist daher die Frage nach dem prozentualen Anteil der Steuern am Gesamteinkommen. Das jährliche Einkommen zweier Personen betrage € 12.068,93 bzw. € 55.890,23. Bestimmen Sie, wie viel Prozent des Einkommens jeweils als Einkommensteuer abgeführt werden muss.*

Mit den in Aufgabe 10.2.2 bestimmten Werten für die Einkommensteuer lassen sich die prozentualen Anteile leicht bestimmen. Für $x = € 12.068,93$ ergibt sich der prozentuale Anteil $\bar{t}(x)$ wie folgt:

$$\bar{t}(x) = \frac{654}{12.068,93} \approx 0,054.$$

Es sind also 5,4 % des Einkommens an den Fiskus abzuführen. Bei einem Einkommen in Höhe von € 55.890,23 werden bei analoger Rechnung 27,3 % des gesamten Einkommens als Steuern fällig. Für das Beispiel gilt also: Bei einem höheren Einkommen sind nicht nur absolut, sondern auch prozentual mehr Steuern fällig. Der prozentuale Anteil der Steuern am Einkommen wird aus steuerpolitischer Sicht auch **Durchschnittssteuersatz** genannt. Dieser ist wie folgt definiert:

Der Durchschnittssteuersatz $\bar{t}(x)$ gibt an, welcher Anteil vom Einkommen als Steuern abzuführen ist. Er wird aus dem zu versteuernden Einkommen x und den abzuführenden Steuern $t(x)$ gemäß der folgenden Formel berechnet:

$$\bar{t}(x) = \frac{t(x)}{x}.$$

Nach der Definition soll die Durchschnittssteuersatzfunktion auf Grundlage der Aufgabe 10.2.5 untersucht werden.

Aufgabe 10.2.5 *Im Folgenden wollen wir den Durchschnittssteuersatz untersuchen.*

(a) *Stellen Sie den Durchschnittssteuersatz als Funktion $\bar{t}(x)$ mit einem graphikfähigen Taschenrechner oder entsprechender Mathematiksoftware graphisch dar.*
(b) *Beschreiben Sie den Verlauf des Graphen der Durchschnittssteuersatzfunktion und beurteilen das Modell der Einkommensteuer erneut unter Berücksichtigung des Prinzips der Leistungsfähigkeit.*
(c) *Untersuchen Sie, wie hoch der Durchschnittssteuersatz maximal werden kann.*

Der Graph von $\bar{t}(x)$ ist in Abb. 10.5 dargestellt. Die Durchschnittssteuersatzfunktion ist monoton steigend. Dies bedeutet, dass sich die relativen Steuerabgaben mit steigendem Einkommen ebenfalls erhöhen. Insofern können wir festhalten, dass der Steuergrundsatz der Leistungsfähigkeit berücksichtigt wird. Es ist jedoch auffällig, dass der Durchschnittssteuersatz nach dem Verlassen des Existenzminimums bzw. des Steuerfreibetrags stark ansteigt. Insbesondere in niedrigen Einkommensbereichen führen also kleinere Erhöhungen zu einem stärkeren Anstieg des Durchschnittssteuersatzes als dies in hohen Einkommensbereichen der Fall ist.

Doch wie hoch kann der Durchschnittssteuersatz maximal werden? Hierzu wird der Grenzwert von $\bar{t}(x)$ betrachtet.

$$\lim_{x \to \infty} \bar{t}(x) = \lim_{x \to \infty} \frac{0{,}45x - 15.761}{x} = 0{,}45.$$

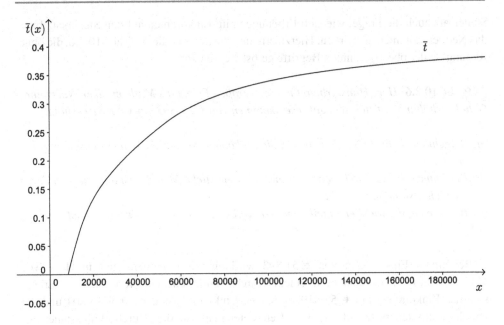

Abb. 10.5 Graph der Durchschnittssteuersatzfunktion

Der Durchschnittssteuersatz kann also maximal 45 % erreichen, wobei aus der Funktionsgleichung deutlich wird, dass dieser so genannte Reichensteuersatz in der Realität nicht
erreicht wird. Dennoch sind die meisten Schüler und Studierenden davon beeindruckt,
dass bei einem sehr hohen Einkommen fast die Hälfte in Form der Einkommensteuer an
den Staat abgeführt werden muss.

Lehrziele Angesichts der beschriebenen Unterrichtsinhalte ergeben sich für den Abschnitt „Durchschnittssteuersatz" die folgenden Lehrziele. Die Schüler . . .

- . . . nutzen den Durchschnittssteuersatz, um den prozentualen Anteil der abzuführenden
  Steuern am Einkommen zu bestimmen.
- . . . beurteilen den Steuergrundsatz der Leistungsfähigkeit anhand des Durchschnittssteuersatzes.

10.2.4 Grenzsteuersatz

Für die vollständige Behandlung des Grenzsteuersatzes sollten den Schülern die Begrif-
fe Differenzenquotient oder Differentialquotient bekannt sein. Andernfalls können die
Inhalte dieses Abschnitts zur Erarbeitung der genannten Begriffe genutzt werden. Als
Steuerzahler interessiert uns neben der Frage nach dem durchschnittlichen zu zahlenden

Steuersatz auch die Frage, wie sich Erhöhungen im Einkommen auf den Steuersatz bzw. das Nettoeinkommen auswirken. Hierzu erhalten die Schüler die Aufgabe 10.2.6, die ohne Kenntnisse der oben genannten Begriffe gelöst werden kann.

Aufgabe 10.2.6 *Herr Hans arbeitet in einer großen Firma als Mathematiker. Nach einer Gehaltserhöhung hat sich sein Jahreseinkommen von € 51.893 auf € 55.819 erhöht.*

(a) Berechnen Sie für beide Einkommen die Einkommensteuer und den Durchschnittssteuersatz.

(b) Bestimmen Sie den Mehrverdienst und die steuerliche Mehrbelastung, die sich durch die Gehaltserhöhung ergibt.

(c) Bestimmen Sie, welcher Anteil vom Mehrverdienst an Steuern abzuführen ist.

Bei einem Einkommen von € 51.893 wird eine Einkommensteuer in Höhe von € 13.558 fällig. Dies entspricht einem Durchschnittssteuersatz von 26,13 %. Erhöht sich das Einkommen auf € 55.819, steigt die Einkommensteuer auf € 15.204 und der Durchschnittssteuersatz auf 27,24 %. Betrachtet man nur den Durchschnittssteuersatz, scheint sich die Gehaltserhöhung nicht sehr deutlich auszuwirken. Untersucht man aber den Mehrverdienst und die steuerliche Mehrbelastung, sieht die Situation schon anders aus: Für einen Mehrverdienst von € 3926, werden stolze € 1646 fällig. Dies entspricht einem Anteil von unglaublichen 41,5 %.

Für eine bessere Vergleichbarkeit der steuerlichen Mehrbelastung wird ausgehend vom Jahreseinkommen eine Gehaltserhöhung vom einem Euro unterstellt. Dies führt auf den Begriff des Grenzsteuersatzes. Die Schüler können sich diesen mit Hilfe von Aufgabe[8] 10.2.7 erarbeiten.

Aufgabe 10.2.7 *Herr Hans ist über die steuerliche Mehrbelastung alles andere als begeistert. Als Mathematiker interessiert ihn, welcher Anteil am jeweils nächsten verdienten Euro versteuert wird. Dazu stellt er für ein Jahreseinkommen von $x_0 = $ € 30.000, für das er eine Einkommensteuer von € 5558 zahlt, die Tab. 10.1 auf (Ergebnisse auf vier Nachkommastellen gerundet).*

(a) Interpretieren Sie die Terme $t(x + h)$, $t(x + h) - t(x)$ und $\frac{t(x+h)-t(x)}{h}$.

Tab. 10.1 Übersicht zur Untersuchung der Auswirkungen verschiedener jährlicher Mehrverdienste

Mehrverdienst h	€ 1000	€ 100	€ 10	€1
$t(x + h)$	5876,1810			
$t(x + h) - t(x)$	317,6134			
$\frac{t(x+h)-t(x)}{h}$	0,3176			

---

[8] Nach einem Vorschlag von Jens Dennhard.

Tab. 10.2 Untersuchung der Auswirkungen verschiedener jährlicher Mehrverdienste

Mehrverdienst h	€ 1000	€ 100	€ 10	€1
$t(x + h)$	5876,1810	5590,1230	5561,7210	5558,8829
$t(x + h) - t(x)$	317,6134	31,5555	3,15349	0,31533
$\frac{t(x+h)-t(x)}{h}$	0,3176	0,3156	0,3154	0,3153

(b) *Vervollständigen Sie die Tabelle. Betrachten Sie die beiden letzten Zeilen und beschreiben Sie Auffälligkeiten.*

(c) *Herr Hans als Mathematiker fragt sich, welche Auswirkungen eine immer kleiner werdende Gehaltserhöhung haben würde. Ihn interessieren insbesondere minimale Gehaltserhöhungen, die fast Null betragen. Betrachten Sie den Wert von $\frac{[t(x+h)-t(x)]}{h}$ für $h \to 0$. Vergleichen Sie diesen mit einer Gehaltserhöhung von einem Euro.*

(d) *Führen Sie die obigen Betrachtungen für ein Jahreseinkommen in Höhe von € 55.000 durch. Beschreiben Sie Auffälligkeiten.*

Nach der Bearbeitung der Aufgabe sollten folgende Ergebnisse festgehalten werden: Der Term $t(x + h)$ steht für die abzuführende Steuer auf das um den Betrag h Euro erhöhte Einkommen. Die Subtraktion $t(x + h) - t(x)$ gibt die absolute steuerliche Mehrbelastung durch die Gehaltserhöhung an. Durch Division dieser Differenz durch das zusätzliche Einkommen h erhält man den Differenzenquotient $\frac{t(x+h)-t(x)}{h}$. Dieser liefert die durchschnittliche steuerliche Mehrbelastung bzw. die steuerliche Mehrbelastung pro einem Euro. Ausgehend von einem Jahreseinkommen von € 30.000 führt eine Gehalterhöhung um € 1000 auf

- eine Einkommensteuer in Höhe von € 5876,
- eine steuerliche Mehrbelastung in Höhe von € 318,
- eine durchschnittliche steuerliche Mehrbelastung in Höhe von ungefähr € 0,32 auf jeden Euro.

Durch entsprechende Berechnungen mit einem graphikfähigen Taschenrechner oder geeigneter Mathematiksoftware erhalten wir die Tab. 10.2. Daraus wird eine Berücksichtigung des Steuergrundsatzes der Leistungsfähigkeit deutlich, denn die absolute steuerliche Mehrbelastung ist bei kleineren Gehaltserhöhungen erkennbar geringer als bei größeren. Interessanterweise ist die steuerliche Mehrbelastung pro Euro annähernd konstant. Erfolgt bei einem Gehalt von € 30.000 eine Gehaltserhöhung um € 1 beträgt die steuerliche Mehrbelastung ungefähr 31,5 %. Für noch kleinere Gehaltserhöhungen ändert sich diese pro Euro nur noch geringfügig. Sie stimmt für $h \to 0$ mit der Ableitung überein. Es gilt:

$$t'(30.000) \approx 0,315326.$$

Die Teilaufgabe (d) führt zur gleichen Interpretation des Differenzenquotienten. Sie unterscheidet sich von den bisherigen Überlegungen nur darin, dass die Einkommensteuer bei einem Einkommen von € 55.000 aus der linearen Funktion $0{,}42x - 8.239$ bestimmt wird. Aus diesem Grund stimmt die steuerliche Mehrbelastung pro Euro mit der Steigung der linearen Teilfunktion in ihrem gesamten Definitionsbereich überein. Die vorherigen Überlegungen führen uns zum Begriff des Grenzsteuersatzes. Dieser ist wie folgt definiert:

> Der Grenzsteuersatz $\widehat{t}(x)$ ist definiert als erste Ableitung der Steuerfunktion. Es gilt:
>
> $$\widehat{t}(x) := t'(x).$$

Hierbei ist erneut zu beachten, dass die Steuerfunktion $t(x)$ nicht stetig ist. Somit ist die Grenzsteuersatzfunktion an den Unstetigkeitsstellen von $t(x)$ nicht definiert. Mit der folgenden Aufgabe soll die Grenzsteuersatzfunktion untersucht und das Tarifmodell in Deutschland abschließend zusammengefasst werden.

Aufgabe 10.2.8 *Die erste Ableitung der Steuerfunktion $t(x)$ heißt Grenzsteuersatzfunktion $\widehat{t}(x)$.*

(a) *Stellen Sie den Verlauf der Grenzsteuersatzfunktion $\widehat{t}(x)$ mit einem graphikfähigen Taschenrechner oder entsprechender Mathematiksoftware graphisch dar und beschreiben Sie den Verlauf. Stellen Sie hierbei Bezüge zur Einkommensteuer her.*
(b) *Leiten Sie aus diesem Verlauf wichtige Eckpunkte ab, aus denen das Einkommensteuertarifmodell in Deutschland konstruiert ist. Nutzen Sie auch die Erkenntnisse aus den vorherigen Unterrichtsabschnitten.*

Die Abb. 10.6 zeigt einen Ausschnitt des graphischen Verlaufs der Grenzsteuersatzfunktion $\widehat{t}(x)$. Die Steuerfunktion $t(x)$ ist nicht stetig, folglich ist die Grenzsteuersatzfunktion an den Unstetigkeitsstellen von $t(x)$ nicht definiert. Da sowohl die Anzahl als auch die Höhe der Sprünge von $t(x)$ minimal sind, können wir diese Problematik vernachlässigen.

Die Funktion $\widehat{t}(x)$ setzt sich aus verschiedenen monoton steigenden linearen oder konstanten Teilfunktionen zusammen. Dies bedeutet, dass jeder zusätzlich verdiente Euro mit dem gleichen oder einem höheren Steuersatz als zuvor besteuert wird. Auffällig ist, dass nach dem Verlassen des Existenzminimums der Grenzsteuersatz zunächst stark ansteigt. Hier stellt sich durchaus die Frage, ob es gerecht ist, dass bei geringen Einkommen die Steigung am stärksten ist.

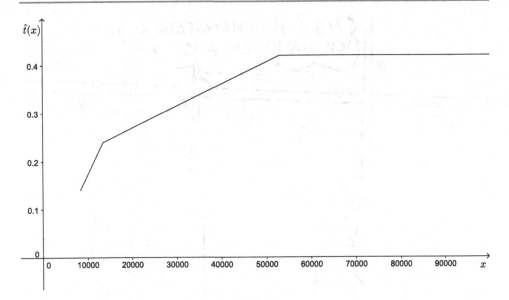

Abb. 10.6 Ausschnitt vom Graphen der Grenzsteuersatzfunktion

Anhand des Graphen der Grenzsteuersatzfunktion in Abb. 10.6 und der Steuerfunktion lassen sich wesentliche Aspekte des linear-progressiven Steuermodells Deutschlands gut zusammenfassen:

- Die Einkommensteuer untergliedert sich in fünf „Tarifzonen".
- Das Einkommen bleibt bis zu einer Höhe des Grundfreibetrages (€ 8354 mit Stand vom 25.05.2015) steuerfrei. So soll ein steuerfreies Existenzminimum sichergestellt werden.
- Übersteigt das Einkommen das Existenzminimum, beginnt die Besteuerung mit einem Eingangssteuersatz von 14 %. In zwei Progressionszonen (erste Zone bis € 13.469, zweite Zone bis € 52.881) steigt der Grenzsteuersatz erst stark, dann etwas weniger stark linear an. Dies bedeutet, dass bis zu einem Einkommen in Höhe von € 52.881 mit jedem zusätzlich verdienten Euro der Steuersatz zunimmt.
- Jeder Euro oberhalb von € 52.881 wird mit festen Sätzen besteuert, wobei das Steuermodell zwei konstante Proportionalitätszonen vorsieht. Bei einem Einkommen von € 52.882 bis € 250.730 wird der so genannte Spitzensteuersatz von 42 % angesetzt, ab einem Einkommen in Höhe von € 250.731 greift der so genannte Reichensteuersatz von 45 %. Diese Sätze gelten dabei nur für die Einkommensbestandteile oberhalb der genannten Grenzen.

Zum Abschluss der Unterrichtseinheit sollen die Schüler zur folgenden Abb. 10.7 Stellung nehmen. Zur Argumentation sind die Überlegungen aus den bisherigen Abschnitten einzubeziehen. Tatsächlich wird in Deutschland ein Reichensteuersatz von 45 % genannt,

Abb. 10.7 Comic zum Reichensteuersatz (gezeichnet von Rebekka Voss)

der aber nicht mit dem Durchschnittssteuersatz verwechselt werden darf. Betrachtet man den Durchschnittssteuersatz lässt sich feststellen, dass dieser Satz selbst bei einem sehr hohen Einkommen nur annähernd erreicht wird. Doch woher kommt dieser Wert, der häufig zu Diskussionen oder Unmut (Stichwort: Steuerflüchtlinge) führt? Betrachtet man den Grenzsteuersatz, so wird deutlich, dass jeder zusätzlich verdiente Euro über € 250.731 mit genau diesem Steuersatz von 45 % besteuert wird. Auch für Millionäre gilt beispielsweise der Grundfreibetrag von € 8354, der unabhängig vom Gesamteinkommen immer steuerfrei ist. Entgegen der weit verbreiteten Auffassung wird der Reichensteuersatz also nicht auf das gesamte Einkommen angewendet (in diesem Falle hieße die Funktionsgleichung $0{,}45x$), sondern nur auf die Beträge, die sich aus der Differenz des Gesamteinkommens und € 250.731 ergeben.

Lehrziele Angesicht der beschriebenen Unterrichtsinhalte ergeben sich für den Abschnitt „Grenzsteuersatz" die folgenden Lehrziele. Die Schüler ...

- ... erläutern die Bedeutung des Grenzsteuersatzes aus mathematischer und steuerpolitischer Sicht.
- ... beschreiben das linear-progressive Einkommensteuermodell Deutschlands unter Nutzung der Grenzsteuersatzfunktion.

10.3 Die Ergänzungsmodule

10.3.1 Umsatz- bzw. Mehrwertsteuer

Wie bereits in der Einstiegsaufgabe 10.2.1 des Abschnitts „Ökonomische Grundlagen" (Abschn. 10.2.1) erläutert wurde, wird beim Kauf von Waren stets die **Umsatz- bzw. Mehrwertsteuer** fällig. Diese Steuer ist die Steuerart, mit der die Schüler gewöhnlich am häufigsten in Kontakt kommen. Daher erhalten die Schüler als langfristige Hausaufgabe das Sammeln von Kassenbons. Hierzu können auch Rechnungen aus Restaurants und Cafés zählen. Diese sollen nach dem vorgeschlagenen Einstiegsartikel (Abb. 10.8) analysiert werden, um weitere Kuriositäten im Zusammenhang mit der Umsatzsteuer aufzudecken.

Im Anschluss an das Studium des Zeitungsartikels ist es sinnvoll, die Schüler nach ihrem Vorwissen zur Mehrwert- bzw. Umsatzsteuer zu fragen und dieses zusammenzutragen. Dabei sind die folgenden für die Schüler wichtigen Aspekte herauszuarbeiten: Die Mehrwertsteuer wird grundsätzlich beim Erwerb von Waren oder im Falle der Inanspruchnahme von Dienstleistungen erhoben. Dabei wird, wie schon im Artikel beschrieben, zwischen zwei Steuersätzen unterschieden: 7 % und 19 %. An dieser Stelle des Unterrichts wird noch nicht darauf eingegangen, welche Steuersätze für welche Produkte gelten.

Mehrwertsteuersätze
Spitzenschuhsteuer

Was ist Bildung, was Hobby? Um privaten Unterricht in Musik- und Ballettschulen wie für 2013 geplant von der Umsatzsteuerbefreiung ausnehmen zu können, wagt sich das Finanzministerium an eine Definition.

Nachdem der Bundesfinanzminister sich in der Currywurstfrage entschieden hat und die Popcornfrage in Luxemburg geklärt wurde, kam zuletzt die Ballettschulenfrage auf den Tisch. In der Imbiss-Sache hatte ein höchstrichterliches Urteil zwischenzeitlich zu unterschiedlichen Mehrwertsteuersätzen für sitzend und stehend verzehrte Würste geführt, wobei behelfsmäßige Ablagebretter nicht als Tische zählten und Sitzgelegenheiten einer Nachbarbude selbst dann als unbeachtlich galten, wenn sie im Interesse des Currywurstverzehrs aufgestellt worden waren. Sieben Prozent für alle Currywürste, heißt es jetzt aus Berlin, auch für liegend verzehrte.
Die Popcornfrage - Lieferung (7 Prozent MwSt.) oder Dienstleistung (19 Prozent)? - wurde vor dem Europäischen Gerichtshof zweifelsfrei beantwortet: Lieferung. Bleibt die Ballett- und Musikfrage: Privater Unterricht

in entsprechenden Schulen soll nach dem Entwurf des Steuergesetzes für 2013 von der Umsatzsteuerbefreiung ausgenommen werden. Bildungsleistungen durch einzelne Privatlehrer sind hingegen befreit.
Das Argument lautet: Auf alles, was auch der Freizeitgestaltung dient und nicht nur der Vermittlung von Fähigkeiten, die für Berufe nötig sind, wird Umsatzsteuer erhoben. Es sei denn, die Schule strebe keine Gewinne an. Violinunterricht und Ballettstunden würden damit behandelt wie der Hochzeitscrashkurs mit Cha-Cha-Cha. Allerdings hat schon 2008 der Bundesfinanzhof entschieden, dass es nach europäischem Recht gleichgültig ist, ob nur zwei von hundert Ballettschülerinnen später Berufstänzerin werden. Es komme nicht einmal auf die Ziele der Schüler und ihrer Eltern an, entscheidend sei nur die Art der erbrachten Leistung, vereinfacht gesagt: Bildet sie oder nicht? Aber

was ist Bildung?
Das Finanzministerium ließ inzwischen verlauten, Bildung sei, was an Schulen und Hochschulen angeboten werde. (Vielleicht weiß es nicht, dass man da so ziemlich alles lernen und studieren kann.) Hobbys hingegen seien steuerpflichtig, und bei Mischformen werde es der private Anbieter auch. Da kann man nur viel Prozessvergnügen beim Streit über Mischformen wünschen. Ansonsten herrscht Klarheit: Schwimmschule wg. Schulschwimmen umsatzsteuerfrei, auch wenn nur einer von zehntausend Bademeister wird, Tanzschule neunzehn Prozent, obwohl die Ehe, eventuell mittels Discofox angebahnt, kein Hobby ist, und Blockflöte weiterhin unbesteuert, weil zweifelsohne ein Fall von Unfreizeitgestaltung.

Frankfurter Allgemeine Zeitung (07.09.12)

Abb. 10.8 Zeitungsartikel „Mehrwertsteuersätze: Spitzenschuhsteuer". Quelle: Frankfurter Allgemeine Zeitung vom 07.09.12

Dies erfolgt später im Rahmen der Analyse der Kassenbons. Einige wenige Umsätze sind steuerfrei, etwa ärztliche Dienstleistungen, Privatverkäufe (z. B. auf Flohmärkten) oder Verkäufe ins Ausland (Exporte). Als Basis für die folgende Aufgabe 10.3.1 dienen die von den Schülern gesammelten Kassenbons. Neben einer rechnerischen Bestimmung der Mehrwertsteuer steht die Analyse der jeweiligen Steuersätze im Vordergrund.

Aufgabe 10.3.1 *Bearbeiten Sie die folgenden Aufgaben zu den Mehrwertsteuersätzen von 7 % und 19 %.*

(a) *Betrachten Sie den nebenstehenden Kassenbon und weisen Sie rechnerisch nach, dass die ausgewiesenen Werte für die Mehrwertsteuer und den Nettopreis richtig sind.*
(b) *Analysieren Sie gemeinsam mit Mitschülern möglichst viele Ihrer gesammelten Kassenbons. Stellen Sie Vermutungen dazu auf, wann der ermäßigte Steuersatz von 7 % erhoben wird.*

```
                                             EUR
BERGBLUMENKAESE                             7,90 B
  Handeingabe E-Bon     0,240 kg
KALTB. CREMIG-WUE                           5,50 B
  Handeingabe E-Bon     0,184 kg
LE GRAND RUST.                              1,88 B
  Handeingabe E-Bon     0,118 kg
ZIEGENFR. KAESE                             2,39 B
BAERLAUCH-CREME                             1,35 B
BANANE CHIQUITA
  0,800 kg x       1,99 EUR/kg              1,59 B
SUESSKARTOFFEL
  0,724 kg x       1,99 EUR/kg              1,44 A
BLATTSALAT BIO                              1,79 B
CHERRYROMATOMATE                            1,99 B
PAPRIKA ROT SP.                            1,99 B
BRATPAPRIKA                                1,69 B
BUTTER GESAEUERT                           0,99 B
LANDMILCH 3,8%                              1,75 B
FRISCHE SAHNE                              0,45 B
LANDJOG. MILD 3,5                          1,89 B
SCHLEMMER-FILET                            2,89 B
IND. CURRY                                 2,99 B
PIZZA SALAME                               4,49 B

SUMME               EUR       44,96

Geg. EC-Cash        EUR       44,96

Steuer %      Netto      Steuer    Brutto
A= 19,0%       1,21       0,23      1,44
B=  7,0%      40,67       2,85     43,52
Gesamtbetrag  41,88       3,08     44,96
```

(c) *Im Zeitungsartikel „Mehrwertsteuersätze: Spitzenschuhsteuer" wurde auf die Problematik der unterschiedlichen Mehrwertsteuersätze bei gleichen oder vergleichbaren Leistungen eingegangen. Auch bei Lebensmitteln sind nicht immer nachvollziehbare Mehrwertsteuersätze zu beobachten. Untersuchen Sie erneut gemeinsam mit Ihren Mitschülern die Kassenbons und führen Sie vergleichbare Lebensmittel auf, die sowohl mit 7 % als auch 19 % besteuert werden. Beziehen Sie in Ihre Untersuchung auch Rechnungen aus dem Restaurant ein.*

Tab. 10.3 Überblick über ermäßigte und reguläre Mehrwertsteuersätze

Ermäßigter Steuersatz von 7%	Regulärer Steuersatz von 19%
Kartoffeln	Süßkartoffeln
Kaffeebohnen, Kaffeepulver, Tee	Fertige Kaffeegetränke , Kaffee in Restaurants oder Cafés
Milch und Milcherzeugnisse, Milchmischgetränke, die zu mindestens 75% aus Milch bestehen	Milchmischgetränke, die zu mehr als 25% aus Fruchtsaft bestehen
Trinkwasser aus der Leitung	Trinkwasser in Fertigpackungen (z. B. Mineralwasser, Tafelwasser), Wasserdampf, Meerwasser, Heilwasser
Hundefutter	Babynahrung, Windeln

Im Folgenden seien die Lösungen kurz skizziert. Auf dem Kassenbon der Teilaufgabe (a) ist der Bruttopreis in Höhe von € 44,96 als Endpreis angegeben[9]. Dieser enthält demnach bereits die fälligen Mehrwertsteuern. Bis auf die Süßkartoffeln, für die inklusive Steuer € 1,44 gezahlt wurden, unterliegen alle eingekauften Waren dem ermäßigten Steuersatz. Für diese Waren beträgt der Bruttopreis also € 43,52. Demnach gilt bei einem ermäßigten Steuersatz von 7 % ein Nettopreis x von:

$$x = \frac{€\,43{,}52}{1{,}07} = €\,40{,}67.$$

Dieser Nettopreis ist auf dem Kassenbon im Fall des ermäßigten Steuersatzes angeben. Gleiches gilt für die Mehrwertsteuer in Höhe von € 2,85, die sich durch Differenzbildung aus dem Netto- und dem Bruttopreis ergibt. Analog kann auch für die Süßkartoffeln der Nettopreis und die Mehrwertsteuer bestimmt und mit den Angaben auf dem Kassenbon verglichen werden.

Mit der Analyse von ausreichend vielen Kassenbons im Aufgabenteil (b) ergibt sich, dass der ermäßigte Steuersatz von 7 % auf wichtige Waren des alltäglichen Lebens erhoben wird. Dazu zählen viele Lebensmittel, aber auch Bücher, Zeitungen und Blumen. Dennoch stellt sich die Frage, welche Lebensmittel zum Alltag gehören. So gilt der ermäßigte Steuersatz beispielsweise für Kartoffeln, nicht aber für Süßkartoffeln. Ähnliche, nicht immer nachvollziehbare Eingruppierungen sind in der Tab. 10.3 aufgeführt. Diese wurde mit Hilfe von Kassenbons und der Anlage 2 des Umsatzsteuergesetzes erstellt.

---

[9] Falls Schwierigkeiten bei der Bearbeitung der Aufgabe (a) zu erwarten sind, kann ggf. eine kurze Wiederholung zur Prozentrechnung vorangestellt werden. Insbesondere treten erfahrungsgemäß häufig Probleme beim Aufgabentyp „Erhöhter Grundwert" auf.

Abb. 10.9 Comic zur Mehrwertsteuer (gezeichnet von Rebekka Voss)

Häufig gibt es Werbeaktionen, in denen große Möbelhäuser oder Elektrogroßmärkte den Kunden „19 % Mehrwertsteuer geschenkt" oder „19 % Mehrwertsteuer gespart" versprechen. Da dies aber aufgrund der Rechtslage in Deutschland nicht möglich ist, bedienen sie sich zur Durchführung der Werbeaktion stets eines einfachen Tricks. Dieser soll mit den Schülern gemeinsam erarbeitet werden.

Aufgabe 10.3.2 *Im Folgenden möchten wir die Werbeaktionen „19 % Mehrwertsteuer geschenkt" näher untersuchen, die häufig von großen Möbelhäusern oder Elektrogroßmärkten durchgeführt werden.*

(a) Familie Steuerich möchte im Zuge der Werbeaktion ein neues Bett kaufen, das sie im Möbelhaus entdeckt hat. Nehmen Sie zur Abb. 10.9 Stellung.

(b) Das Möbelhaus steht im Zuge der Werbeaktion vor einem grundsätzlichen Problem. Es darf aufgrund der gesetzlichen Grundlage keine Mehrwertsteuer erlassen. Auf der Rechnung, die das Möbelhaus dem Kunden ausstellt, muss die Mehrwertsteuer ausgewiesen sein. Erstellen Sie einen Kassenbon für Familie Steuerich. Bedenken Sie, dass auf der Rechnung ein Nettopreis, ein Bruttopreis und die Mehrwertsteuer erkennbar sein müssen.

*(c) Begründen Sie, warum das Möbelhaus auch mit dem Slogan „Sparen Sie 16%" wer-
ben könnte. Gibt es Ihrer Meinung nach Motive, warum das Möbelhaus darauf verzichtet?*

Familie Steuerich hat sich bei der Berechnung des zu zahlenden Endpreises geirrt. Ihr
unterläuft ein Fehler, der häufig in der Prozentrechnung auftritt: Eine Erhöhung des Nettopreises um 19 % lässt sich nach Auffassung von Familie Steuerich rückgängig machen,
indem der Bruttopreis wieder um 19 % gesenkt wird. Sie rechnet daher wie folgt:

$$€\,758 - 0{,}19 \cdot €\,758 = €\,613{,}98.$$

Diese Rechnung ist aber nicht richtig, hier wird mit einem falschen Grundwert gearbeitet.
Der neue Bruttopreis x des Bettes berechnet sich wie folgt:

$$x = \frac{€\,758}{1{,}19} = €\,636{,}97.$$

Insofern muss die Familie für das Bett im Rahmen der Werbeaktion € 636,97 zahlen. Dieser Preis muss nun zwingend auf der Rechnung als neuer Bruttopreis ausgewiesen sein.
Der Preis muss also die 19 % Mehrwertsteuer enthalten, die das Möbelhaus trotz Werbeaktion an das Finanzamt abzuführen hat. Aus diesem Grund gilt es, die Mehrwertsteuer
zu berechnen, die auf einen Nettopreis erhoben wurde, der zusammen mit der Mehrwertsteuer einen Bruttopreis von € 636,97 ergibt. Aus diesem Bruttopreis berechnen wir den
neuen Nettopreis:

$$\frac{€\,636{,}97}{1{,}19} = €\,535{,}27.$$

Die Mehrwertsteuer, die auf der Rechnung von Familie Steuerich stehen muss, beträgt
demnach € 636,97 − € 535,27 = € 101,70. Einen möglichen Bon, der den Schülern
ggf. auch als Diskussionsgrundlage zur Verfügung gestellt werden kann, zeigt Abb. 10.10.
    Nun möchten wir prüfen, welche effektive Ersparnis die Familie hat, wenn man vom
urspünglichen Bruttopreis, also dem Preis an der Ware, ausgeht. Hierzu berechnen wir,
wie viel Prozent € 636,97 von € 758 sind.

$$\frac{€\,758}{100} = \frac{€\,636{,}97}{x} \quad \Longleftrightarrow \quad x = 84{,}03\,\%.$$

Demnach hat Familie Steuerich eine Ersparnis von ca. 16 %. Folglich könnten die betreffenden Möbelhäuser oder Elektrogroßmärkte mit dem Slogan „16 % sparen" werben,
denn effektiv werden stets ca. 16 % gespart, wenn man als Bezugsgröße den angegebenen Bruttopreis wählt. Aus werbetechnischer Sicht klingt eine 19 %ige Ersparnis jedoch

Abb. 10.10 Kassenbon mit
reduziertem Netto- und Bruttopreis

	Möbelhaus
Bett Luxus Art.-Nr. 158	EUR 636,97
Summe	**EUR 636,97**
Mehrwertsteuer:	EUR 101,70
Nettopreis:	EUR 535,27

großzügiger als 16 % und spricht vermutlich mehr kaufwillige Kunden an. Dass der tatsächliche, absolute Rabatt in beiden Fällen gleich ist, da sich diese auf verschiedene
Ausgangspreise beziehen, ist vielen Kunden nicht bewusst. Insofern ist die Aufgabe 10.3.2
ein geeignetes Beispiel, um die Schüler zu einem verantwortungsvollen Umgang mit Wer-
beversprechen anzuregen. Sinnvoll wäre es, geeignete Werbematerialien im Unterricht zur
Verfügung zu stellen und abschließend zu untersuchen, ob im Kleingedruckten der effektive Rabatt angegeben wird.

Lehrziele Angesichts der beschriebenen Unterrichtsinhalte ergeben sich für den Abschnitt „Umsatz- bzw. Mehrwertsteuer" die folgenden Lehrziele. Die Schüler ...

- ... berechnen die Mehrwert- bzw. Umsatzsteuer für ausgewählte Beispiele und erkennen dabei den Unterschied zwischen Netto- und Bruttopreisen.
- ... erkennen, dass es zwei verschiedene Steuersätze für die Mehrwert- bzw. Umsatzsteuer gibt und erläutern die Grundprinzipien der Anwendung dieser Steuersätze.
- ... erläutern, wie Unternehmen Aktionen der Art „19 % Mehrwertsteuer geschenkt"
  im Rahmen der gesetzlichen Möglichkeiten durchführen.

10.3.2 Ehegattensplitting

Das deutsche Steuerrecht sieht gemäß §26 Abs. 1 EStG vor, dass Ehepaare bei der Abgabe
der Einkommensteuer die Wahl zwischen einer Zusammenveranlagung oder getrennten
Veranlagung haben. In diesem Abschnitt sollen die Grundlagen dieser beiden Verfahren
erarbeitet und diskutiert werden. Zum Einstieg erhalten die Schüler die folgende Aufgabe.

Aufgabe 10.3.3 *Das deutsche Einkommensteuerrecht sieht vor, dass Ehepaare bei der Berechnung der Einkommensteuer einzeln oder zusammen veranlagt werden. Bei einer Einzelveranlagung zahlt jeder der Ehepartner auf sein Einkommen separat Steuern. Aus der Addition der beiden Teilsteuerbeträge ergibt sich dann die Gesamtsteuer. Bei der Zusammenveranlagung wird in Deutschland der so genannte Splittingtarif gewählt. Dazu wird das Einkommen beider Partner zunächst addiert, es ergibt sich das gesamte zu versteuernde Einkommen x. Dieses wird anschließend halbiert („gesplittet"). Für $\frac{x}{2}$ wird anschließend die zu zahlende Steuer bestimmt. Durch Verdopplung dieses Betrages ergibt sich die Gesamtsteuer. In den folgenden Beispielen gehen wir davon aus, dass sich das Einkommen eines Ehepaares aus $x_1 = €\,42.981$ und $x_2 = €\,28.280$ zusammensetzt.*

(a) *Berechnen Sie die Höhe der gemeinsamen Einkommensteuer, wenn sich das Ehepaar für die Einzelveranlagung entscheidet.*

(b) *Berechnen Sie die Höhe der gemeinsamen Einkommensteuer, wenn sich das Ehepaar für das Splitting-Verfahren entscheidet.*

(c) *Durch Anwendung des Splitting-Verfahrens „erhöhen" sich die Einkommensgrenzen für den Grundfreibetrag und den Reichensteuersatz. Geben Sie diese Grenzen an.*

(d) *Erläutern Sie, wie eine gemeinsame Veranlagung noch gestaltet sein könnte. Bestimmen Sie für Ihr Modell ebenfalls die Höhe der gemeinsamen Einkommensteuern.*

Wird die **Einzelveranlagung** gewählt, ergibt sich bei einem Einkommen in Höhe von $x_1 = €\,42.981$ eine Einkommensteuer von $t(x_1) = €\,10.037$. Für das Einkommen in Höhe von $x_2 = €\,28.280$ werden $t(x_2) = €\,5022$ fällig. Demnach beträgt die Gesamtsteuer $t_e(x) = t(x_1) + t(x_2) = €\,15.059$. Für das **Splitting-Verfahren** gilt nach den in der Aufgabenstellung formulierten Ausführungen die folgende mathematische Darstellung:

$$t_s(x) = 2 \cdot t\left(\frac{x_1 + x_2}{2}\right) = 2 \cdot t(35630) = €\,14.812.$$

Im Splitting-Verfahren muss das Ehepaar € 247 weniger Steuern zahlen. Da im Splitting-Verfahren die Steuerfunktion auf den Term $\frac{x_1+x_2}{2}$ angewendet wird, liegt der Grundfreibetrag bei gemeinsamer Veranlagung bei $2 \cdot €\,8354 = €\,16.708$, der Reichensteuersatz in Höhe von 45 % kommt erst zur Anwendung, wenn das Jahreseinkommen des Ehepaares € 501.461 überschreitet. Eine gemeinsame Veranlagung könnte auch erreicht werden, wenn zunächst die Einkommen addiert und dann gemäß des Einkommensteuergesetzes versteuert werden. Für $x_1 = €\,42.981$ und $x_2 = €\,28.280$ gelte dann:

$$t(x_1 + x_2) = t(71.260) = €\,21.690.$$

Die Einkommensteuer ist in diesem Modell deutlich höher als bei der Einzelveranlagung oder dem Splitting-Verfahren. Tatsächlich ist die Besteuerung des gemeinsamen Einkommens durch $t(x_1 + x_2)$ am ungünstigsten und spielt im deutschen Steuerrecht keine Rolle.

Tab. 10.4 Übersicht zur Untersuchung der Einkommensteuer bei unterschiedlichen Einkommensverhältnissen

Einkommen in €		Gesamte Einkommensteuer in €	
x_1	x_2	Splittingverfahren	Einzelbesteuerung
60.000	0		
50.000	10.000		
40.000	20.000		
30.000	30.000		

Tab. 10.5 Einkommensteuer bei unterschiedlichen Einkommensverhältnissen im Splitting-Verfahren und im Falle der Einzelbesteuerung

Einkommen in €		Gesamte Einkommensteuer in €	
x_1	x_2	Splittingverfahren	Einzelbesteuerung
60.000	0	11.116	16.961
50.000	10.000	11.116	13.036
40.000	20.000	11.116	11.574
30.000	30.000	11.116	11.116

Mit der folgenden Aufgabe 10.3.4 sollen die Schüler das Splitting-Verfahren hinsichtlich der „Steuergerechtigkeit" beurteilen. Ziel ist es, unterschiedliche Einkommensverteilungen zu untersuchen und daraus abzuleiten, welche Lebensformen in Deutschland steuerlich gefördert bzw. begünstigt werden.

Aufgabe 10.3.4 *Im Folgenden möchten wir untersuchen, welche Besteuerung am günstigsten ist. Dazu nehmen wir an, dass vier Ehepaare über ein Jahreseinkommen von jeweils € 60.000 verfügen. Das Einkommen der Ehefrauen und Ehemänner variiert jedoch. Ergänzen Sie die Tab. 10.4 und beurteilen Sie das Splitting-Verfahren hinsichtlich des Steuergrundsatzes „Steuergerechtigkeit". Achten Sie darauf, dass Sie die gesamte Einkommensteuer des Ehepaares angeben.*

Aus den Angaben in der Tab. 10.5 wird deutlich, dass das Splitting-Verfahren mit besonders hohen Steuerersparnissen verbunden ist, wenn die Einkommensdifferenz zwischen beiden Ehepartnern groß ist. Verdienen beide Partner in etwa gleich viel, entsteht kein nennenswerter oder gar kein Steuervorteil. Das Splitting-Verfahren begünstigt also die traditionelle geschlechtsspezifische Rollenverteilung, nach der der Ehemann Hauptverdiener der Familie und die Ehefrau nicht oder nur geringfügig beschäftigt ist. Dieses Modell ist umso attraktiver, je mehr der Ehemann verdient. Damit wird das Modell der Einverdienerehe gefördert. Insofern kann das Splitting-Verfahren in Hinblick auf Steuergerechtigkeit durchaus kritisiert werden, zumal mit dem Splitting-Verfahren nur Ehepaare bevorzugt werden. Dabei ist es irrelevant, ob Kinder im Haushalt leben oder nicht. Alleinerziehende und Partner in eheähnlicher Gemeinschaft mit Kindern profitieren vom Splitting-Verfahren nicht.

Im Zuge der sich verändernden Familienformen wird daher auf politischer Ebene (insbesondere im Wahlkampf) gelegentlich ein „Familien-Splitting" gefordert. Zum Abschluss des Unterrichtsabschnittes könnten die Schüler ein eigenes Modell für einen

Familien-Splitting-Tarif entwerfen und diskutieren. Naheliegend für einen Familientarif t_f scheint die folgende Idee

$$t_f(x) = n \cdot t\left(\frac{x}{n}\right),$$

wobei n die Anzahl der in der Familie lebenden Mitglieder und x das gesamte zu versteuernde Einkommen der Familie angibt. Im Zuge dieser Überlegungen können weitere Fragen auftreten, etwa wer zu einer Familie gehört oder ob bei einem familienfreundlichen Einkommensteuertarif weiterhin Kindergeld gezahlt werden soll. Mit diesen Diskussionen erhalten die Schüler einen guten Eindruck vom komplexen Steuersystem insbesondere in Hinblick auf die Entwicklung eines „gerechten" Tarifs.

Lehrziele Angesichts der beschriebenen Unterrichtsinhalte ergeben sich für den Abschnitt „Ehegattensplitting" die folgenden Lehrziele. Die Schüler . . .

- . . . erläutern, wie die Einkommensteuer nach dem Splitting-Verfahren bestimmt wird.
- . . . beurteilen das Splitting-Verfahren hinsichtlich der „Steuergerechtigkeit".
- . . . entwickeln ein mögliches Familien-Splitting-Verfahren und diskutieren dieses.

10.3.3 Vom Brutto zum Netto

Ausgangspunkt der Überlegungen könnte die folgende „Schätzfrage" sein: „Johanna Meyer hat in der Firma MATmut neu angefangen zu arbeiten. Als sie ihren Arbeitsvertrag unterschrieben hat, wurde ihr ein monatliches Gehalt in Höhe von € 3121,95 versprochen. Schätzen Sie: Wie viel Gehalt bekommt Johanna Meyer am Ende des Monats auf ihr Konto überwiesen?" Die Schätzungen der Schüler fallen erfahrungsgemäß sehr unterschiedlich aus, häufig nennen Schüler auch den Betrag € 3121,95. Hierbei wird deutlich, dass ihnen noch nicht bewusst ist, dass sich der Nettolohn aus dem Bruttolohn durch Abzug von Steuern und Sozialbeiträgen ergibt. Nachdem die Schätzwerte gesammelt sind, wird den Schülern die Gehaltsabrechnung von Johanna Meyer (Abb. 10.11) präsentiert und darüber diskutiert, wie die Differenz zwischen Brutto- und Nettogehalt zustande kommt. Deutlich erkennbar aus der Gehaltsabrechnung sind folgende Abzüge: Lohnsteuer, Solidaritätszuschlag, Kirchensteuer, Rentenversicherung, Krankenversicherung, Pflegeversicherung und Arbeitslosenversicherung. Ist der Arbeitnehmer ab 23 Jahren zudem kinderlos, wird ein „Kinderlosenzuschlag" im Zusammenhang mit der Pflegeversicherung erhoben. Steht im Unterricht genügend Zeit zur Verfügung, sind die einzelnen Beiträge näher zu charakterisieren. Grundsätzlich beträgt die Höhe des Solidaritätszuschlags 5,5 % und stellt eine Ergänzung zur Einkommensteuer dar. Allerdings gibt es hier ebenfalls eine jährliche Freigrenze (€ 972), um Geringverdiener zu entlasten.

Lohnenswert im Zusammenhang mit der Gehaltsabrechnung erscheint zudem die Betrachtung der Lohnsteuer. Die **Lohnsteuer** ist entgegen weit verbreiteter Meinungen keine

Firma MATmut,   **MATmut**
10099 Berlin

Frau Johanna Meyer   Verdienstabrechnung
– persönlich –   Mai 2015

BRUTTORECHNUNG

		Summe EUR
Grundgehalt:	+	2430,00
Sonderzahlungen:	+	691,95
Mon. Bruttoeinkommen		**3121,95**

ABZÜGE/ZUSCHÜSSE

Lohnsteuer Lohnsteuerklasse: 1	–	485,16
Solidaritätszuschlag	–	26,68
Kirchensteuer		
Krankenversicherung (14,6%) Arbeitnehmeranteil: 7,3%	–	227,91
Krankenversicherung (0,9%) Zusatzbeitrag: 0,9%	–	28,10
Pflegeversicherung (2,6%) Arbeitnehmeranteil: 1,175% Kinderlosenzuschlag: 0,25%	–	44,49
Rentenversicherung (18,7%) Arbeitnehmeranteil: 9,35%	–	291,91
Arbeitslosenversicherung (3%) Arbeitnehmeranteil: 1,5%	–	46,83
Mon. Nettoeinkommen		**1970,87**

Abb. 10.11 Gehaltsabrechnung von Johanna Meyer

eigene Steuerart, sondern eine Erhebungsform der Einkommensteuer. Sie wird unmittelbar vom Bruttogehalt abgezogen, wobei der Arbeitgeber für die ordnungsgemäße Besteuerung zuständig ist. Die Lohnsteuer führt der Arbeitgeber an das zuständige Finanzamt ab. Häufig fällt den Schülern bei der Betrachtung der Gehaltsabrechnung der Begriff „Lohnsteuerklasse 1" auf. Da die Schüler gelegentlich mehr darüber wissen möchten, erhalten sie die Aufgabe, sich über die Steuerklassen zu informieren. In Deutschland gibt es die folgenden sechs Steuerklassen:

Lohnsteuerklasse I: Alleinstehende (ledig, getrennt lebend oder geschieden)
Lohnsteuerklasse II: Alleinerziehende

Lohnsteuerklasse III/V: Ehepartner (mit hohen Gehaltsunterschieden), nur in Kombination wählbar

Lohnsteuerklasse IV: Standardmodell für Verheirate, gilt gleichzeitig für beide Ehepartner

Lohnsteuerklasse VI: bei mehreren Beschäftigungen

Entsprechend der Lohnsteuerklasse werden bei der Berechnung der Lohnsteuer bestimmte Frei- und Pauschalbeträge berücksichtigt. Nähere Informationen sind dem Abschn. 4.5 zu entnehmen. Während das Bundesfinanzministerium früher zur Bestimmung der Lohnsteuer so genannte Lohnsteuertabellen zur Verfügung stellte, wird die Lohnsteuer heute mit entsprechender Software berechnet. Diese steht auch im Internet[10] zur freien Verfügung, so dass die Schüler abschließend selbst einige „Gehaltsabrechnungen" erstellen können[11]. Besonders hohes Interesse zeigen die Schüler hierbei, wenn die Ausbildungsvergütungen typischer Ausbildungsberufe verglichen werden. Häufig ist die Verblüffung groß, wie wenig Geld von den vermeintlich hohen Ausbildungsgehältern übrig bleibt.

Lehrziele Angesichts der beschriebenen Unterrichtsinhalte ergeben sich für den Abschnitt „Vom Brutto zum Netto" die folgenden Lehrziele. Die Schüler . . .

- . . . erkennen, dass Arbeitnehmern grundsätzlich ein Nettolohn ausgezahlt wird.
- . . . erfahren, was Steuerklassen sind und welchen Einfluss diese auf die Lohnsteuer haben.
- . . . erstellen eigene Gehaltsabrechnungen.

Literatur

KMK (Hrsg.): Bildungsstandards im Fach Mathematik für die Allgemeine Hochschulreife: Beschluss vom 18.10.2012. Bildungsstandards als PDF-Datei verfügbar unter http://www.kmk.org/fileadmin/veroeffentlichungen_beschluesse/2012/2012_10_18-Bildungsstandards-Mathe-Abi.pdf (Stand: 28.05.2015)

Bundeszentrale für politische Bildung: Steuern und Finanzen (2012)

---

[10] Besonders geeignet erscheint uns auch hier der Lohnsteuerrechner des Bundesfinanzministeriums, der unter https://www.bmf-steuerrechner.de/bl2015/? (Stand: 23.05.2015) erreichbar ist. Während viele andere Rechner neben der Lohnsteuer auch sämtliche Abgaben berechnen, kann beim Rechner des Bundesfinanzminsteriums die Ausgabe auf die Lohnsteuer begrenzt werden.

[11] Natürlich können die Schüler die Lohnsteuer auch händisch berechnen, hierzu sei auf das Beispiel 4.5.1 im Abschn. 4.5 hingewiesen.

Statistik der Aktienmärkte

Im Folgenden präsentieren wir einen Entwurf für eine Unterrichtseinheit zur statistischen Analyse von Aktienrenditen. Der Unterrichtsvorschlag ist für einen Einsatz am Ende der Sekundarstufe I vorgesehen. Bei der Konzeption wurden die unter der Leitidee „Daten und Zufall" zusammengefassten „Bildungsstandards im Fach Mathematik für den Mittleren Schulabschluss" (vgl. KMK 2004, S. 12) berücksichtigt.

11.1 Inhaltliche und konzeptionelle Zusammenfassung

Die Unterrichtseinheit besteht aus einem Basismodul und zwei thematisch passenden Ergänzungsmodulen. Das Basismodul ist in sechs Abschnitte mit folgenden Themen gegliedert:

1. Ökonomische Grundlagen
2. Aktienindex
3. Graphische Darstellung von Aktienkursverläufen
4. Einfache Rendite einer Aktie
5. Drift und Volatilität einer Aktie
6. Statistische Analyse von Renditen.

Die einzelnen Abschnitte des Basismoduls bauen aufeinander auf und sollten möglichst vollständig und in der genannten Reihenfolge unterrichtet werden. Das Ziel des Basismoduls ist es, wesentliche Inhalte der beschreibenden Statistik anhand von Daten der Aktienmärkte zu erarbeiten und zu festigen.

Die zwei Ergänzungsmodule widmen sich folgenden Themen:

1. Kurs einer Aktie
2. Random-Walk-Modell.

© Springer Fachmedien Wiesbaden 2016
P. Daume, *Finanz- und Wirtschaftsmathematik im Unterricht Band 1*,
DOI 10.1007/978-3-658-10615-7_11

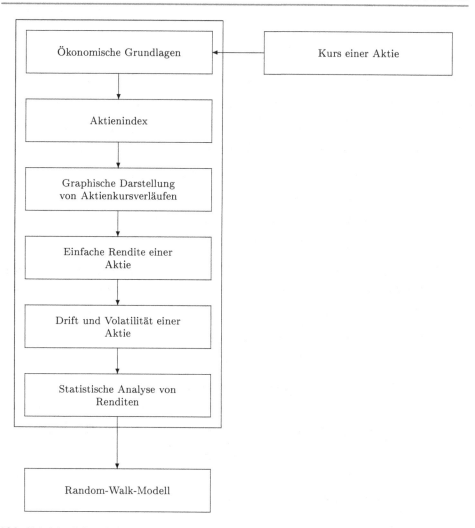

Abb. 11.1 Möglicher chronologischer Ablauf der Unterrichtseinheit „Statistik der Aktienmärkte"

Die Abb. 11.1 zeigt einen Vorschlag für einen chronologischen Ablauf der Unterrichtseinheit. Die Ergänzungsmodule wurden entsprechend zeitlich an passender Stelle eingeordnet.

Im Folgenden werden die Inhalte und Ziele der einzelnen Abschnitte des Basismoduls und der Ergänzungsmodule vorgestellt. Die vermittelten mathematischen und ökonomischen Inhalte ergeben sich dabei vollständig aus Kap. 5.

11.2 Das Basismodul

11.2.1 Ökonomische Grundlagen

Vielen Schülern sind trotz täglicher Börsenberichte in Rundfunk, Fernsehen und Zeitungen die ökonomischen Grundlagen im Bereich der Aktien unbekannt. Aus diesem Grund sollte am Anfang dieses Kurses eine Einführung in die Thematik stehen. Dies kann auf verschiedenen Wegen erfolgen. Neben einem Kurzvortrag über Aktien oder der Teilnahme an einem Börsenspiel kann die Diskussion über Aktien anhand des Zeitungsartikels „Schüler-Aktien für 2,50 Euro: Wie Jugendliche ihre eigene Firma leiten" (siehe Abb. 11.2) eröffnet werden[1]. Ziel dieser Diskussion ist insbesondere die Klärung der für das Verständnis des Artikels notwendigen Begriffe.

Da für die Erarbeitung der nachfolgenden mathematischen Inhalte keine tiefergehenden wirtschaftlichen Kenntnisse über Aktien notwendig sind, kann man sich auf einige wenige wesentliche Begriffe beschränken. Für die Begriffsklärung erhalten die Schüler

---

Schüler-Aktien für 2,50 Euro
Wie Jugendliche ihre eigenen Firmen leiten

BERLIN. Rebecca Jacob ist 17 und schon Vorstandsvorsitzende. Lässig sagt sie Sätze wie: „Das Marketing muss sitzen." Oder: „Wir müssen auf dem Markt bestehen." Während ihre Mitarbeiter neben ihr tuscheln, preist die Gymnasiastin das erste Produkt ihres Unternehmens „Bärlini" an: einen Berlin-Stadtführer für Kinder und Eltern, den sie mit acht Mitschülern der Tempelhofer Luise-Henriette-Oberschule entworfen hat. Bei der zweiten Schülerfirmenmesse im FEZ hat sich „Bärlini" an den vergangenen zwei Tagen erstmals vorgestellt, neben mehr als 100 anderen von Schülern geführten Kleinstunternehmen aus ganz Deutschland. Rebecca muss sich bemühen, die Kollegin am Stand nebenan zu übertönen, die für ihre Dekoartikel aus Metall wirbt. „Kommunikation ist die Hauptaufgabe einer Vorstandsvorsitzenden", sagt die 17-Jährige. Und Marktlücken zu ent-

decken: Der Bärlini-Stadtführer bietet Basteltipps, Rätsel und eine Geschichten-CD für Kinder, zudem Infos für die Eltern. Die Idee dazu entstand in der Wirtschafts-AG der Schule, vom Institut der Deutschen Wirtschaft Köln gab es ein Startkapital von 900 Euro. Doch es reichte nicht. Deshalb sind jetzt Werbepartner verzweifelt gesucht, schließlich soll der Stadtführer ab Dezember zu haben sein. Das wird knapp. Denn die neun Bärlinis müssen nicht nur die Finanzierung sichern, sie kümmern sich auch um Recherche, Layout und sogar die Bilder sind selbst gemalt. „All das ist einfach ein tierischer Zeitaufwand", sagt Rebecca. Zeitdruck verspürt auch André Stiebe, 19, und Vorstandsvorsitzender einer Aktiengesellschaft. Seine Firma hat sich seit März am Leonard-Bernstein-Gymnasium in Hellersdorf mit 2.000 Aktien zu je 2,50 Euro das Startkapital von den Mitschülern

besorgt. „So können sie Wirtschaft hautnah miterleben", meint André. Die Schüler profitieren dabei doppelt: Denn im Firmenshop in der Schule soll es bald Schreibzeug weitaus billiger als draußen zu kaufen geben, außerdem gebrauchte Schulbücher und Unterrichtsunterlagen. Doch es läuft noch nicht so richtig. „Wir wollen auf dem Großmarkt einkaufen. Das geht nur mit einer Steuernummer, die wir als Schülerfirma aber nicht kriegen", sagt André. Auf der Messe hofft er auf Unterstützung. Das hat er gelernt als Chef: auf fremde Menschen zuzugehen, sich gut zu verkaufen und mit Problemen umzugehen. Was André von richtigen Firmenbossen unterscheidet? „Ich kann das alles durchspielen, ohne mit meiner Existenz dran zu hängen."

Berliner Zeitung (15.10.05)

Abb. 11.2 Zeitungsartikel „Schüler-Aktien für 2,50 Euro". Quelle: Berliner Zeitung vom 15.10.05

---

[1] Auch wenn der Artikel aus dem Jahr 2005 stammt, halten wir diesen für einen Einstieg in das Thema Aktien für sehr geeignet. Trotz intensiver Recherche haben wir keine vergleichbaren Artikel jüngeren Datums gefunden.

die Aufgabe 11.2.1, für deren Bearbeitung neben entsprechender Fachliteratur[2] auch Börsenlexika aus dem Internet[3] genutzt werden können.

Aufgabe 11.2.1 *Beantworten Sie die folgenden Fragen:*

(a) Was sind Aktien, Aktiengesellschaften und Aktionäre. Was versteht man unter einer Börse?

(b) Aus welchen Gründen geben Aktiengesellschaften Aktien heraus?

(c) Im Text wird davon gesprochen, dass André Vorstandschef einer Aktiengesellschaft ist? Welche Aufgaben hat der Vorstandschef einer Aktiengesellschaft? Neben dem Vorstand gibt es in Aktiengesellschaften weitere wichtige Gremien: die Hauptversammlung und den Aufsichtsrat. Welche Funktionen haben diese Gremien und wie hängen alle drei Gremien miteinander zusammen? Stellen Sie den organisatorischen Aufbau einer Aktiengesellschaft auch graphisch dar.

Im Ergebnis der Bearbeitung der Aufgabe 11.2.1 sollten die Schüler mit folgenden Grundlagen vertraut sein: **Aktien** sind Beteiligungspapiere an einer Firma, der **Aktiengesellschaft**. Sie dokumentieren, dass der Inhaber von Aktien, der **Aktionär**, ein gewisses Kapital in das Unternehmen eingebracht hat. Aktiengesellschaften nutzen die Herausgabe von Aktien dazu, das eigene Kapital aufzustocken, um etwa neue Investitionen zu tätigen. Aktien werden an Börsen gehandelt, wobei zwischen Präsenzbörsen und Computerbörsen unterschieden wird. Die wichtigsten Gremien einer Aktiengesellschaft sind die Hauptversammlung, der Aufsichtsrat und der Vorstand. Der **Vorstand** leitet die Geschäfte der Firma und trägt die Hauptverantwortung für wirtschaftliche Erfolge und Misserfolge. Schwerwiegende Entscheidungen wie der Verkauf von Unternehmensanteilen muss der Vorstand mit dem **Aufsichtsrat** absprechen. Dieser überwacht die Geschäftätigkeit der Firma und setzt den Vorstand ein. Die **Hauptversammlung** setzt sich aus allen Aktionären zusammen und findet in der Regel einmal jährlich statt. Sie entscheidet über die Verwendung der erzielten Gewinne, legt die Höhe der Dividende fest und wählt den Aufsichtsrat. Die Abb. 11.3 stellt den organisatorischen Aufbau einer Aktiengesellschaft graphisch dar.

Lehrziele Angesichts der beschriebenen Unterrichtsinhalte ergeben sich für den Abschnitt „Ökonomische Grundlagen" die folgenden Lehrziele. Die Schüler ...

- ... erläutern die wichtigsten Grundbegriffe zum Thema Aktie.
- ... erklären den Aufbau von Aktiengesellschaften und die Funktionen der einzelnen Gremien.

---

[2] z. B. Beike/Schlütz (2010) und Busch/Hölzner (2001).
[3] z. B. http://boersenlexikon.faz.net/ (Stand: 27.05.15) oder http://www.boersennews.de/lexikon/h (Stand: 27.05.15).

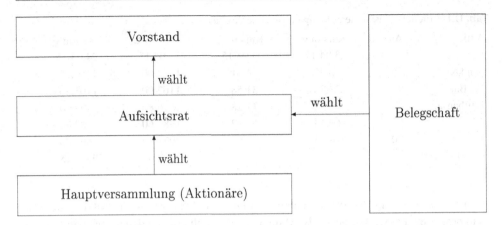

Abb. 11.3 Organisation einer Aktiengesellschaft, eigene Darstellung nach Beike/Schlütz (2010, S. 69)

11.2.2 Aktienindex

In diesem Unterrichtsabschnitt steht der Aktienindex im Vordergrund. Als Motivation für dessen Einführung kann das folgende Spiel, das bereits einige Tage vor dem Beginn der Unterrichtseinheit gestartet wird, eingesetzt werden:

Für den Kauf von Aktien stehen Ihnen € 10.000 zur Verfügung. Stellen Sie sich damit einen Aktienkorb zusammen, der insgesamt Aktien von fünf Unternehmen aus dem DAX enthält und mindestens € 9900 wert ist. Sammeln Sie für diese Aktien die Aktienkurse über einen Zeitraum von zwei Wochen (10 Handelstage). Vergleichen Sie die Entwicklung Ihres Aktienkorbes mit der Entwicklung des Aktienkorbes eines Mitschülers. Welcher Aktienkorb hat sich günstiger entwickelt?

Als Vergleichsgröße verschiedener Aktienkörbe wird der **Aktienindex** eingeführt, mit dem der Sieger des Spiels ermittelt wird:

Der Aktienindex gibt an, wie sich der Wert einer ganzen Gruppe von Aktien im Vergleich zu einem früheren Zeitpunkt verändert hat. Für die Berechnung eines Aktienindexes I_2 zum Zeitpunkt T_2 bei gegebenen Aktienindex zur Zeit T_1 und Gesamtwerten des Aktienkorbes G_1 zur Zeit T_1 und G_2 zur Zeit T_2 gilt:

$$I_2 = \frac{G_2}{G_1} \cdot I_1.$$

Tab. 11.1 Mögliche Zusammensetzung eines Aktienkorbes

Aktie	Anzahl	Kurs in € 13.04.15	Kurs in € 24.04.15	Wert in € 13.04.15	Wert in € 24.04.15
Adidas	25	76,72	74,41	1918,00	1860,25
Dt. Bank	35	33,20	31,58	1162,00	1105,30
Lufthansa	40	12,92	12,28	516,80	491,20
SAP	20	69,13	69,12	1382,60	1382,40
Volkswagen	20	248,65	233,05	4973,00	4661,00
Gesamtwert				**9952,40**	**9500,15**

Die Tab. 11.1 zeigt für das Eingangsspiel eine mögliche Zusammensetzung des Aktienkorbes, im Folgenden auch als Aktienkorb des Lehrers bezeichnet. Neben den Tagesschlusskursen am 13.04.15 und 24.04.15 sind die Gesamtwerte der im Aktienkorb enthaltenen Aktien und des Aktienkorbes an diesen Tagen angegeben.

Mithilfe des Aktienindexes soll in Hinblick auf die Vergleichbarkeit verschiedener Aktienkörbe überprüft werden, wie sich der Aktienkorb innerhalb des beobachteten Zeitraums entwickelt hat. Der Gesamtwert des Aktienkorbes am 13.04.15 betrug € 9952,40. Elf Tage später lag der Gesamtwert des Aktienkorbes bei € 9500,15. Mit der Festlegung eines Startwertes von 1000 Punkten für den Aktienindex am 13.04.15 ergibt sich für den Aktienindex am 24.04.15:

$$I = \frac{€\,9500,15}{€\,9952,40} \cdot 1000 \text{ Punkte} = 954,56 \text{ Punkte}.$$

Mit dem Aktienindex über den gesamten Zeitraum kann der Sieger des Spiels gekürt werden. Fließen wie in den bisherigen Betrachtungen lediglich die Kursänderungen in die Berechnung des Aktienindexes ein, spricht man vom **Kursindex**. Zu den Kursindizes zählt u. a. der Dow Jones, der die Geschehnisse am amerikanischen Aktienmarkt repräsentiert. Neben dem Kursindex gibt es den **Performanceindex**, zu dem der DAX gehört. Neben den Aktienkursen fließen die Dividendenzahlungen in die Berechnung des Aktienindexes ein. Es wird angenommen, dass die Gewinne durch die Dividendenzahlung sofort wieder in die gleiche Aktie investiert werden. Zur Festigung des Begriffs des Aktienindexes und zur Einführung der neuen Begriffe Kurs- und Perfomanceindex dient die Aufgabe 11.2.2.

Aufgabe 11.2.2 *Am 05.05.14 befanden sich im Aktienkorb eines Aktionärs 20 Adidas-Aktien, 35 Volkswagen-Aktien und 20 Aktien der Bayer-AG. Ein Jahr später soll geprüft werden, wie sich der Aktienkorb entwickelt hat. Die Tab. 11.2 gibt eine Übersicht über die Aktienkurse der im Aktienkorb enthaltenen Aktien am 05.05.14 und am 05.05.15.*

1. Zur Beurteilung der Entwicklung des Aktienkorbes nach einem Jahr ist der Aktienindex zu bestimmen.

Tab. 11.2 Übersicht über die Kurse der im Aktienkorb enthaltenen Aktien

Aktie	Kurs in €	Kurs in €
	05.05.14	05.05.15
Adidas	77,08	77,01
Volkswagen	190,45	230,00
Bayer	100,05	129,50

(a) *Bestimmen Sie jeweils den Wert des Aktienkorbes am 05.05.14 und am 05.05.15.[4]*

(b) *Bestimmen Sie den Wert des Aktienindexes am 05.05.15. Gehen Sie davon aus, dass der Startwert am 05.05.14 genau 1000 Punkte betrug. Runden Sie das Ergebnis auf zwei Stellen nach dem Komma.[5]*

2. *In der Aufgabe 1 sind lediglich die Aktienkurse in die Berechnungen des Aktienindexes eingeflossen. In diesem Fall spricht man auch vom Kursindex. Parallel zum Kursindex gibt es den Performanceindex, in dessen Berechnung zusätzlich zu den Aktienkursen die Dividendenzahlungen einfließen. Bei der Bestimmung des Performanceindexes wird angenommen, dass der Gewinn, der durch die Dividendenzahlung erzielt wird, sofort wieder in die gleiche Aktie investiert wird. Dabei ist auch der Kauf von Bruchteilen möglich. Für den obigen Aktienkorb sind folgende Angaben für die Dividendenzahlungen innerhalb des betrachteten Zeitraums bekannt:*

Aktie	Dividendenhöhe in €	Aktienkurs in €
Adidas	1,50	76,03
Volkswagen	4,06	191,35
Bayer	–	–

(a) *Bestimmen Sie den Wert des Aktienkorbes am 05.05.15. Beachten Sie dabei die jeweilige Dividendenzahlung.*

(b) *Bestimmen Sie den Aktienindex (Performanceindex) am 05.05.15 unter Berücksichtigung der Dividendenzahlung.*

An dieser Stelle wird exemplarisch der Lösungsweg für Aufgabe 2 angegeben: Für die Volkswagen-Aktie wurde eine Dividende von € 4,06 pro Aktie – für alle 35 Volkswagen-Aktien insgesamt € 142,10 – ausgezahlt. Es wird angenommen, dass diese Zahlungen sofort wieder in die gleichen Aktien investiert wurden. Da der Kurs bei Ausschüttung der Dividende bei € 191,35 lag, konnten 0,74 Volkswagen-Aktien gekauft werden. Das Depot erhöhte sich außerdem um 0,39 Adidas-Aktien. Die Tab. 11.3 fasst die Zusammensetzung des Aktienkorbes am 05.05.15 zusammen.

---

[4] Der Gesamtwert des Aktienkorbes am 05.05.14 betrug € 10.208,35, ein Jahr später € 12.180,20.
[5] Der Aktienindex am 05.05.15 betrug 1193,16 Punkte.

Tab. 11.3 Zusammensetzung des Aktienkorbes am 05.05.15

Aktie	Anzahl	Aktienkurs in €	Wert in €
Adidas	20,39	77,01	1570,23
Volkswagen	35,74	230,00	8220,20
Bayer	20,00	129,50	2590,00
Gesamtwert			**12.380,43**

Für den Aktienindex (Performanceindex) am 05.05.15 ergibt sich unter Berücksichtigung der Dividendenzahlung

$$I = \frac{€\,12.380,43}{€\,10.208,35} \cdot 1000 \text{ Punkte} = 1212,77 \text{ Punkte}.$$

Der bekannteste Index des deutschen Aktienmarktes ist der Deutsche Aktienindex (**DAX**). Er umfasst die 30 Unternehmen mit dem größten Börsenumsatz. Die Deutsche Börse führte den DAX 1987 mit einem Anfangsstand von 1000 Punkten ein.

Lehrziele Angesichts der beschriebenen Unterrichtsinhalte ergeben sich für den Abschnitt „Aktienindex" die folgenden Lehrziele. Die Schüler ...

- ... erläutern den Begriff des Aktienindexes als Vergleichsgröße zwischen den Entwicklungen verschiedener Aktienkörbe.
- ... unterscheiden zwischen Performance- und Kursindex und wenden ihre Kenntnisse in einfachen Rechnungen an.

11.2.3 Graphische Darstellung von Aktienkursverläufen

Die graphische Darstellung des Kursverlaufs von Aktien erfolgt in Form von **Charts**. Dieser Begriff stammt aus dem Englischen und stand ursprünglich für „Seekarte". Das Aktienchart kann man sich als Diagramm vorstellen, bei dem auf der Abszisse die Zeit und auf der Ordinate die Kurse abgetragen werden. Der „Erfinder" dieser Charts war Charles Dow, nach dem auch der amerikanische Aktienindex, der Dow Jones, benannt ist. Dow verfolgte ursprünglich das Ziel, aus der unüberschaubaren Flut von kurzfristigen Kursschwankungen einen Trend herauszulesen.

Zur Einführung von Aktiencharts eignet sich ein Wiederaufgreifen des Aktienkorbes der Schüler. Bereits bei der Zusammenstellung des Aktienkorbes erhalten die Schüler die Aufgabe, die Schlusskurse aller im Aktienkorb befindlichen Aktien über einen Zeitraum von zwei Wochen zu sammeln. Erfahrungsgemäß wählen die Schüler unterschiedliche Darstellungsformen, die im folgenden Unterricht aufgegriffen werden können. Dabei sind insbesondere die Vor- und Nachteile der einzelnen Darstellungsarten zu diskutieren. Unterstützend kann dabei die Aufgabe 11.2.3 eingesetzt werden.

Aufgabe 11.2.3 *In der folgenden Tabelle sind die Tagesschlusskurse der Adidas-Aktie vom 13.04.15 bis 24.04.15 zusammengefasst.*

Datum	Aktienkurs in €	Datum	Aktienkurs in €
13.04.	76,72	20.04.	74,75
14.04.	76,12	21.04.	75,63
15.04.	76,26	22.04.	74,42
16.04.	76,03	23.04.	73,25
17.04.	73,35	24.04.	74,41

(a) *Erstellen Sie ein Linienchart, indem Sie die Daten in ein Koordinatensystem eintragen und die Punkte verbinden.*

(b) *Beurteilen Sie die Darstellung von Aktienkursen in Tabellen und Liniencharts hinsichtlich ihrer Vor- und Nachteile.*

(c) *In den typischen Liniencharts, die wir oft in Börsennachrichten oder Wirtschaftsteilen diverser Tageszeitungen finden, werden die Punkte, die die Aktienkurse zu einem bestimmten Zeitpunkt (z. B. Tagesende, Monatsende) repräsentieren, miteinander verbunden. Beurteilen Sie diese Praxis aus mathematischer Sichtweise.*

Die Abb. 11.4 zeigt das **Linienchart** der Adidas-Aktie im Zeitraum vom 13.04.15 bis 24.04.15. Im Gegensatz zur tabellarischen Darstellung ist im Linienchart unmittelbar der Abwärtstrend der Adidas-Aktie zu erkennen. Die graphische Darstellung kann im Vergleich zur tabellarischen Darstellung von Aktienkursen bzw. Aktienkursentwicklungen als übersichtlicher angesehen werden. Insbesondere bei sehr langen Beobachtungszeiträumen und einer damit verbundenen großen Menge an Datenmaterial ist die Darstellung von Aktienkursen in Aktiencharts anschaulicher. Werden jedoch keine Tendenzen benötigt, sondern die konkreten Aktienkurse, etwa zur Berechnung der Renditen (siehe Abschn. 11.2.4), verlieren Aktiencharts ihren Vorteil gegenüber der tabellarischen Darstellung. Dies ist insbesondere darin begründet, dass der genaue Aktienkurs aus den Liniencharts nicht ablesbar ist. Dieser kann lediglich geschätzt werden. Ferner sind Tabellen schneller erstellt als Charts.

Aus mathematischer Sicht sind die Liniencharts dahingehend zu kritisieren, dass ein Verbinden der Punkte nicht korrekt ist. Die Streckenzüge in Liniencharts täuschen vor, dass der Aktienkurs von einem Tag zum nächsten stetig monoton gefallen oder gestiegen ist. Dies ist jedoch nicht der Fall, Aktienkurse entwickeln sich „sprunghaft". Darüber hinaus werden bei Aktiencharts über größere Zeiträume (z. B. Betrachtung der Wochenschlusskurse) die Entwicklungen zwischen diesen Zeiträumen (z. B. an den einzelnen Tagen) nicht beachtet. Neben Liniencharts gibt es eine Vielzahl weiterer Möglichkeiten von Aktiencharts, die es im weiteren Unterrichtsverlauf zu erarbeiten gilt. Dazu erhalten die Schüler die Aufgabe 11.2.4.

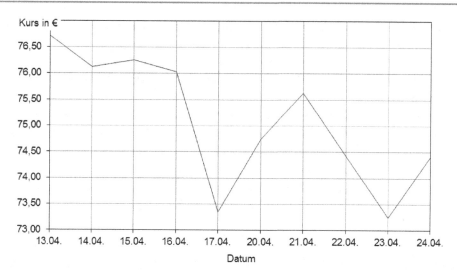

Abb. 11.4 Linienchart der Adidas-Aktie im Zeitraum vom 13.04.15 bis 24.04.15

Aufgabe 11.2.4 *In der folgenden Tabelle sind für die Adidas-Aktie im Zeitraum vom 13.04.15 bis 24.04.15 die Eröffnungskurse, Höchstkurse, Tiefstkurse und Schlusskurse sowie das Volumen, d. h. die Anzahl der gehandelten Aktien pro Tag, angegeben.*

Datum	Eröffnungskurs in €	Höchstkurs in €	Tiefstkurs in €	Schlusskurs in €	Volumen
13.04.	76,88	77,25	76,49	76,72	766.627
14.04.	76,30	76,71	75,82	76,12	845.518
15.04.	75,90	76,91	75,38	76,26	1101.532
16.04.	76,26	77,26	75,53	76,03	1108.641
17.04.	75,75	76,37	73,17	73,35	1527.758
20.04.	73,28	74,84	73,24	74,75	829.100
21.04.	75,00	76,31	74,77	75,63	1073.100
22.04.	75,50	76,25	74,14	74,42	979.900
23.04.	74,34	74,79	72,95	73,25	1257.200
24.04.	73,51	75,03	73,51	74,41	887.700

Die Abb. 11.5 zeigt die Darstellung dieser Aktienkurse in einem Balkenchart, in einem Candlestickchart und in einem Volumen-Candlestickchart. Beschreiben Sie diese Aktiencharts und beurteilen Sie sie jeweils bezüglich ihres Informationsgehalts.

Das **Balkenchart** ist die graphische Darstellung des Tiefst-, Höchst- und des Schlusskurses des jeweiligen Tages. Das untere Ende des Balkens entspricht dem Tiefstkurs, das obere Ende dem Höchstkurs des Tages. Der an dem Balken angesetzte Punkt kennzeichnet den Schlusskurs des Tages. Damit ist das Balkenchart informativer als das Linienchart. Noch mehr Informationen stecken im **Candlestickchart**. Die Enden der Rechtecke geben

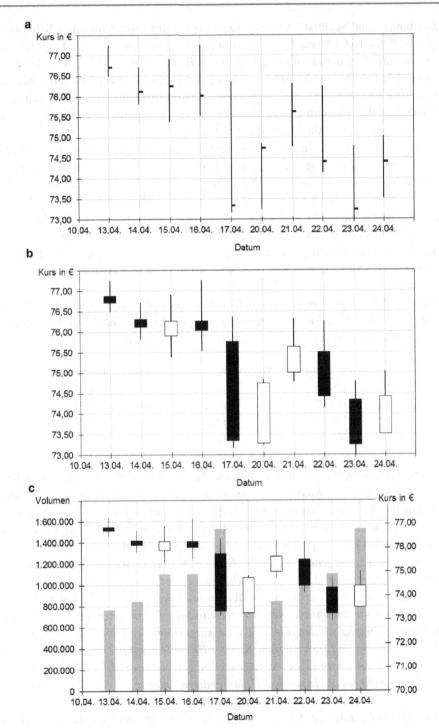

Abb. 11.5 **a** Balkenchart, **b** Candlestickchart und **c** Volumen-Candlestickchart der Adidas-Aktie im Zeitraum vom 13.04.15 bis 24.04.15

die Eröffnungs- und Schlusskurse wider. Liegt der Eröffnungskurs über dem Schlusskurs, wie dies z. B. am 16.04.15 der Fall war, so ist das Rechteck farbig gefüllt. Liegt hingegen der Schlusskurs über dem Eröffnungskurs, wie z. B. am 21.04.15, dann bleibt das Rechteck weiß. Die Höchst- und Tiefstkurse sind an den Endpunkten der Linien oberhalb und unterhalb der Rechtecke ablesbar. Im **Volumen-Candlestickchart** wird zusätzlich zu den Informationen, die schon im Candlestickchart stecken, durch die grauen Säulen auch die Anzahl der umgesetzten Aktien pro Tag dargestellt.

Zum Abschluss dieses Unterrichtsabschnittes werden Möglichkeiten zur Manipulation von Daten durch ungeeignete graphische Darstellungen erarbeitet. Die oft anschauliche und mit einem Blick erfassbare Darstellung von Daten in Schaubildern geht einher mit der Gefahr, dass durch bewusste oder unbewusste Fehler schnell ein falscher Eindruck entsteht. Dieser Effekt wird u. a. in der Werbebranche bewusst genutzt. Aus diesem Grund sollte die Problematik der Datenmanipulation im Mathematikunterricht aufgegriffen werden. Zur selbstständigen Erarbeitung von Manipulationsmöglichkeiten bietet sich die Aufgabe 11.2.5 an, die gleichzeitig die Erstellung von Liniencharts vertieft.

Aufgabe 11.2.5 *Die Aktiengesellschaft Lügenscheid möchte ihr Kapital durch die Herausgabe von neuen Aktien weiter aufstocken. In der folgenden Tabelle sind die Wochenschlusskurse über einen Zeitraum von zwölf Wochen angegeben.*

Woche	Kurs in €	Woche	Kurs in €	Woche	Kurs in €
1	130,36	5	129,79	9	134,26
2	134,97	6	133,96	10	136,28
3	136,17	7	130,56	11	132,97
4	133,38	8	129,47	12	136,57

Um die Aktie möglichst gut zu verkaufen, möchte die Firma 500.000 potentielle Anleger mit Werbeprospekten zum Kauf der Aktie anregen. Erfahrungsgemäß gibt es zwei Anlegertypen: Ein Teil der Anleger ist eher vorsichtig und setzt auf Aktien, die eine gleichmäßige Aktienkursentwicklung aufweisen. Andere Anleger hingegen scheuen das Risiko nicht, sie kaufen auch Aktien mit großen Kursschwankungen. Aus diesem Grund entschließt sich Lügenscheid zu folgender Strategie: Es werden zwei verschiedene Werbeprospekte erstellt und entsprechend dem Anlegerverhalten versendet, das die Firma aus einer zuvor durchgeführten Umfrage kennt. Die Werbefirma Schweigsam wird mit der Erstellung der Werbeprospekte beauftragt. Neben unterschiedlich formulierten Texten sollen auch Schaubilder eingesetzt werden, die den Aktienkursverlauf der Lügenscheid-Aktie repräsentieren. Erläutern Sie: Durch welche Kunstgriffe in die graphische Trickkiste gelingt es der Werbefirma, den Ansprüchen von Lügenscheid gerecht zu werden? Erstellen Sie je ein Linienchart für die risikoscheuen und risikofreudigen Anleger.

Die Abb. 11.6a zeigt ein Linienchart, das im Werbeprospekt für die risikoscheuen Anleger eingesetzt werden kann. In Abb. 11.6b ist ein Linienchart für die Werbung ri-

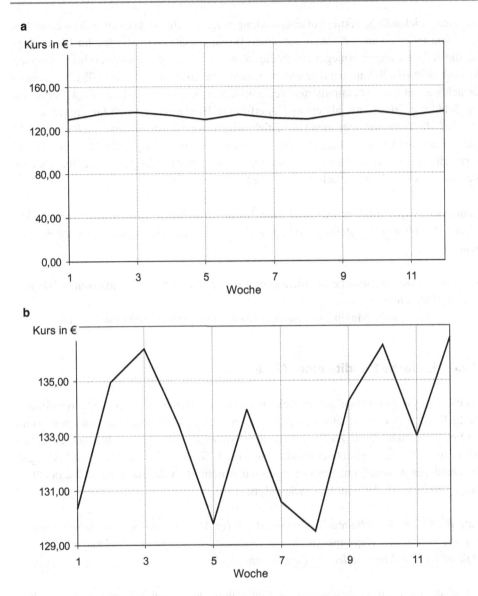

Abb. 11.6 Manipulierte Darstellungen von Aktienkursentwicklungen für **a** risikoscheue und **b** risikofreudige Anleger

sikofreudiger Anleger dargestellt. Durch eine geschickte Wahl der Skalen werden Aktienkurssprünge verschwiegen oder besonders hervorgehoben. Die beiden Darstellungen, die denselben Aktienkursverlauf repräsentieren, wirken aufgrund der jeweiligen Wahl der Lage des Koordinatenursprungs verschieden. Durch das (mathematisch korrekte) Verlegen des Koordinatenursprungs in den Nullpunkt werden die Kurssprünge weniger deutlich

und eine gleichmäßige Aktienkursentwicklung vorgetäuscht. So können risikoscheue Anleger von einer „sicheren" Aktie ausgehen. Im Gegensatz dazu werden im Linienchart
für die risikofreudigen Anleger durch die Wahl der Skala alle wichtigen Informationen
deutlich. Um den Schülern aufzuzeigen, dass Werbeprospekte oder auch Tageszeitungen
tatsächlich mit derart manipulierten Schaubildern arbeiten, ist es sinnvoll, abschließend
die Schüler aufzufordern, als etwas längerfristige Hausaufgabe, nach Graphiken zu suchen, die die zugrunde liegenden Daten nicht angemessen darstellen und somit einen nicht
gerechtfertigten Eindruck hinterlassen. Einen Fundus für derartige Abbildungen, die bei
vorhandener Zeit zusätzlich zu den in diesem Unterrrichtsvorschlag vorgestellten Themen
eingesetzt werden können, liefert z. B. Herget/Scholz (1998).

Lehrziele Angesichts der beschriebenen Unterrichtsinhalte ergeben sich für den Abschnitt „Graphische Darstellung von Aktienkursverläufen" die folgenden Lehrziele. Die
Schüler . . .

- . . . erläutern verschiedene Möglichkeiten zur Darstellung von Aktienkursen in Tabellen
  und Aktiencharts.
- . . . diskutieren die Manipulationsmöglichkeit durch graphische Darstellungen.

11.2.4   Einfache Rendite einer Aktie

Für die Analyse von Aktienkursentwicklungen sind die Renditen die geeigneteren Größen
als die Kurse selbst. Sie erlauben es, Aussagen zur Ertragskraft einer Aktie zu machen und
die Erträge verschiedener Aktien miteinander zu vergleichen. Zur raschen und einsichti-
gen Einführung des Begriffs der Rendite eignet sich der Vergleich der Kursentwicklungen
verschiedener Aktien. Zum Einstieg in diesen Abschnitt ist die Aufgabe 11.2.6 denkbar,
die den Aktienkorb der Schüler erneut aufgreift.

Aufgabe 11.2.6 *Sie erhalten die Chance, diejenige Aktie aus Ihrem Aktienkorb zu entfer-
nen, die sich in den vergangenen zwei Wochen am ungünstigsten entwickelt hat. Welche
Aktie wählen Sie? Begründen Sie Ihre Entscheidung.*

Die oft von Schülern vorgeschlagene Betrachtung der absoluten Gewinne bzw. Verluste jeder einzelnen Aktie ist insbesondere bei Aktien mit stark voneinander abweichenden
Aktienkursen (bzw. bei Aktien unterschiedlicher Währungen) wenig sinnvoll. Dies sollte
in einer Diskussion gemeinsam mit den Schülern herausgearbeitet werden. Erkennen die
Schüler die Notwendigkeit der Betrachtung der relativen Gewinne nicht, wird im Unterricht der Aktienkorb des Lehrers diskutiert. Die Tab. 11.4 zeigt neben den Aktienkursen
der im Aktienkorb enthaltenen Aktien die absoluten und relativen Gewinne.
Der absolute Verlust der Lufthansa-Aktie ist deutlich niedriger als der absolute Verlust
der Adidas-Aktie. Beim Vergleich der prozentualen bzw. relativen Verluste zeigt sich je-

Tab. 11.4 Vergleich der absoluten und relativen Gewinne von Aktien

Aktie	Kurs in € 13.04.15	Kurs in € 24.04.15	Absoluter Gewinn in €	Relativer Gewinn in €
Adidas	76,72	74,41	−2,31	−3,0
Deutsche Bank	33,20	31,58	−1,62	−4,9
Lufthansa	12,92	12,28	−0,64	−5,0
SAP	69,13	69,12	−0,01	0,0
Volkswagen	248,65	233,05	−15,60	−6,3

doch, dass sich der Kurs der Lufthansa-Aktie ungünstiger als der Kurs der Adidas-Aktie entwickelte. Der Kurs der Adidas-Aktie hat in den letzten zwei Wochen 3,0 %, der der Lufthansa-Aktie 5,0 % verloren. Die Betrachtung der relativen Gewinne führt uns unmittelbar zum Begriff der einfachen Rendite einer Aktie.

Die einfache Rendite E_a^b im Zeitraum $[t_a; t_b]$ berechnet sich aus den Kursen S_a am Anfang und S_b am Ende des Zeitraumes gemäß der Formel:

$$E_a^b = \frac{S_b - S_a}{S_a}.$$

Dabei geben positive Renditen Kursgewinne, negative Renditen Kursverluste an.

Die relativen Kursänderungen sind für den Aktionär interessanter, da sie unmittelbar für die Vermehrung bzw. Verringerung des angelegten Kapitals stehen. Nachdem der Begriff der Rendite eingeführt und an einigen Beispielen geübt wurde, kann abschließend durch die Bearbeitung der Aufgabe 11.2.7 aufgezeigt werden, dass Renditen nicht nur den Vergleich der Erträge verschiedener Aktien, sondern auch den Vergleich der Erträge verschiedener Anlageformen ermöglichen.

Aufgabe 11.2.7 *Renditen können auch als prozentuale Gewinne oder Verluste anderer Anlageformen (z. B. Gold, Sparbuch) angesehen werden. Eine Bank untersuchte die durchschnittlichen jährlichen Renditen verschiedener Anlageformen in einem Zeitraum von 10 Jahren. Die Tab. 11.5 enthält neben den jährlichen Durchschnittsrenditen die minimalen und maximalen Renditen, die mit den verschiedenen Anlagen in den letzten 10 Jahren erreicht wurden.*

(a) Vergleichen Sie die minimalen und maximalen Renditen. Welcher Zusammenhang besteht zwischen der Chance auf Gewinne und dem Risiko von Verlusten?

(b) Ein Anleger investiert heute € 2500 in jede der Anlageformen. Berechnen Sie den Betrag, der dem Anleger in 10 Jahren ausgezahlt wird. Gehen Sie davon aus, dass die in

Tab. 11.5 Vergleich der durchschnittlichen, minimalen und maximalen Renditen verschiedener Anlageformen

Anlageform	Durchschnittliche Rendite pro Jahr in %	Minimale Rendite in %	Maximale Rendite in %
Sparbuch	3,00	2,25	5,75
Aktien	11,52	−27,98	59,87
Gold	5,15	−29,79	141,37
Immobilien	7,25	−42,25	73,62
Anleihen	10,59	−16,59	41,34

der Tabelle angegebenen durchschnittlichen Renditen erzielt und die ausgeschütteten Gewinne sofort wieder in die gleiche Anlageform investiert werden.

(c) Informieren Sie sich über die in der Tabelle aufgeführten Anlageformen, die Ihnen noch unbekannt sind. Notieren Sie sich stichwortartig die wichtigsten Informationen.

Eine hohe Chance auf Gewinne ist eng verbunden mit einem hohen Risiko von Verlusten. Dies spiegelt sich in den minimalen und maximalen Renditen wider. Eine höhere maximale Rendite (Chance) ist in der Regel nur durch eine kleinere minimale Rendite (Risiko) zu erhalten. Die sichere Geldanlage „Sparbuch" beispielsweise weist die niedrigste maximale Rendite bei gleichzeitig größter minimaler Rendite auf. Allgemein gilt für die Berechnung des Kapitals nach 10 Jahren bei einem Startkapital von € 2500 und einem Zinssatz von $p\%$ die Formel:

$$K = 2500 \cdot \left(1 + \frac{p}{100}\right)^{10}.$$

Legen wir die durchschnittliche Rendite als Zinssatz $p\%$ zugrunde, ergeben sich nach 10 Jahren die in Tab. 11.6 angegebenen Auszahlungsbeträge. Es zeigt sich, dass mit Aktien durchschnittlich die höchsten Gewinne erzielt werden können.

Die meisten gegebenen Anlageformen sind den Schülern in der Regel bekannt. Aus diesem Grund wird an dieser Stelle nur die Anlageform **Anleihe** erläutert. Braucht eine staatliche Institution oder ein privates Unternehmen eine größere Menge an Kapital, besteht eine Möglichkeit darin, eine Anleihe herauszugeben. Mit einer Anleihe nimmt der

Tab. 11.6 Auszahlungsbeträge verschiedener Anlageformen nach 10 Jahren bei einem Startkapital von € 2500 und einem Zinssatz von $p\%$

Anlageform	Auszahlungsbetrag in €
Sparbuch	3359,79
Aktien	7438,20
Gold	4130,79
Immobilien	5034,00
Anleihen	6840,67

Herausgeber einen Kredit bei den Anlegern auf. Dazu wird der Kreditbetrag in Anteile zerstückelt. Der Herausgeber der Anleihe verpflichtet sich, die Anteile nach einer festgelegten Zeit (Laufzeit der Anleihe) zurückzuzahlen. Die Anleger erhalten für das von ihnen geliehene Geld während der Laufzeit der Anleihe in regelmäßigen Abständen Zinsen.

Lehrziele Angesichts der beschriebenen Unterrichtsinhalte ergeben sich für den Abschnitt „Einfache Rendite einer Aktie" die folgenden Lehrziele. Die Schüler ...

- ... erkennen die einfache Rendite als geeignete Größe zur Beschreibung von Aktienkursentwicklungen.
- ... nutzen die einfache Rendite zum Vergleich verschiedener Aktien und Anlageformen.
- ... berechnen die einfache Rendite über verschiedene Zeiträume.

11.2.5 Drift und Volatilität einer Aktie

Nachdem der Begriff der Rendite erarbeitet und an einigen Beispielen vertieft wurde, werden im nächsten Schritt die zwei wichtigen Kenngrößen Drift und Volatilität einer Aktie eingeführt. Sie können Aufschlüsse über das Aktienkursverhalten geben.

Seien $E_0^1, E_1^2, \ldots, E_{n-1}^n$ die letzten n Renditen einer Aktie bezogen auf den gleichen Zeitraum (z. B. die letzten n Monatsrenditen). Das arithmetische Mittel

$$\overline{E} = \frac{E_0^1 + E_1^2 + \ldots + E_{n-1}^n}{n}$$

bezeichnet man als Drift dieser Aktie für diesen Zeitraum. Die empirische Standardabweichung

$$s = \sqrt{\frac{(E_0^1 - \overline{E})^2 + (E_1^2 - \overline{E})^2 + \ldots + (E_{n-1}^n - \overline{E})^2}{n}}$$

heißt Volatilität der Aktie für diesen Zeitraum.

Da der Schwerpunkt dieses Unterrichtsabschnitts nicht nur in der Berechnung, sondern in der inhaltlichen Interpretation der Kenngrößen liegen sollte, sind Kenntnisse zu den Begriffen Mittelwert und empirische Standardabweichung, im Folgenden mit Standardabweichung bezeichnet, notwendig. Falls die Schüler die Begriffe aus dem bisherigen Unterricht nicht kennen, sind diese zunächst anhand aktienfremder Beispiele, wie etwa

Tab. 11.7 Angenommene Wochenschlusskurse zweier fiktiver Aktien

Woche	Aktie 1 Kurs in €	Aktie 2 Kurs in €
1	18,01	16,09
2	15,72	18,07
3	19,27	18,41
4	18,21	17,98
5	15,73	17,09
6	17,93	18,82
7	13,91	18,62
8	13,09	18,01
9	17,94	18,98
10	20,97	18,59
11	16,49	18,98
12	14,97	19,03
13	20,09	17,98
14	21,07	18,88
15	16,95	18,89

bei Schulz/Stoye (1997), einzuführen. Werden Standardabweichung und Mittelwert nur anhand von Aktienmärkten eingeführt, besteht einerseits die Gefahr, dass die Schüler diese beiden Größen nicht als wichtige Kenngrößen bei der Beschreibung von Datenmengen erkennen. Andererseits ist die inhaltliche Interpretation von Drift und Volatilität deutlich schwerer, wenn nicht bereits an anderen Beispielen die Bedeutung von Mittelwert und Standardabweichung erarbeitet wurde.

Mit Drift und Volatilität kann das Verhalten von vergangenen Aktienkursen charakterisiert werden. Um die Bedeutung dieser Kenngrößen zu klären, bietet sich die Aufgabe 11.2.8 als Einstiegsaufgabe an.

Aufgabe 11.2.8 *In der Tab. 11.7 sind für zwei fiktive Aktien 15 angenommene Wochenschlusskurse gegeben.*

(a) Stellen Sie beide Aktienkursverläufe in einem Linienchart graphisch dar.
(b) Berechnen Sie die Renditen, die Drift und die Volatilität beider Aktien.
(c) Interpretieren Sie diese Werte im Zusammenhang mit dem Verlauf der zurückliegenden Aktienkursentwicklungen. Nutzen Sie dazu auch das in (a) erstellte Linienchart. Welche Aussagen lassen sich hinsichtlich der mittleren Kursänderungen und Chancen bzw. Risiken treffen?

Die Abb. 11.7 zeigt die Aktienkursverläufe der beiden Aktien in einem Linienchart. Die Drift der Aktie 1 beträgt ca. 0,01, die Volatilität beträgt ca. 0,20. Für die Aktie 2 ergibt sich eine Drift von ca. 0,01 und eine Volatilität von ca. 0,05.

Die Drift gibt die durchschnittliche Kursänderung pro Zeitraum an und stellt somit ein Trendmaß dar. Im Mittel sind die beiden Aktien pro Woche leicht gestiegen. Obwohl

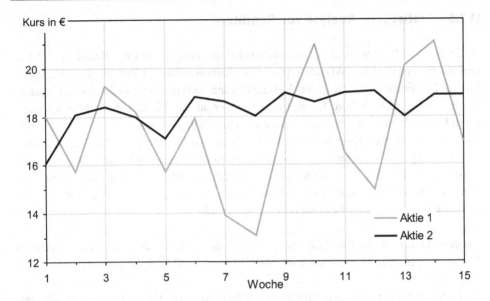

Abb. 11.7 Fiktive Kursverläufe zweier Aktien

die Driften beider Aktien gleich sind, unterscheiden sich ihre Aktienkursentwicklungen
voneinander. Während der Kurs von Aktie 2 relativ gleichmäßig verläuft, unterliegt der
Kurs der Aktie 1 größeren Schwankungen. Dies spiegelt sich auch in den Volatilitäten der
Aktien wider. Die Volatilität der Aktie 1 ist mit 0,20 viermal so groß wie die der Aktie
2, die 0,05 beträgt. Je größer die Volatilität ist, desto stärker schlägt der Kurs nach oben
oder unten aus. Damit steigt einerseits die Chance auf Gewinne, andererseits auch das
Risiko von hohen Kursverlusten. Die Volatilität stellt in diesem Kontext ein Chancen- bzw.
Risikomaß dar. Diese Interpretation sollte im Unterricht durch weitere Beispiele verifiziert
werden[6].

Lehrziele Angesichts der beschriebenen Unterrichtsinhalte ergeben sich für den Abschnitt „Drift und Volatilität einer Aktie" die folgenden Lehrziele. Die Schüler . . .

- . . . berechnen mithilfe der Definition die Drift und die Volatilität von Aktien.
- . . . interpretieren inhaltlich die Bedeutung von Drift und Volatilität als wichtige Kenngrößen von Aktien.
- . . . untersuchen den Nutzen der Volatilität einer Aktie für den Anleger.

---

[6] Die Arbeit mit realen Daten ist hierbei nicht einfach. Aus der Vielzahl aller Aktien müssen zwei
Aktien gefunden werden, deren Driften bei unterschiedlicher Volatilität annähernd gleich sind. Darüber hinaus ist es zur Erstellung der beiden Aktienkursverläufe in einem Linienchart sinnvoll, dass
die Aktienkurse beider Aktien im gleichen Größenbereich liegen. Es empfiehlt sich, mit fiktiven
Daten zu rechnen.

11.2.6 Statistische Analyse von Renditen

In diesem Abschnitt wird die Frage untersucht, ob Aktienkurse bzw. Renditen gleicher, aber auch verschiedener Aktien, typische Verhaltensweisen in der Vergangenheit aufweisen. Die Frage nach „Gesetzmäßigkeiten" kann zunächst mit den Schülern diskutiert werden. Treten z. B. höhere Kurssprünge seltener auf als kleinere Kurssprünge? Diese Frage lässt sich nicht unmittelbar aus den entsprechenden Aktiencharts ablesen und führt somit zur statistischen Analyse von Aktienrenditen. Als Einstieg in die Problematik bietet sich die Aufgabe 11.2.9 an. Um die charakteristischen Verteilungen von Aktienrenditen feststellen zu können, ist es notwendig, die Renditen verschiedener Aktien zu untersuchen. Im Unterricht kann dies u. a. dadurch realisiert werden, dass jeweils eine gewisse Anzahl von Schülern eine bestimmte Aktie untersucht.

Aufgabe 11.2.9 *In der Tab. 11.8 sind 51 der Größe nach geordnete Wochenrenditen der ThyssenKrupp-Aktie im Zeitraum vom 14.04.14 bis zum 30.03.15 angegeben.*

(a) Erstellen Sie ein Häufigkeitsdiagramm. Bilden Sie dabei für die notwendige Klasseneinteilung neun gleich große Klassen.

(b) Die Drift $\overline{E}$ der vergangenen 51 Wochenrenditen betrug $-0{,}0034$, die Volatilität s betrug $0{,}0414$. Wie viele Renditen liegen im Intervall $[\overline{E} - s;\, \overline{E} + s]$, wie viele Renditen liegen im Intervall $[\overline{E} - 2s;\, \overline{E} + 2s]$?

Tab. 11.8 Der Größe nach geordnete Wochenrenditen der ThyssenKrupp-Aktie im Zeitraum vom 14.04.14 bis 30.03.15

Rendite	Rendite	Rendite
−0,1246	−0,0111	0,0135
−0,0968	−0,0078	0,0142
−0,0823	−0,0076	0,0150
−0,0684	−0,0055	0,0156
−0,0665	−0,0052	0,0160
−0,0650	−0,0048	0,0180
−0,0595	−0,0043	0,0266
−0,0557	−0,0028	0,0276
−0,0349	−0,0005	0,0307
−0,0311	0,0006	0,0403
−0,0244	0,0041	0,0411
−0,0233	0,0058	0,0464
−0,0197	0,0071	0,0472
−0,0178	0,0080	0,0488
−0,0148	0,0089	0,0742
−0,0133	0,0122	0,0755
−0,0126	0,0132	0,0759

Tab. 11.9 Absolute Häufigkeiten der Wochenrenditen
der ThyssenKrupp-Aktie im
Zeitraum vom 14.04.14 bis
30.03.15

Klasse/Renditebereich	Absolute Häufigkeit
[−0,1246; −0,1023)	1
[−0,1023; −0,0800)	2
[−0,0800; −0,0577)	4
[−0,0577; −0,0354)	1
[−0,0354; −0,0131)	8
[−0,0131; 0,0092)	16
[0,0092; 0,0315)	11
[0,0315; 0,0538)	5
[0,0538; 0,0761)	3

(c) Beschreiben Sie die Verteilung der Wochenrenditen der ThyssenKrupp-Aktie auch un-
ter Berücksichtigung von Drift, Volatilität und der in der Teilaufgabe (b) bestimmten
Häufigkeiten.

Ist den Schülern die Klasseneinteilung aus dem bisherigen Unterricht nicht bekannt,
werden sie bei der Erstellung des Häufigkeitsdiagramms erfahrungsgemäß schnell erkennen, dass die Mehrzahl der Renditen mit einer absoluten Häufigkeit von eins auftritt,
so dass Häufigkeitsdiagramme in der bekannten Form, in der jedem in der Datenmenge
auftretenden Wert die absolute Häufigkeit zugeordnet wird, keine geeignete Darstellung
liefert. Zur Erhöhung der Übersichtlichkeit schlagen die Schüler daher oft vor, mehrere benachbarte Renditen zu einem Intervall, im statistischen Begriffssystem als Klasse
bezeichnet, zusammenzufassen. Um die Verteilungen der verschiedenen Aktien bzw. Renditen miteinander vergleichen zu können, wird in der Einstiegsaufgabe die Anzahl und
Größe der zu wählenden Klassen vorgegeben[7]. Aus dem kleinsten Renditewert $x_{\min}$, dem
größten Renditewert $x_{\max}$ und der Klassenanzahl $k = 9$ berechnet sich die Klassenbreite
Δx gemäß der Formel:

$$\Delta x = \frac{1}{k} \cdot (x_{\max} - x_{\min}) = \frac{1}{9} \cdot (0{,}0759 + 0{,}1246) \approx 0{,}0223.$$

Mit einer Klassenanzahl von neun Klassen und einer Klassenbreite von 0,0116 ergibt sich
die in Tab. 11.9 angegebene Klasseneinteilung.

---

[7] Die Frage nach der konkret zu wählenden Klassenanzahl lässt sich nur schwer beantworten. Sie
hängt von der Anzahl der Daten, dem konkreten Merkmal und der Art der gewünschten Darstellung
der Daten ab. In der Literatur gibt es verschiedene Faustregeln wie $k = \sqrt{N}$ (vgl. Henze 2000,
S. 29) oder $k = 5 \log_{10} N$ (vgl. Warmuth/Warmuth 1998, S. 12), wobei k die Klassenanzahl und N
die Anzahl der Beobachtungswerte ist. Alle Faustregeln zielen darauf ab, dass weder zu viele noch
zu wenige Klassen gewählt werden. Bei zu wenigen Klassen gehen viele Informationen verloren,
so dass kaum Aussagen über den interessierenden Sachverhalt möglich sind. Bei einer zu großen
Klassenanzahl bleibt die Darstellung unübersichtlich.

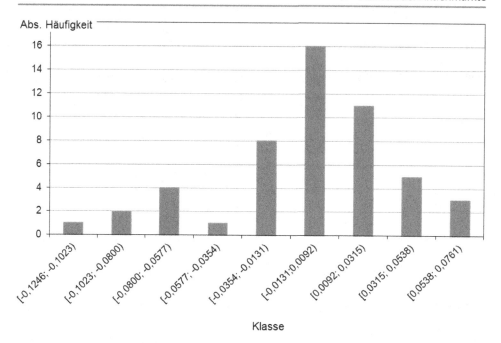

Abb. 11.8 Statistische Verteilung der Wochenrenditen der ThyssenKrupp-Aktie vom 14.04.14 bis 30.03.15

Die Abb. 11.8 zeigt das Häufigkeitsdiagramm[8] der Wochenrenditen der Aktie von ThyssenKrupp im Zeitraum vom 14.04.14 bis 30.03.15. Man erkennt, dass betragsmäßig kleinere Wochenrenditen und damit verbunden kleinere Kursschwankungen häufiger auftreten als größere. Die Renditen sind fast symmetrisch um den Mittelwert verteilt. 35 Renditen liegen im Intervall $[\overline{E} - s; \overline{E} + s] = [-0{,}0448; 0{,}0380]$, dies sind etwas mehr als zwei Drittel aller Renditen. Mit 49 Renditen liegen etwa 98 % aller Renditen im Intervall $[\overline{E} - 2s; \overline{E} + 2s] = [-0{,}0862; 0{,}0794]$.

Nach der Auswertung verschiedener Datenmengen zeigt sich, dass die Verteilung der Wochenrenditen der Adidas-Aktie durchaus typisch ist für die Verteilung von Aktienrenditen. In vielen Fällen ist die Verteilung von Aktienrenditen näherungsweise eine Normalverteilung. Für die Modellierung von Aktienkursen mittels Normalverteilung, wie sie in der Sekundarstufe II unterrichtet werden kann, wird auf Kap. 12 des vorliegenden Buches und auf Adelmeyer/Warmuth (2003) verwiesen. Die Modellierung von künftigen Aktienkursen ist in dieser Unterrichtseinheit nicht vorgesehen. Dennoch stellt die verbale Beschreibung der Normalverteilung eine gute Grundlage für die spätere exakte Behandlung dar.

---

[8] Da alle Schüler dieselbe Anzahl von Beobachtungswerten zur Verfügung haben, ist es für die Vergleichbarkeit der Verteilungen nicht zwingend notwendig, zu den relativen Häufigkeiten der Klassen überzugehen.

	A	B	C	D	E	F	G	H	I	J
1	Commerzbank									
2										
3	Datum	Kurs (€)	Rendite		größte Rendite	0,0501		obere Kl.-grenze	Häufigkeit	Klasse
4	27. Okt 14	11,78			kleinste Rendite	-0,0421		-0,0337	4	[-0,0421; -0,0337)
5	28. Okt 14	12,05	0,0227					-0,0253	7	[-0,0337; -0,0253)
6	29. Okt 14	11,57	-0,0407		Klassenanzahl	11		-0,0169	9	[-0,0253; -0,0169)
7	30. Okt 14	11,71	0,0125		Klassenbreite	0,0084		-0,0085	12	[-0,0169; -0,0085)
8	31. Okt 14	12,02	0,0257					-0,0002	22	[-0,0085; -0,0002)
9	3. Nov 14	12,16	0,0120		Drift E	0,0008		0,0082	22	[-0,0002; 0,0082)
10	4. Nov 14	11,81	-0,0292		Volatilität s	0,0182		0,0166	24	[0,0082; 0,0166)
11	5. Nov 14	11,98	0,0143					0,0250	11	[0,0166; 0,025)
12	6. Nov 14	12,17	0,0153		Intervall	Häufigkeit		0,0334	5	[0,025; 0,0334)
13	7. Nov 14	12,02	-0,0120		[-0,0174;0,0189]	85		0,0418	2	[0,0334; 0,0418)
14	10. Nov 14	11,73	-0,0244		[-0,0355;0,0371]	114		0,0501	2	[0,0418; 0,0501)
15	11. Nov 14	11,70	-0,0030							

Abb. 11.9 Auszug aus einem Excel-Arbeitsblatt zur statistischen Untersuchung von Renditen

Sind die Schüler mit dem Tabellenkalkulationsprogramm Excel vertraut und lassen es die Voraussetzungen zu, kann die einführende Aufgabenstellung, die erneut den Aktienkorb der Schüler aus den Anfangsstunden aufgreift, modifiziert werden, wie dies in der Aufgabe 11.2.10 vorgestellt wird.

Aufgabe 11.2.10 *Untersuchen Sie mit Excel die statistische Verteilung der Tagesrenditen[9] der letzten sechs Monate einer beliebigen Aktie aus Ihrem Aktienkorb.*

(a) *Erstellen Sie ein Häufigkeitsdiagramm. Bilden Sie dabei für die notwendige Klasseneinteilung 11 gleich große Klassen.*

(b) *Berechnen Sie die Drift und die Volatilität der Tagesrenditen. Wie viele Renditen liegen im Intervall $[\overline{E} - s; \overline{E} + s]$, wie viele Renditen liegen im Intervall $[\overline{E} - 2s; \overline{E} + 2s]$?*

(c) *Vergleichen Sie Ihr Häufigkeitsdiagramm mit Diagrammen Ihrer Mitschüler. Welche Gemeinsamkeiten, welche Unterschiede gibt es?*

(d) *Beschreiben Sie die Verteilung der Tagesrenditen auch unter Berücksichtigung der unter (b) berechneten Kenngrößen.*

Als Beispiel zur Untersuchung der statistischen Verteilung wählen wir die Aktie der Commerzbank im Zeitraum vom 27.10.14 bis 27.04.15. Die Abb. 11.9 zeigt einen Ausschnitt aus dem entsprechenden Excel-Arbeitsblatt.

Nachdem die für die statistische Analyse notwendigen 129 Kursdaten in das Tabellenblatt geladen wurden, werden die Tagesrenditen berechnet. Mit der kleinsten und der größten Rendite und der gegebenen Klassenanzahl von 11 Klassen ergibt sich eine Klassenbreite von 0,0084. Die Drift beträgt −0,0008, die Volatilität beträgt 0,0182. 85 Renditen liegen im Intervall $[\overline{E} - s; \overline{E} + s]$, dies sind etwas mehr als zwei Drittel aller Renditen. Mit 114 Renditen liegen etwa 95 % aller Renditen im Intervall $[\overline{E} - 2s; \overline{E} + 2s]$. Die

---

[9] Durch den Einsatz des Computers können größere Datenmengen untersucht werden. Dadurch wird die typische Verteilung der Aktienrenditen deutlicher. Außerdem kann börsentäglich mit den neuesten Daten gearbeitet werden, so dass hier auf die Angabe eines Zeitintervalls verzichtet wird.

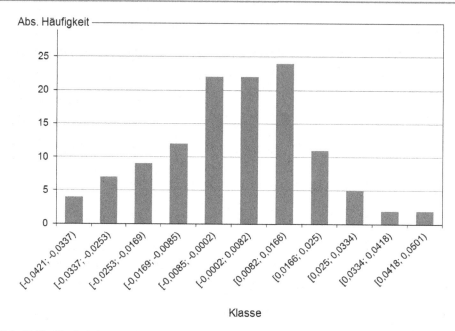

Abb. 11.10 Häufigkeitsverteilung der Wochenrenditen der Commerzbank-Aktie im Zeitraum vom 27.10.14 und 27.04.15

Abb. 11.10 zeigt die Häufigkeitsverteilung der 129 Tagesrenditen der Commerzbank im Zeitraum vom 27.10.14 bis 27.04.15. Auch hier wird die typische Verteilung der Aktienrenditen deutlich. Betragsmäßig kleinere Tagesrenditen und damit verbunden kleinere Kursschwankungen treten häufiger auf als größere Kursschwankungen. Die Renditen sind fast symmetrisch um den Mittelwert verteilt.

Lehrziele Angesichts der beschriebenen Unterrichtsinhalte ergeben sich für den Abschnitt „Statistische Analyse von Renditen" die folgenden Lehrziele. Die Schüler . . .

- . . . erstellen Häufigkeitsdiagramme aus gegebenen Aktienrenditen.
- . . . beschreiben die typische Verteilung von Renditen.
- . . . analysieren die Häufigkeit von Renditen in den Intervallen $[\overline{E} - s; \overline{E} + s]$ und $[\overline{E} - 2s; \overline{E} + 2s]$.

11.3 Die Ergänzungsmodule

11.3.1 Kurs einer Aktie

Vielen Schülern ist „der Kurs einer Aktie" ein Begriff. Dennoch wissen die wenigsten, wie der Kurs einer Aktie, hinter dem sich der Preis verbirgt, zu dem die Aktie gekauft bzw. verkauft wird, bestimmt wird. Zur selbstständigen Erarbeitung des Preisbildungsprozesses durch das Prinzip „Angebot und Nachfrage" bietet sich der Einsatz eines Informationstextes an. Dazu erhalten die Schüler zunächst die Aufgabe, den folgenden grau unterlegten Text aufmerksam durchzulesen und wesentliche Punkte zum Handel mit Aktien zu notieren.

Der Kurs einer Aktie

Der Preis einer Aktie wird u. a. durch das Prinzip „Angebot und Nachfrage" geregelt. Dazu sammelt der so genannte Skontroführer in seinem Order- bzw. Skontrobuch (ital. scontro libro = Buch der Gegeneinanderaufrechnung) alle eingehenden Kauf- und Verkaufswünsche. Das Orderbuch wird im Börsenverlauf regelmäßig geschlossen, bei regem Handel sogar alle paar Sekunden. Aus den vorliegenden Werten wird derjenige Preis bestimmt, bei dem die meisten Aktien **umgesetzt** werden. Was bedeutet „umgesetzt werden"? Gibt es z. B. nur für 150 Aktien bei 200 angebotenen Aktien Interessenten, dann können auch nur 150 Aktien umgesetzt werden. Für 50 Aktien gibt es keinen Käufer. Hat der Skontroführer einen Preis für eine Aktie festgelegt, dann wird dieser Kurs als aktueller Kurs öffentlich bekannt gegeben.

Betrachten wir dazu folgendes Beispiel: Der Sportverein Mathenio ist an der Frankfurter Börse notiert. Herr Finanzia ist als Skontroführer mit der Aufgabe betraut, den Kurs der Aktie zu bestimmen. Die folgende Tabelle stellt einen Auszug aus seinem Orderbuch dar.

Kurs in €	Anzahl der Käufer	Anzahl der Verkäufer
28,00	350	550
28,50	400	330
29,00	250	450
29,50	300	400
30,00	280	320
30,50	250	210
31,00	100	270
31,50	150	150

Wie ist beispielsweise die zweite Zeile dieser Tabelle zu lesen? 350 Aktien des Vereins Mathenio finden für einen Preis von **höchstens** € 28,00 einen Käufer. Dem gegenüber stehen 550 Aktien bei einem Kurs von **mindestens** € 28,00 zum Verkauf.

Wer bereit ist, seine Aktie für mindestens € 28,00 zu verkaufen, verkauft seine Aktie natürlich auch zu einem höheren Preis von z. B. € 28,50. Aus den 550 Verkäufern, die ihre Aktie für mindestens € 28,00 verkaufen möchten und den 330 Verkäufern, die ihre Aktie für mindestens € 28,50 verkaufen möchten, ergeben sich **insgesamt** 880 Verkäufer, die ihre Aktie verkaufen, wenn der Preis bei € 28,50 festgelegt wird.

Analog verhält es sich mit den Käufern. Wer für seine Aktie höchstens € 31,50 ausgeben möchte, kauft natürlich auch bei einem niedrigeren Preis von z. B. € 31,00. Aus den 150 Käufern, die höchstens € 31,50 für ihre Aktie ausgeben möchten und den 100 Käufern, die höchstens € 31,00 für ihre Aktie ausgeben möchten, ergeben sich **insgesamt** 250 Käufer, die eine Aktie kaufen, wenn der Preis bei € 31,00 festgelegt wird.

Was bedeutet dies nun für die Festlegung des Aktienkurses? Der Skontroführer hat zunächst die Gesamtzahlen der Käufer und Verkäufer bei einem bestimmten Preis zu bestimmen, diese zu vergleichen und den Aktienkurs bei demjenigen Preis festzulegen, bei dem die meisten Aktien umgesetzt werden.

Nachdem die Schüler den Text gelesen haben, werden in einem Gespräch die wichtigsten Punkte der Kursbestimmung zusammengetragen und so eventuelle Verständnisschwierigkeiten beseitigt. Anschließend erhalten die Schüler die Aufgabe, einen Kurs für die Aktie von Mathenio festzulegen und diesen zu begründen. Entsprechend den Ausführungen zur Bestimmung des Kurses einer Aktie werden die Anzahl der Käufer und Verkäufer bei einem bestimmten Preis und die Anzahl der umsetzbaren Aktien bestimmt. Diese sind in Tab. 11.10 zusammengefasst.

Tab. 11.10 Preisbildungsprozess für den Kurs einer Aktie des Sportvereins Mathenio

Kurs in €	Anzahl der Käufer	Anzahl der Käufer **insgesamt**	Anzahl der Verkäufer	Anzahl der Verkäufer **insgesamt**	Umsetzbare Aktien
28,00	350	2080	550	550	550
28,50	400	1730	330	880	880
29,00	**250**	**1330**	**450**	**1330**	**1330**
29,50	300	1080	400	1730	1080
30,00	280	780	320	2050	780
30,50	250	500	210	2260	500
31,00	100	250	270	2530	250
31,50	150	150	150	2680	150

Tab. 11.11 Preisbildungsprozess für den Aktienkurs der Firma Gelbrein

Kurs in €	Anzahl der Käufer	Anzahl der Käufer **insgesamt**	Anzahl der Verkäufer	Anzahl der Verkäufer **insgesamt**	Umsetzbare Aktien
151,00	18	228	10	10	10
152,00	35	210	25	35	35
153,00	54	175	38	73	73
154,00	37	121	31	104	104
155,00	55	84	99	203	84
156,00	29	29	34	237	29

Bei einem Preis von € 29,00 sind mit 1330 Aktien die meisten Aktien umsetzbar. Der Skontroführer wird diesen Preis als neuen Kurs der Aktie von Mathenio ausrufen.

Das Einstiegsbeispiel ist derart gewählt, dass sich die Anzahl der Käufer und Verkäufer ausgleicht. Dies ist in der Realität selten der Fall. Aus diesem Grund sind in der sich anschließenden Übungsphase bewusst Beispiele einzusetzen, in denen die Problematik der unausgeglichenen Käufer-Verkäufer-Zahlen auftritt, wie dies z. B. in der Aufgabe 11.3.1 der Fall ist.

Aufgabe 11.3.1 *Herr Geldig ist für die Aktie der Firma Gelbrein als Skontroführer beauftragt. Ihm liegen Kaufaufträge von 29 Aktien zu € 156,00; 55 Aktien zu € 155,00; 37 Aktien zu € 154,00; 54 Aktien zu € 153,00; 35 Aktien zu € 152,00 und 18 Aktien zu € 151,00 vor. Dem gegenüber stehen 34 Aktien zu € 156,00; 99 Aktien zu € 155,00; 31 Aktien zu € 154,00; 38 Aktien zu € 153,00; 25 Aktien zu € 152,00 und 10 Aktien zu € 151,00 zum Verkauf. Bestimmen Sie den Aktienkurs der Firma Gelbrein.*

Die Tab. 11.11 zeigt den entsprechenden Auszug aus dem Skontrobuch des Skontroführers. Da die meisten Aktien bei einem Preis von € 154,00 umgesetzt werden könnten, ist der Kurs der Aktie bei € 154,00 festzulegen. Aufmerksame Schüler werden jedoch feststellen, dass die Anzahl der Verkäufer mit 104 und die Anzahl der Käufer mit 121 nicht ausgeglichen ist. Wie hat Herr Geldig mit diesem Problem umzugehen? Diese Frage kann zur Diskussion gestellt werden. Vorschläge seitens der Schüler könnten z. B. die folgenden sein:

- Es wird ausgelost, wer von den 121 potentiellen Käufern eine Aktie erhält.
- Es werden die 104 Aktien an diejenigen Käufer verkauft, die als erste ihre Kaufwünsche geäußert haben.
- Das Skontrobuch wird wieder geöffnet, so dass weitere Kauf- und Verkaufswünsche eingehen können. Diese führen u. U. zu einem ausgeglichenen Skontrobuch.
- Es wird kein aktueller Aktienkurs festgelegt. Das Skontrobuch wird gelöscht, die Phase des Handelns beginnt neu.
- Herr Geldig verkauft Aktien aus seinem eigenen Aktienbestand.

Wie sieht es in der Realität aus? Der Skontroführer versucht, für die bei einem Kurs von € 154,00 fehlenden Verkäufer oder entsprechend dem Meistausführungsgebot die für einen Preis von € 155,00 fehlenden Käufer zu finden. Dazu ruft er vorerst nur einen geschätzten Kurs von „4 zu 5" (€ 154,00 zu € 155,00) aus.[10] Das Ausrufen des geschätzten Kurses hat in der Regel zur Folge, dass die Händler weitere Aufträge abgeben, was zu einem Gleichgewicht zwischen der Anzahl der Käufer und der Anzahl der Verkäufer führen kann. Lassen sich z. B. noch 17 Verkäufer von Aktien zu € 154,00 finden, so wird der Skontroführer zu einem Preis von € 154,00 verkaufen. Der aktuelle Aktienkurs wird bei € 154,00 festgelegt. Hat der Skontroführer damit keinen Erfolg, kann er selbst als Käufer oder Verkäufer auf eigenes Risiko tätig werden. Dabei darf er lediglich die kleinste Differenz zwischen angebotenen und nachgefragten Aktien ausgleichen.

Um sich abschließend ein Bild über den Alltag und die Hektik an den Börsen zu machen, bietet sich ein Besuch einer Börse an, sofern dies möglich ist. In Deutschland gibt es die folgenden Börsenplätze: Berlin, Bremen, Düsseldorf, Frankfurt, Hamburg, Hannover, München und Stuttgart.

Lehrziele Angesichts der beschriebenen Unterrichtsinhalte ergeben sich für den Abschnitt „Kurs einer Aktie" die folgenden Lehrziele. Die Schüler ...

- ... erklären den Preisbildungsprozess bei Aktien durch das Prinzip „Angebot und Nachfrage" und wenden diesen an.
- ... bestimmen Aktienkurse aus gegebenen Angeboten und Nachfragen.
- ... sind sich darüber bewusst, dass die Anzahl der Käufer und Verkäufer nicht ausgeglichen sein muss und finden diesbezüglich Lösungen.

11.3.2 Random-Walk-Modell

Mit dem Random-Walk-Modell lernen die Schüler in diesem Abschnitt ein erstes einfaches Modell kennen, mit dem es möglich ist, einen Kursrahmen für künftige Aktienkursentwicklungen abzustecken. Bevor das Random-Walk-Modell erarbeitet wird, ist es sinnvoll, mit den Schülern die Frage zu diskutieren, ob Aktienkurse prognostizierbar sind. Diese Frage wird jeder Finanzmathematiker mit „Nein" beantworten. Aus den statistischen Analysen der Aktienrenditen wird ersichtlich, dass Aktienkurse keinem deterministischen Muster folgen, sondern vielmehr eine so genannte zufällige Irrfahrt vollführen. Positive und negative Renditen und damit verbunden Kursanstiege und Kursabfälle,

---

[10] Fehlen wie in diesem Beispiel Verkäufer bei einem bestimmten Preis, wird der nächsthöhere Preis zum Schätzwert hinzugenommen. Fehlen hingegen Käufer bei einem bestimmten Preis, so wird der nächstniedrige Preis in den Schätzpreis aufgenommen. Wäre in unserem Beispiel die Anzahl der Käufer kleiner als die Anzahl der Verkäufer, dann würde Herr Geldig den vorläufigen Kurs mit „4 zu 3" angeben.

wechseln sich in unvorhersehbarer Reihenfolge ab. Diese Theorie wird auch von Wirtschaftswissenschaftlern vertreten. Ihrer Auffassung nach spiegeln Aktienkurse jederzeit das wirtschaftliche, politische und gesellschaftliche Geschehen in Aktiengesellschaften oder in deren Umfeld wider. Dabei ist nicht vorhersehbar, wann neue kursrelevante Ereignisse geschehen, die die Aktienkurse steigen oder sinken lassen. Aus diesem Grund sind Aktienkurse nicht sicher prognostizierbar. Es gibt lediglich eine „Methode", mit der Kursprognosen, die mit ziemlicher Sicherheit eintreffen, erstellt werden können – die Verwendung von Insiderwissen. Weiß man z. B. bereits vor der Verkündigung in der Öffentlichkeit vom Konkurs einer Firma, so kann man einen Einbruch des künftigen Aktienkurses prognostizieren. Es gibt immer wieder Situationen, in denen Aktionäre versuchen, Insiderinformationen zu nutzen. So gab es z. B. Aktionäre, die in Verbindung zu den Drahtziehern der Anschläge auf das Word-Trade-Center am 11. September 2001 in New York standen und somit durch entsprechende Verkäufe bestimmter Aktien hohe Gewinne erzielen konnten. Um das Funktionieren der Börse zu sichern, ist die Verwendung von Insiderwissen verboten. Personen, die unter Verdacht der Bereicherung durch entsprechende Informationen stehen, werden daher strafrechtlich verfolgt.

Die Entwicklung von Modellen zur „Prognose" von künftigen Aktienkursen hat in der Historie der Finanzmathematik viel Zeit und Erfahrung gebraucht. Auch heute ist die Arbeit nicht abgeschlossen, der Prozess ist vielmehr dynamisch. Darüber hinaus sind die Aktienmärkte sehr komplex, so dass die Schüler diese nur schwer in allen Details erfassen können. Aus diesem Grund ist es wenig sinnvoll, wenn die Schüler aufgefordert werden, derartige Modelle selbstständig zu entwickeln. Günstiger ist es also, wenn sich Schüler das Random-Walk-Modell durch Studium des folgenden grau unterlegten Textes eigenständig erarbeiten.

Random Walk einer Aktie

Aktienkurse sind nicht sicher prognostizierbar. Dies haben wir bereits bei der statistischen Analyse von Aktienrenditen gesehen. Positive und negative Renditen wechseln sich in unvorhersehbarer Reihenfolge ab. Gleichermaßen wechseln sich steigende und sinkende Aktienkurse ab. Dennoch lässt sich mit einem mathematischen Modell, dem so genannten Random-Walk-Modell, ein Rahmen für künftige Kursentwicklungen abstecken. Innerhalb dieses Rahmens sind verschiedene Kursentwicklungen möglich.

Im Random-Walk-Modell vereinfachen wir das tatsächliche Kursgeschehen wie folgt:

1. Der betrachtete Zeitraum wird in Perioden, z. B. Tage, Wochen oder Monate unterteilt. Der Aktienkurs ändert sich nur am Ende einer Periode.
2. Nach jeder Kursänderung kann der Aktienkurs genau zwei Werte annehmen: Er ist um einen gewissen Faktor u (up) gestiegen oder um einen bestimmten

Faktor d (down) gesunken. Dabei wird jeder Wert mit jeweils einer Wahrschein-lichkeit von $\frac{1}{2}$ angenommen.

Doch wie groß sind u und d in unserem Modell zu wählen? Hierfür nehmen wir uns die Kennzahlen Drift und Volatilität zur Hilfe und legen folgende Wachstumsfakto-ren fest:

1. Die Aktie steigt um $u = 1 + \overline{E} + s$.
2. Die Aktie sinkt um $d = 1 + \overline{E} - s$.

Die verwendeten Kennzahlen geben uns dabei die Einteilung in Perioden vor. Neh-men wir beispielsweise die Wochenrenditen zur Berechnung der Kennzahlen, dann können wir einen Kursrahmen abstecken, der eine mögliche Entwicklung des Ak-tienkurses nach einer Woche anzeigt. Die Entwicklung des Aktienkurses an den einzelnen Tagen innerhalb dieser Woche ist dann mit unserem Modell nicht be-schreibbar. Die Überlegungen zum Random-Walk-Modell können in der folgenden Abbildung zusammengefasst werden.

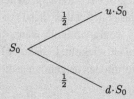

Ausgehend von diesen modellierten Aktienkursen $S_1 = u \cdot S_0$ und $S_2 = d \cdot S_0$ kann für die darauf folgende Periode erneut ein Kursrahmen abgesteckt werden. Dabei verwenden wir die gleichen Wachstumsfaktoren wie in der Periode zuvor.

Nach der selbstständigen Erarbeitung des Random-Walk-Modells schließt sich eine Anwendungsphase an, in der Aufgaben der folgenden Art bearbeitet werden. Dabei wird gleichzeitig geprüft, inwiefern die Schüler das Random-Walk-Modell verstanden haben.

Aufgabe 11.3.2 *Wir betrachten die Aktie von ThyssenKrupp. Im Zeitraum vom 14.04.14 bis 30.03.15 betrug die Drift der Aktie rund 0, die Volatilität rund 0,04. Am 30.03.15 möchten wir eine Aussage darüber treffen, wie sich der Kurs der Aktie nach einer Woche am 06.04.15 entwickelt haben wird.*

(a) Bestimmen Sie die beiden Werte, die der Aktienkurs nach dem Random-Walk-Modell eine Woche später am 06.04.15 annehmen kann, wenn am 30.03.15 der Kurs bei

Abb. 11.11 Kursrahmen für
die Entwicklung der Thyssen-
Krupp-Aktie im Zeitraum vom
30.03.15 bis 13.04.15

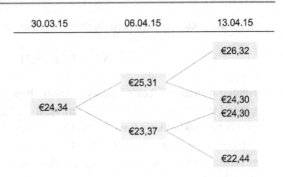

*€ 24,34 lag. Vergleichen Sie die modellierten Werte mit dem realen Aktienkurs vom
06.04.15, der € 24,76 betrug.*

*(b) Ausgehend vom modellierten Aktienkurs vom 06.04.15 können weitere „Prognosen"
für die darauf folgende Woche getätigt werden. Erläutern Sie, wie man zu dem Kursrahmen in Abb. 11.11 kommt. Begründen Sie insbesondere die gleichen auftretenden
Werte.*

Im Folgenden betrachten wir die Lösungen der Aufgabe.

(a) Nach dem Random-Walk-Modell kann der Aktienkurs am 06.04.15 genau zwei Werte
annehmen. Entweder ist er um $u = 1 + \overline{E} + s = 1 + 0 + 0{,}04 = 1{,}04$ gestiegen oder
er ist um $d = 1 + \overline{E} - s = 1 + 0 - 0{,}04 = 0{,}96$ gesunken. Ist der Aktienkurs am
06.04.15 gestiegen, so liegt er mit einer Wahrscheinlichkeit von $\frac{1}{2}$ bei:

$$S_1 = u \cdot S_0 = 1{,}04 \cdot € 24{,}34 = € 25{,}31.$$

Ist der Aktienkurs am 06.04.15 hingegen gesunken, so liegt er mit einer Wahrscheinlichkeit von $\frac{1}{2}$ bei:

$$S_2 = d \cdot S_0 = 0{,}96 \cdot € 24{,}34 = € 23{,}37.$$

Der tatsächliche Aktienkurs am 06.04.15 betrug € 24,76 und liegt in der Nähe von
unserem modellierten Aktienkurs.

(b) Der Kursrahmen wurde erneut mit dem Random-Walk-Modell abgesteckt. Die modellierten Kurse vom 06.04.15 wurden in der ersten Teilaufgabe bereits berechnet.
Ausgehend von diesen Werten am 06.04.15 wird mit den bereits bestimmten Parametern $u = 1{,}04$ und $d = 0{,}96$ erneut ein Kursrahmen für den 13.04.15 abgesteckt.
Betrachten wir zunächst den modellierten Wert von € 25,31 am 06.04.15, dann kann
von diesem Wert aus der Aktienkurs eine Woche später um u gestiegen oder um d
gesunken sein. Steigt der Aktienkurs zum 13.04.15, dann liegt der neue Kurs bei:

$$S_3 = u \cdot € 25{,}31 = € 26{,}32.$$

Sinkt der Aktienkurs hingegen, dann liegt der neue Kurs bei:

$$S_4 = d \cdot € \, 25{,}31 = € \, 24{,}30.$$

Analog werden die beiden anderen möglichen Aktienkurse € 24,30 und € 22,44 aus-gehend von € 23,37 bestimmt. Interessant ist die Frage, warum zweimal die gleichen möglichen Aktienkurse am 13.04.15 auftreten. Dies lässt sich mit der Berechnungs-vorschrift der Werte begründen. Ist der Anfangskurs S_0 am Ende der ersten Periode gestiegen und anschließend gefallen, dann berechnet sich der Aktienkurs nach zwei Perioden gemäß der Formel

$$S = d \cdot (u \cdot S_0).$$

Fällt hingegen der Aktienkurs zunächst, ehe er steigt, ergibt sich der neue Aktienkurs gemäß der Formel:

$$S = u \cdot (d \cdot S_0).$$

Wendet man das Assoziativgesetz und Kommutativgesetz der Multiplikation an, so erkennt man, dass beide Aktienkurse gleich sind. Es ist also nicht von Bedeutung, ob der Aktienkurs erst fällt und dann steigt oder erst steigt und dann sinkt. Rechnerisch erhalten wir die gleichen „Prognosen".

Sind die Schüler bereits mit den Pfadregeln vertraut, können diese wiederholt und vertieft werden. Neben der Bestimmung der möglichen Werte für die Aktienkurse am Ende einer Periode können die Schüler dazu aufgefordert werden, gleichzeitig Wahrscheinlichkeits-aussagen für das Auftreten der einzelnen Aktienkurse zu tätigen. So tritt z. B. am 06.04.15 mit einer Wahrscheinlichkeit von

$$P(\text{Aktienkurs beträgt } € \, 24{,}30) = \frac{1}{2} \cdot \frac{1}{2} + \frac{1}{2} \cdot \frac{1}{2} = \frac{1}{2}$$

ein Aktienkurs in Höhe von € 24,30 auf. Eine weitere Aufgabe, die das Random-Walk-Modell vertieft, ist die Aufgabe 11.3.3.

Aufgabe 11.3.3 *Die Abb. 11.12 zeigt das Linienchart für die Wochenschlusskurse der ThyssenKrupp-Aktie im Zeitraum vom 24.11.14 bis 27.04.15.*

Das Linienchart soll durch Modellierung der künftigen Aktienkurse mit dem Random-Walk-Modell fortgesetzt werden. Entwickeln Sie ein Experiment, mit dem Sie unter An-wendung des Random-Walk-Modells das Linienchart fortsetzen können. Führen Sie das Experiment durch und setzen Sie das Linienchart entsprechend fort. Gehen Sie von einem Aktienkurs von € 23,86 am 27.04.15 und $u = 1{,}04$ sowie $d = 0{,}96$ aus.

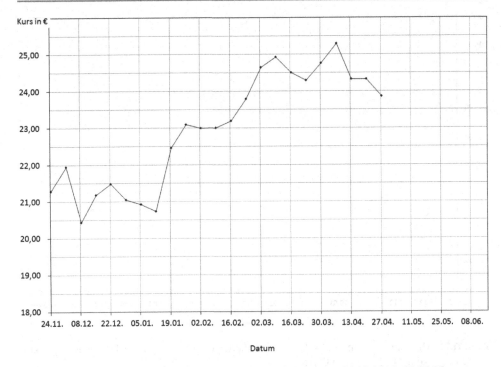

Abb. 11.12 Linienchart der ThyssenKrupp-Aktie im Zeitraum vom 24.11.14 bis 27.04.15

Um das Linienchart fortzusetzen, können wir z. B. für jede Woche eine Münze werfen. Wenn Kopf fällt, steigt der Aktienkurs in der betreffenden Woche. Erscheint dagegen Zahl, dann sinkt der Aktienkurs in der betreffenden Woche. Die Abb. 11.13 zeigt ein durch Modellierung der künftigen Aktienkurse entstandenes Linienchart. Der gestrichelte Teil stellt dabei die Fortsetzung des Liniencharts mithilfe des Random-Walk-Modells dar. Es ist erkennbar, dass beim Werfen der Münze zunächst Kopf fiel, der Aktienkurs also um den Faktor u gestiegen ist. Anschließend wurde viermal hintereinander Zahl geworfen, in jeder Woche fiel also der Aktienkurs um den Faktor d. Der letzte Wurf zeigt Kopf, der Aktienkurs stieg also erneut um den Faktor u.

Wie schwer eine Identifizierung von modellierten Liniencharts ist, zeigt die Aufgabe 11.3.4.

Aufgabe 11.3.4 *In der Abb. 11.14 ist von den vier Kursverläufen im Zeitraum vom 02.01.01 bis 31.12.01 ein Kursverlauf mit dem Random-Walk-Modell erzeugt worden. Die anderen drei Liniencharts sind echt. Analysieren Sie die Abbildung. Welche der Abbildungen ist Ihrer Meinung nach das modellierte Linienchart? Begründen Sie Ihre Vermutung.*

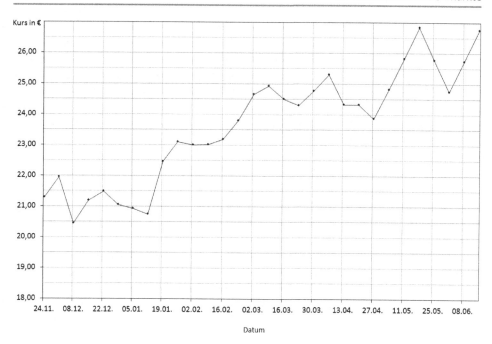

Abb. 11.13 Mit dem Random-Walk-Modell modelliertes Linienchart für die ThyssenKrupp-Aktie im Zeitraum vom 24.11.14 bis 15.06.15

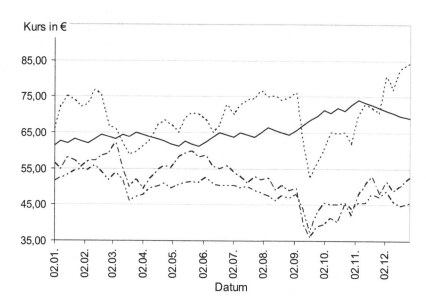

Abb. 11.14 Vergleich dreier realer Liniencharts mit einem modellierten Liniencharts im Zeitraum vom 02.01.01 bis 31.12.01

Die Ähnlichkeit der einzelnen Liniencharts ist verblüffend. Das modellierte Linienchart lässt sich auf den ersten Blick nicht von den realen Liniencharts (Adidas, Linde und Volkswagen) unterscheiden. Dennoch ist der modellierte Aktienkursverlauf in einem kleinen Detail von den anderen verschieden. Unmittelbar nach den Anschlägen auf das World-Trade-Center in New York am 11. September 2001 sind alle Aktienkurse stark gesunken. Diese Entwicklung spiegelt sich auch in drei der vier Aktiencharts wider, das vierte Chart scheint von den Ereignissen unbeeindruckt. Es kann daher davon ausgegangen werden, dass es sich bei diesem Aktienchart um das mit dem Random-Walk-Modell erzeugte Chart handelt. Gäbe es den Anhaltspunkt des 11. Septembers nicht, wäre eine Identifizierung ohne Kenntnisse über die echten Kurswerte kaum möglich.

Den Abschluss der Unterrichtseinheit sollte eine kritische Auseinandersetzung mit der Modellierung von Aktienkursen mittels Random-Walk-Modell bilden. Als Einstieg in die abschließende Diskussion dient die Aufgabe 11.3.5.

Aufgabe 11.3.5 *In einem mathematischen Modell wird stets versucht, die Realität zu beschreiben und diese zu idealisieren. Die Wirklichkeit wird meist stark vereinfacht, es werden nicht alle Faktoren bei der Modellierung berücksichtigt. Daher ist es wichtig, immer wieder zu hinterfragen, ob das Modell die Beobachtungen der Realität gut beschreibt. Darüber hinaus gibt es in einem Modell stets Kritikpunkte. Überlegen Sie, was im Random-Walk-Modell kritisch zu bewerten ist. Welche Vorteile hat das Random-Walk-Modell?*

Als Vorteil des Modells ist insbesondere die einfache Handhabung zu nennen, da lediglich die Parameter u und d bestimmt werden müssen. Als kritisch hingegen sind folgende Punkte zu bewerten:

- Das modellierte Aktienkursgeschehen ist bei sehr langen Perioden fern der Realität, da sich der Aktienkurs nicht nur am Ende einer Periode (z. B. am Ende einer Woche), sondern auch dazwischen (z. B. an den einzelnen Tagen dieser Woche) ändert. Eine (theoretische) Verkleinerung der Periodenlänge zu „Tagesrenditen", „Stundenrenditen", „Minutenrenditen" oder „Sekundenrenditen" nähert sich dem tatsächlichen Aktiengeschehen immer besser an.
- Aus Daten der Vergangenheit werden „Prognosen" für die Zukunft abgeleitet.
- Firmenrelevante Daten (Insiderwissen) und unvorhersehbare Ereignisse (z. B. Anschlag auf das World-Trade-Center) werden in diesem Modell nicht berücksichtigt.
- Die Parameter u und d werden als zeitlich konstant betrachtet. Neue Kursinformationen bleiben unberücksichtigt. Dies ist insbesondere problematisch, wenn über sehr lange Zeiträume „Prognosen" getätigt werden.

Abschließend kann der Lehrer die Schüler darauf hinweisen, dass es mittlerweile eine Vielzahl leistungsfähigerer Modelle (vgl. Kap. 12) gibt, die jedoch aufgrund ihrer Komplexität nicht für den Mathematikunterricht in der Sekundarstufe I geeignet sind. In der aktuellen finanzmathematischen Forschung wird insbesondere nach Modellen gesucht, die den letztgenannten Kritikpunkt stärker berücksichtigen.

Lehrziele Angesichts der beschriebenen Unterrichtsinhalte ergeben sich für den Abschnitt „Random-Walk-Modell" die folgenden Lehrziele. Die Schüler . . .

- . . . erarbeiten das Random-Walk-Modell zur „Prognose" von Aktienkursentwicklungen und können mit diesem Modell Berechnungen von Kursprognosen durchführen.
- . . . simulieren mit dem Random-Walk-Modell künftige Aktienkursentwicklungen.
- . . . beurteilen das Random-Walk-Modell kritisch und reflektieren die Grenzen des Modells.

Literatur

KMK: Bildungsstandards im Fach Mathematik für den Mittleren Schulabschluss: Beschluss vom 04.12.2003. Wolters Kluwer (2004)

Beike, R., Schlütz, J.: Finanznachrichten lesen, verstehen, nutzen. 5. Aufl., Schäffer-Poeschel (2010)

Busch, B., Hölzner, A.: Aktien und Börsen – 61 Antworten für Einsteiger. Cornelsen (2001)

Herget, W., Scholz, D.: Die etwas andere Aufgabe. Kallmeyersche Verlagsbuchhandlung (1998)

Schulz, W., Stoye, W. (Hrsg.): Stochastik. Volk und Wissen (1997)

Henze, N.: Stochastik für Einsteiger. 2. Aufl., Vieweg-Verlag (2000)

Warmuth, E., Warmuth, W.: Elementare Wahrscheinlichkeitsrechnung. B.G. Teubner (1998)

Adelmeyer, M., Warmuth, E.: Finanzmathematik für Einsteiger. Vieweg-Verlag (2003)

Die zufällige Irrfahrt einer Aktie

Im Folgenden präsentieren wir einen Vorschlag für eine Unterrichtseinheit zur stochastischen Modellierung von Aktienkursen mittels Normalverteilung. Der Unterrichtsvorschlag ist für einen Einsatz im Stochastikunterricht der Sekundarstufe II vorgesehen. Bei der Konzeption wurden die unter der Leitidee „Daten und Zufall" zusammengefassten Inhalte der „Bildungsstandards im Fach Mathematik für die Allgemeine Hochschulreife" (vgl. KMK, S. 21) berücksichtigt.

Die Unterrichtseinheit baut auf der Unterrichtseinheit „Statistik der Aktienmärkte" auf. Wir setzen daher voraus, dass deren Inhalte bekannt sind. Dennoch kann diese Unterrichtseinheit auch dann eingesetzt werden, wenn die Unterrichtseinheit „Statistik der Aktienmärke" nicht unterrichtet wurde. Zur Einführung in die bisher unbekannten Themen verweisen wir auf die Ausführungen im Kap. 11.

12.1 Inhaltliche und konzeptionelle Zusammenfassung

Die Unterrichtseinheit „Die zufällige Irrfahrt einer Aktie" besteht aus einem Basismodul und drei thematisch passenden Ergänzungsmodulen. Das Basismodul ist in sechs Abschnitte mit folgenden Themen gegliedert:

1. *Ökonomische Grundlagen*
2. *Einfache und* logarithmische *Rendite einer Aktie*
3. *Drift und Volatilität einer Aktie*
4. *Statistische Analyse von Renditen*
5. Normalverteilung als Modell zur Aktienkursprognose
6. Beurteilung eines Wertpapieres.

Die kursiv gesetzten Module sind gleichfalls Module in der Unterrichtseinheit „Statistik der Aktienmärkte". In den folgenden Ausführungen werden sie durch neue Aspekte

© Springer Fachmedien Wiesbaden 2016
P. Daume, *Finanz- und Wirtschaftsmathematik im Unterricht Band 1*,
DOI 10.1007/978-3-658-10615-7_12

erweitert, die bereits bekannten Aspekte sind im Laufe des Unterrichts jeweils kurz zu wiederholen. Die einzelnen Abschnitte des Basismoduls bauen aufeinander auf und sollten möglichst vollständig und in der genannten Reihenfolge unterrichtet werden. Das Ziel dieses Basismoduls ist es, den Schülern bewusst zu machen, dass Aktienkurse nicht sicher prognostizierbar sind, dass aber dennoch mithilfe stochastischer Methoden Wahrscheinlichkeitsaussagen zu künftigen Aktienkursentwicklungen möglich sind. Insbesondere wird die Möglichkeit vorgestellt, wie Aktienkurse mittels Normalverteilung modelliert werden können.

Die drei Ergänzungsmodule widmen sich folgenden Themen:

1. Modellierungsprozess
2. Korrelationsanalyse
3. *Random-Walk-Modell*[1]

Die Abb. 12.1 zeigt einen Vorschlag für einen chronologischen Ablauf der Unterrichtseinheit. Die Ergänzungsmodule wurden zeitlich an passender Stelle eingeordnet.

Im Folgenden werden die Inhalte und Ziele der einzelnen Abschnitte des Basismoduls und der Ergänzungsmodule vorgestellt. Die vermittelten mathematischen und ökonomischen Inhalte ergeben sich dabei vollständig aus Kap. 5.

12.2 Das Basismodul

12.2.1 Ökonomische Grundlagen

Nach einer kurzen Wiederholung der wichtigsten Begriffe, die im Zusammenhang mit der Thematik stehen (siehe Abschn. 11.2.1), wird ein real existierendes Wertpapier vorgestellt, auf dessen Bewertung die gesamte Unterrichtseinheit abzielt. Die Schüler können sich durch das Studium eines entsprechenden Werbeprospekts mit dem Wertpapier vertraut machen, es ist aber auch eine Vorstellung durch den Lehrer möglich. Diese hat den Vorteil, dass eine bereits gefilterte und damit gut verständliche Darstellung des Wertpapieres möglich ist. Die Werbeprospekte der Banken enthalten oft zusätzliche Informationen und neue ökonomische Begriffe, die einer weiteren Klärung bedürfen, die jedoch für die Bewertung des Wertpapieres nicht von Bedeutung sind. Diverse Banken bringen verschiedene Wertpapiere, deren Zinszahlungen auf Aktienkursentwicklungen beruhen, auf den Markt. Zur Beurteilung im Unterricht eignet sich nach unserer Auffassung besonders gut

---

[1] Mit dem Random-Walk-Modell steht den Schülern ein diskretes Modell für die Prognose künftiger Aktienkurse zur Verfügung und kann somit zur Beurteilung des Wertpapieres am Ende der Unterrichtseinheit herangezogen werden. Wurde das Random-Walk-Modell bereits unterrichtet, ist es sinnvoll, dieses zu wiederholen. Andernfalls ist mit Hinblick auf zeitliche Aspekte vom unterrichtenden Lehrer zu entscheiden, ob das Modell zusätzlich zur Normalverteilung eingeführt wird.

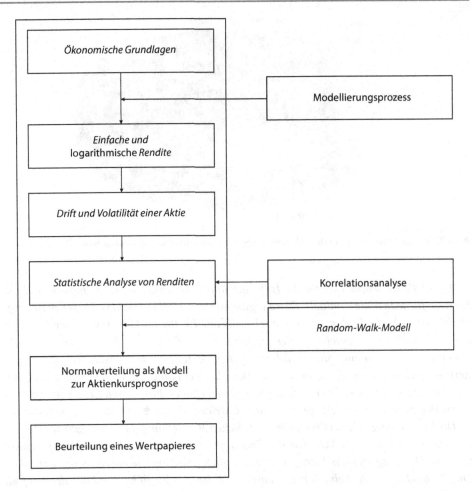

Abb. 12.1 Möglicher chronologischer Ablauf der Unterrichtseinheit „Die zufällige Irrfahrt einer Aktie"

das VarioZins Garant[2] der DZ Bank. Im Folgenden wird die Funktionsweise des VarioZins Easy Garant 2010/3, vorgestellt:

Im Aktienkorb des VarioZins Easy Garant 2010/3 sind 10 Aktien (siehe Abb. 12.2) zusammengefasst.

---

[2] Die DZ Bank bringt in regelmäßigen Abständen dieses Zertifikat in verschiedenen Variationen heraus. Alle Zertifikate mit dem Namen VarioZins Garant funktionieren dabei nach ähnlichem Prinzip. Sie sind unter https://www.akzent-invest.de/de/startseite/produkte/kapitalschutz/variozins.html (Stand: 10.06.15) zu finden.

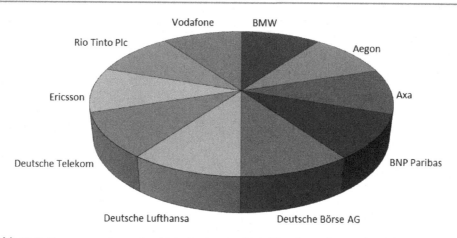

Abb. 12.2 Zusammensetzung des Aktienkorbes des VarioZins Garant International 2015/3

Am 17.12.10[3] wurde eine für die Höhe der jährlichen Zinszahlung maßgebliche Kurs-
barriere für jede Aktie ermittelt. Diese ergibt sich aus 75 % des Schlusskurses der betref-
fenden Aktie. An 12 Stichtagen im Jahr (jeweils der 13. Tag im Monat) wird der Kurswert
der im Aktienkorb befindlichen Aktien ermittelt und am Ende des Jahres wird die Zinszah-
lung für das abgelaufene Jahr wie folgt festgelegt: Eine Höchstverzinsung von € 5,00 pro
Zertifikat erfolgt, wenn sich keine der im Aktienkorb enthaltenen Aktien an den zwölf Be-
wertungstagen unter der 75 %-igen Kursbarriere befindet. Fällt mindestens eine Aktie an
einem der zwölf Bewertungstage unter diese Barriere, gibt es € 1,00 Zinsen pro Zertifikat.

Die Zinszahlungen unterliegen einer jährlichen Betrachtung. In jedem Jahr werden er-
neut die Schlusskurse der Aktien an den Stichtagen geprüft und die Einlagen entsprechend
verzinst. Der Ausgabepreis betrug € 100 zuzüglich 3 % Ausgabeaufschlag pro Zertifikat.
Die DZ Bank garantiert eine Rückzahlung von € 100 pro Zertifikat am Ende der Laufzeit
(16.12.16).

In einer ersten Diskussion sollte an dieser Stelle zunächst eine intuitive Einschätzung
des Wertpapieres erfolgen. Der Einstieg in diese Diskussion gestaltet sich sehr offen,
wenn die Schüler nach der Attraktivität des Pakets gefragt werden und unter welchen
Gesichtspunkten sich das Wertpapier beurteilen ließe. Etwas enger geführt wird die Ein-
stiegsdiskussion, wenn die folgenden Fragen an die Schüler gerichtet werden:

---

[3] Die Bewertung eines älteren Wertpapieres hat den Vorteil, dass die Schüler im Anschluss an die
Unterrichtseinheit überprüfen können, welche Zinsen in jedem Jahr gezahlt wurden. Um zu vergleichen, wie sich die Konditionen im Laufe der Zeit veränderten, empfiehlt sich zusätzlich eine
Betrachtung von neueren Wertpapieren. Im Fall von VarioZins Garant International 2015/3 gilt
beispielsweise nur noch eine Mindestverzinsung von € 0,40 pro Zertifikat. Die Höchstverzinsung
beträgt € 1,25 pro Zertifikat. Berücksichtigt man Ausgabe- und Depotgebühren, sind auch Verluste
möglich.

- *Wie schätzen Sie die Wahrscheinlichkeit dafür ein, dass die Anleger tatsächlich über die gesamte Laufzeit die Maximalverzinsung erhalten?*
- *Welche Position beziehen Sie zu diesem Wertpapier?*
- *Welche Personengruppen sollten Ihrer Meinung nach mit dem Wertpapier angesprochen werden?*
- *Wie stellen Sie sich eine Bewertung des Wertpapiers mit Mitteln der Wahrscheinlichkeitsrechnung vor?*

Es ist nicht zu erwarten, dass die Schüler einen vollständigen Lösungsweg zur Bewertung des Zertifikats vorschlagen. Die Schüler sollten jedoch erkennen, dass die Frage nach der Wahrscheinlichkeit, den Höchstzinssatz zu erreichen, nur über Wahrscheinlichkeitsaussagen zu Kursentwicklungen der im Aktienkorb enthaltenen Aktien beantwortbar ist. Das Ziel der nächsten Unterrichtsabschnitte wird daher sein, Modelle für künftige Aktienkursentwicklungen zu erarbeiten. Wie ist die Attraktivität einzuschätzen? Im schlimmsten Fall werden jährlich lediglich jeweils € 1,00 Zinsen gezahlt, nach einer Laufzeit von 5 Jahren zahlt die DZ Bank also € 105 aus. Berücksichtigt man allerdings die Ausgabegebühren in Höhe von € 3,00 pro Zertifikat, bleiben nur € 2,00 Gewinn. Dies entspricht einem Gewinn von jährlich € 0,40. Im Idealfall werden insgesamt € 25,00 (bzw. € 22,00) pro Zertifikat ausgezahlt, der jährliche Durchschnittsgewinn beträgt hier unter Berücksichtigung der Nebenkosten € 4,40. Im Vergleich zu einem Festgeldkonto mit Stand vom 10.06.2015 kann dieses Angebot als attraktiv gelten, da keine Verluste drohen, die Gewinne aber deutlich über den Festgeldverzinsungen (2,20 % p. a.) liegen können.

Lehrziele Angesichts der beschriebenen Unterrichtsinhalte ergibt sich für den Abschnitt „Ökonomische Grundlagen" das folgende Lehrziel. Die Schüler ...

- ... erläutern den Aufbau und die Funktionsweise des am Ende der Unterrichtseinheit zu bewertenden Wertpapiers.

12.2.2 Einfache und logarithmische Rendite einer Aktie

Für die Analyse von Aktienkursentwicklungen sind die Renditen bekanntermaßen die geeigneteren Größen als die Kurse selbst. Sie erlauben es, Aussagen zur Ertragskraft einer Aktie zu machen und die Erträge verschiedener Aktien miteinander zu vergleichen. Dabei wird zwischen der einfachen und der logarithmischen Rendite unterschieden. Zunächst wird der bekannte Begriff der einfachen Rendite wiederholt.

Als einfache Rendite E_a^b im Zeitraum $[t_a; t_b]$ bezeichnet man das Verhältnis aus Gewinn und Einsatz bzw. aus Verlust und Einsatz. Sie wird üblicherweise in Prozent angegeben und berechnet sich aus den Kursen S_a am Anfang und S_b am Ende des Zeitraums gemäß der Formel:

$$E_a^b = \frac{S_b - S_a}{S_a}.$$

In der Finanzmathematik hingegen wird aus guten Gründen mit der logarithmischen Rendite gearbeitet. Die logarithmische Rendite liefert im Gegensatz zu der einfachen Rendite nicht unmittelbar die Gewinne bzw. Verluste einer Aktie und ist somit für Schüler weniger anschaulich. Aus diesem Grund ist es sinnvoll, den Schülern die Definition der logarithmischen Rendite zur Verfügung zu stellen.

Als logarithmische Rendite L_a^b im Zeitraum $[t_a; t_b]$ bezeichnet man den natürlichen Logarithmus aus dem Verhältnis der Kurse am Ende und zu Beginn des Zeitraumes, d. h.:

$$L_a^b = \ln\left(\frac{S_b}{S_a}\right).$$

Die logarithmische Rendite weist gegenüber der einfachen Rendite einige Vorteile auf, die in den folgenden Ausführungen näher erläutert werden und die es im Unterricht anhand einer geeigneten Auswahl von Aufgaben zu erarbeiten gilt. Eine erste Aufgabe, die gleichzeitig die Begriffe der einfachen und der logarithmischen Rendite festigt, ist die Aufgabe 12.2.1.

Aufgabe 12.2.1 *In der folgenden Tabelle ist die Kursentwicklung der Borussia-Dortmund-Aktie über einen Zeitraum von drei Wochen festgehalten.*

Woche	Aktienkurs in €
0	3,52
1	4,89
2	5,31

Berechnen Sie jeweils die einfachen und die logarithmischen Renditen auf drei Stellen genau[4] über die Teilzeiträume (Einwochenrenditen) und die Renditen über den gesamten

---

[4] Um die im Folgenden beschriebene Additivitätseigenschaft der logarithmischen Rendite feststellen zu können, ist die Angabe auf „drei Stellen genau" notwendig.

Zeitraum (Zweiwochenrenditen). Was stellen Sie in Bezug auf die Renditen in den unter-schiedlichen Zeiträumen fest?

Neben der Berechnung der Renditen[5] durch Anwendung der Definitionen der einfachen und der logarithmischen Rendite soll mit dieser Aufgabe insbesondere die Additivitätseigenschaft der logarithmischen Rendite als wesentlicher Vorteil gegenüber der einfachen Rendite entdeckt werden. Die **Additivitätseigenschaft** besagt:

> Wird ein Zeitraum in n Teilzeiträume unterteilt, so lässt sich die logarithmische Gesamtrendite L_0^n über diesen Zeitraum als Summe der logarithmischen Teilrenditen $L_0^1, L_1^2, \ldots, L_{n-1}^n$ in den Teilzeiträumen berechnen. Es gilt also:
>
> $$L_0^1 + L_1^2 + \ldots + L_{n-1}^n = L_0^n.$$

Beweis Es seien $S_0, S_1, \ldots, S_{n-1}, S_n$ die Aktienkurse zu den $n+1$ aufeinanderfolgenden Zeitpunkten $t_0, t_1, t_2, \ldots, t_{n-1}, t_n$. Für die Summe der logarithmischen Renditen in den n aufeinanderfolgenden Zeiträumen $[t_0; t_1], [t_1; t_2], \ldots, [t_{n-1}; t_n]$ gilt dann:

$$
\begin{aligned}
L_0^1 + L_1^2 + \ldots + L_{n-1}^n &= \ln\left(\frac{S_1}{S_0}\right) + \ln\left(\frac{S_2}{S_1}\right) + \ldots + \ln\left(\frac{S_n}{S_{n-1}}\right) \\
&= \ln\left(\frac{S_1}{S_0} \cdot \frac{S_2}{S_1} \cdot \ldots \cdot \frac{S_n}{S_{n-1}}\right) \\
&= \ln\left(\frac{S_n}{S_0}\right) \\
&= L_0^n.
\end{aligned}
$$

Dabei ist L_0^n die logarithmische Rendite im Gesamtzeitraum $[t_0; t_n]$. $\square$

Der Grund für die Additivität der logarithmischen Renditen liegt also im folgenden Logarithmengesetz:

$$\ln(a \cdot b) = \ln(a) + \ln(b).$$

Da diese Eigenschaft des Logarithmus bekannt ist, kann der Beweis der Additivitätseigenschaft durch die Schüler erbracht werden.

Die Additivitätseigenschaft ist der entscheidende Grund dafür, warum Finanzmathematiker die logarithmische Rendite der einfachen Rendite vorziehen. Diese sollte daher

---

[5] $E_0^1 = 0{,}389$, $E_1^2 = 0{,}086$, $E_0^2 = 0{,}509$, $L_0^1 = 0{,}329$, $L_1^2 = 0{,}082$, $L_0^2 = 0{,}411 = L_0^1 + L_1^2$.

Tab. 12.1 Vergleich der einfachen und logarithmischen Renditen

Kursverhältnis $\frac{\text{Endkurs}}{\text{Anfangskurs}}$	einfache Rendite $\frac{\text{Endkurs}}{\text{Anfangskurs}} - 1$	logarithmische Rendite $\ln\left(\frac{\text{Endkurs}}{\text{Anfangskurs}}\right)$
0,00	−1,00	−∞
0,10	−0,90	−2,303
0,50	−0,50	−0,693
0,90	−0,10	−0,105
0,95	−0,05	−0,051
1,00	0,00	0,000
1,05	0,05	0,049
1,10	0,10	0,095
1,50	0,50	0,405
2,00	1,00	0,693
5,00	4,00	1,609
10,00	9,00	2,303
∞	∞	∞

im Unterricht erarbeitet werden. Steht genügend Zeit zur Verfügung, werden weitere Vorteile der logarithmischen Rendite gegenüber der einfachen Rendite erarbeitet. Dies kann u. a. mit den Aufgaben 12.2.2 und 12.2.3 erfolgen.

Aufgabe 12.2.2 *Wir fassen die einfache und die logarithmische Rendite jeweils als Funktion in Abhängigkeit vom Endkurs bei einem festen Anfangskurs auf. Bestimmen Sie die Wertebereiche dieser beiden Funktionen. Skizzieren Sie den Verlauf der Renditefunktionen mit einem Anfangskurs von € 10,00 in Abhängigkeit vom Endkurs.*

Die Darstellung der Renditefunktionen (Abb. 12.3) und der Vergleich der Wertebereiche zeigt, dass negative logarithmische Renditen beliebig klein werden können, positive logarithmische Renditen beliebig groß. Die einfachen Renditen hingegen nehmen Werte zwischen −1 und +∞ an. Es gibt also eine Asymmetrie zwischen den positiven und negativen einfachen Renditen.

Aufgabe 12.2.3 *In der Tab. 12.1 sind für einige Kursverhältnisse zwischen 0 und 10 die einfache und die logarithmische Rendite einander gegenübergestellt. Vergleichen Sie die einfachen mit den logarithmischen Renditen. Fassen Sie mögliche Vorteile der logarithmischen Rendite gegenüber der einfachen Rendite zusammen.*

Es sollen folgende Gesichtspunkte erarbeitet werden:

- **Symmetrieeigenschaft der logarithmischen Renditen:** Betrachtet man die logarithmische Rendite bei gegebenem festem Anfangskurs S_a als Funktion des Endkurses

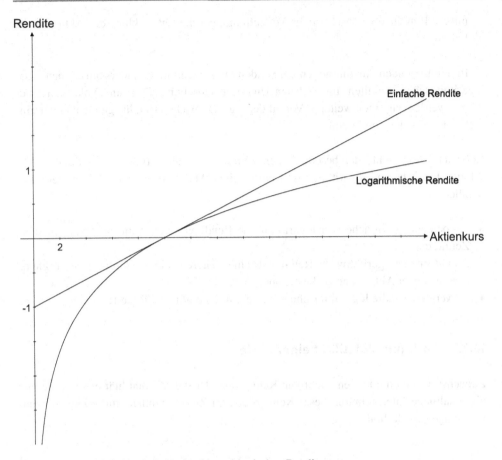

Abb. 12.3 Vergleich der einfachen und logarithmischen Renditen

$S_b = n \cdot S_a$ mit $n \in \mathbb{R}$, so erkennt man die Gesetzmäßigkeit:

$$L_a^b(n \cdot S_b) = -L_a^b\left(\frac{1}{n}S_b\right).$$

Das bedeutet: Die logarithmischen Renditen liegen im Gegensatz zu den einfachen Renditen „symmetrisch" bezüglich 0. Beträgt die logarithmische Rendite in einem Zeitraum beispielsweise $-0{,}693$, so muss die logarithmische Rendite des nächsten Zeitraumes $+0{,}693$ betragen, um den Verlust aus dem ersten Zeitraum zu kompensieren. Bei der einfachen Rendite verhält es sich dagegen wie folgt: Um einen Verlust von $-50\,\%$ (dies entspricht einer logarithmischen Rendite von $-0{,}693$) im ersten Zeitraum zu kompensieren, muss die einfache Rendite im folgenden Zeitraum $+100\,\%$ betragen.

- Liegen die einfachen Renditen zwischen $-10\,\%$ und $+10\,\%$, so stimmen einfache und logarithmische Rendite annähernd überein, so dass in diesem Bereich auch die logarithmische Rendite eine anschauliche Vorstellung über die Entwicklung des Aktienkurses liefert.

In den folgenden Ausführungen verwenden wir – wenn nicht anders angegeben – die logarithmischen Renditen. Im nächsten Unterrichtsabschnitt „Drift und Volatilität einer Aktie" werden wir einen weiteren Vorteil der logarithmischen Rendite gegenüber der einfachen Rendite kennen lernen.

Lehrziele Angesichts der beschriebenen Unterrichtsinhalte ergeben sich für den Abschnitt „Einfache und logarithmische Rendite einer Aktie" die folgenden Lehrziele. Die Schüler...

- ... berechnen einfache und logarithmische Renditen einer Aktie über verschiedene Zeiträume.
- ... nutzen die logarithmische Rendite als eine weitere geeignete Größe zum Vergleich verschiedener Aktien und Anlageformen.
- ... vergleichen die logarithmische Rendite mit der einfachen Rendite.

12.2.3   Drift und Volatilität einer Aktie

Zunächst werden die beiden wichtigen Kenngrößen Drift und Volatilität einer Aktie und die inhaltliche Interpretation dieser Kenngrößen im Zusammenhang mit Aktienkursentwicklungen wiederholt.

Seien $L_0^1, L_1^2, \ldots, L_{n-1}^n$ die letzten n logarithmischen Renditen einer Aktie bezogen auf den gleichen Zeitraum (z. B. die letzten n Monatsrenditen). Das arithmetische Mittel

$$\overline{L} = \frac{L_0^1 + L_1^2 + \ldots + L_{n-1}^n}{n}$$

bezeichnet man als Drift dieser Aktie für diesen Zeitraum. Die empirische Standardabweichung

$$s = \sqrt{\frac{(L_0^1 - \overline{L})^2 + (L_1^2 - \overline{L})^2 + \ldots + (L_{n-1}^n - \overline{L})^2}{n}}$$

heißt Volatilität der Aktie für diesen Zeitraum.

Tab. 12.2 Kurse und logarithmische Renditen der Unilever-Aktie im Zweiwochenrhythmus im Zeitraum vom 08.12.14 bis zum 25.05.15

Woche Nr.	Datum	Kurs in €	log. Rendite
0	08.12.14	31,69	
2	22.12.14	32,70	0,0314
4	05.01.15	32,44	−0,0080
6	19.01.15	37,05	0,1329
8	02.02.15	37,08	0,0008
10	16.02.15	37,38	0,0081
12	02.03.15	39,79	0,0625
14	16.03.15	39,95	0,0040
16	30.03.15	39,39	−0,0141
18	13.04.15	41,18	0,0444
20	27.04.15	39,06	−0,0529
22	11.05.15	37,99	−0,0278
24	25.05.15	38,76	0,0201

Die Drift gibt die durchschnittliche Kursänderung pro Zeitraum an und stellt somit ein Trendmaß dar. Die Volatilität ist ein Chancen- bzw. Risikomaß. Je größer die Volatilität ist, desto stärkere Kursschwankungen treten auf. Verbunden mit großen Kursschwankungen sind die höhere Chance auf große Gewinne und das größere Risiko von hohen Verlusten.

Die in Aktienanalysen angegebenen Volatilitäten beziehen sich stets auf ein Jahr. Diese Jahreskenngrößen lassen sich jedoch nicht aus den statistischen Daten bestimmen, sondern müssen vielmehr geschätzt werden. Die Renditen und damit verbunden auch deren arithmetisches Mittel und die Standardabweichung hängen vom zugrunde gelegten Zeitraum ab. Damit stellt sich die Frage, ob sich die Kenngrößen einer Aktie bezogen auf einen Zeitraum in die Kenngrößen der Aktie bezogen auf einen anderen Zeitraum umrechnen lassen. Dieser Zusammenhang soll im Folgenden untersucht werden. Dazu bietet sich die Aufgabe 12.2.4 an. Mit der Aufgabe wird gleichzeitig die Additivität von logarithmischen Renditen wiederholt.

Aufgabe 12.2.4 *In der Tab. 12.2 sind die Kurse und die logarithmischen Renditen der Unilever-Aktie im Zweiwochenrhythmus im Zeitraum vom 08.12.14 bis zum 25.05.15 angegeben.*

(a) Bestimmen Sie die Vierwochenrenditen der Unilever-Aktie im angegebenen Zeitraum.

(b) Berechnen Sie das arithmetische Mittel (Drift) und die Standardabweichung (Volatilität) der Vierwochenrenditen. Vergleichen Sie diese mit dem arithmetischen Mittel (Drift) und der Standardabweichung (Volatilität) der Zweiwochenrenditen. Diese betrugen 0,0168 bzw. 0,0461. Welcher Zusammenhang besteht zwischen den Kenngrößen der Zwei- und Vierwochenrenditen?

Tab. 12.3 Kurse und logarithmische Renditen der Unilever-
Aktie im Vierwochenrhythmus
im Zeitraum vom 08.12.14 bis
zum 25.05.15

Woche Nr.	Datum	Kurs in €	log. Rendite
0	08.12.14	31,69	
4	05.01.15	32,44	0,0234
8	02.02.15	37,08	0,1337
12	02.03.15	39,79	0,0705
16	30.03.15	39,39	−0,0101
20	27.04.15	39,06	−0,0084
24	25.05.15	38,76	−0,0077

In der Tab. 12.3 sind die Vierwochenrenditen der Unilever-Aktie im Zeitraum vom
08.12.14 bis zum 25.05.15 angegeben. Die Vierwochenrenditen können dabei unmittelbar aus den Zweiwochenrenditen unter Ausnutzung der Additivität der logarithmischen
Rendite bestimmt werden.

Das arithmetische Mittel der Vierwochenrenditen beträgt 0,0336, die Standardabweichung 0,0530. Auffällig ist, dass das arithmetische Mittel der Vierwochenrendite genau
doppelt so groß ist wie dasjenige der Zweiwochenrendite:

$$\overline{L}_{\text{Vierwochen}} = 2 \cdot \overline{L}_{\text{Zweiwochen}}.$$

Einen Zusammenhang zwischen den entsprechenden Standardabweichungen gibt es in
unserem Fall hingegen nicht. Bei einer geschickten Wahl der Aktien (Korrelationskoeffizient der aufeinanderfolgenden Renditen nahezu Null) kann den Schülern der folgende
Zusammenhang aufgezeigt werden:

$$s_{\text{Vierwochen}} \approx \sqrt{2} \cdot s_{\text{Zweiwochen}}.$$

Um die Kenngrößen bezogen auf einen Zeitraum in die Kenngrößen bezogen auf einen
anderen Zeitraum umzurechnen, können wir als Ergebnis der vorangegangenen Aufgabe
die folgenden Gesetzmäßigkeiten festhalten:

Bezeichnen $\overline{L}_1$ und s_1 die Drift bzw. die Volatilität einer Aktie bezogen auf den
Zeitraum der Länge T_1, sowie $\overline{L}_2$ und s_2 die Drift bzw. die Volatilität einer Aktie
bezogen auf einen anderen Zeitraum der Länge T_2, so gilt:

$$\overline{L}_2 = \frac{T_2}{T_1} \cdot \overline{L}_1.$$

Wenn zudem die Korrelation zwischen den Renditen annähernd null ist, gilt näherungsweise:

$$s_2 \approx \sqrt{\frac{T_2}{T_1}} \cdot s_1$$

Etwas vereinfacht kann man sagen, dass die Renditen eines Zeitraums unkorreliert sind, wenn auf positive oder negative Renditen im Folgezeitraum gleichhäufig positive oder negative Renditen folgen. Eine genaue Definition der Korrelation wird in Abschn. 12.3.2 gegeben.

Die erste Gleichung gilt es anschließend durch die Schüler zu beweisen. Eine Herleitung der zweiten Gleichung ist nur schwer möglich und für Schüler kaum leistbar. Wir verweisen interessierte Leser auf Adelmeyer/Warmuth (2003, S. 64).

Beweis Es sei $T = n \cdot T_1 = m \cdot T_2$ die Länge des gesamten Zeitraumes der zurückliegenden betrachteten Renditen. Daraus folgt:

$$\frac{n}{m} = \frac{T_2}{T_1}. \qquad (*)$$

Wir bezeichnen zudem mit $(L_0^1)_1, (L_1^2)_1, \ldots, (L_{n-1}^n)_1$ die n aufeinanderfolgenden Renditen bezogen auf einen Zeitraum der Länge T_1 und $(L_0^1)_2, (L_1^2)_2, \ldots, (L_{m-1}^m)_2$ die m aufeinanderfolgenden Renditen bezogen auf einen Zeitraum der Länge T_2. Dann gilt aufgrund der Addidivität der logarithmischen Renditen:

$$(L_0^1)_1 + (L_1^2)_1 + \ldots + (L_{n-1}^n)_1 = (L_0^1)_2 + (L_1^2)_2 + \ldots + (L_{m-1}^m)_2. \qquad (**)$$

Weiterhin gilt mit der Definition des arithmetischen Mittels:

$$\overline{L}_2 = \frac{(L_0^1)_2 + (L_1^2)_2 + \ldots + (L_{m-1}^m)_2}{m} \overset{(**)}{=} \frac{(L_0^1)_1 + (L_1^2)_1 + \ldots + (L_{n-1}^n)_1}{m}$$

$$= \frac{n}{m} \cdot \frac{(L_0^1)_1 + (L_1^2)_1 + \ldots + (L_{n-1}^n)_1}{n} = \frac{n}{m} \cdot \overline{L}_1$$

$$\overset{(*)}{=} \frac{T_2}{T_1} \cdot \overline{L}_1. \qquad \qquad \square$$

Aus dem Beweis, in dem wir die Additivität der logarithmischen Renditen ausgenutzt haben, wird deutlich, dass die gegebenen Formeln nur für die Kenngrößen, die aus den logarithmischen Renditen berechnet wurden, gelten. Mit diesen Formeln lassen sich insbesondere die Jahreskenngrößen einer Aktie schätzen und die Kenngrößen verschiedener Aktien miteinander vergleichen. Für einfache Renditen gibt es keine derartigen Umrechnungen.

Lehrziele Angesichts der beschriebenen Unterrichtsinhalte ergeben sich für den Abschnitt „Drift und Volatilität einer Aktie" die folgenden Lehrziele. Die Schüler …

- ... erläutern die Bedeutung von Drift und Volatilität als wichtige Kenngrößen von Aktien und können diese berechnen.
- ... beschreiben die Zusammenhänge der Kenngrößen Drift und Volatilität bezogen auf verschiedene Zeiträume.

12.2.4 Statistische Analyse von Renditen

Um Wahrscheinlichkeitsaussagen zu möglichen künftigen Aktienkursentwicklungen treffen zu können, müssen typische Verhaltensweisen von Aktienkursen in der Vergangenheit untersucht werden. Dies führt uns zur statistischen Analyse der Renditen. Als Grundlage für diese Untersuchung bietet sich die Aufgabe 12.2.5 an.

Aufgabe 12.2.5 *In der Tab. 12.4 sind der der Größe nach geordneten logarithmischen Wochenrenditen der Unilever-Aktie im Zeitraum vom 05.05.14 bis zum 27.04.15 angegeben. Der Mittelwert dieser 51 Wochenrenditen beträgt $\overline{L} = 0{,}0045$, die Standardabweichung beträgt $s = 0{,}0267$. Stellen Sie eine Vermutung hinsichtlich der Häufigkeit bestimmter Kursschwankungen auf. Treten größere Kursschwankungen genauso häufig auf wie kleinere Kursschwankungen? Überprüfen Sie Ihre Vermutung anhand der Daten der Unilever-Aktie durch das Erstellen eines Histogramms. Beschreiben Sie die Verteilung der Wochenrenditen auch unter Berücksichtigung des Mittelwertes und der Standardabweichung.*

Tab. 12.4 Logarithmische Renditen der Unilever-Aktie im Zeitraum vom 05.05.14 bis zum 27.04.15

Rendite	Rendite	Rendite
−0,0567	−0,0097	0,0169
−0,0558	−0,0043	0,0170
−0,0402	−0,0042	0,0178
−0,0300	−0,0016	0,0220
−0,0283	0,0013	0,0226
−0,0266	0,0022	0,0228
−0,0246	0,0028	0,0245
−0,0206	0,0029	0,0247
−0,0193	0,0052	0,0292
−0,0183	0,0069	0,0293
−0,0173	0,0074	0,0317
−0,0154	0,0078	0,0366
−0,0149	0,0120	0,0378
−0,0131	0,0124	0,0410
−0,0108	0,0125	0,0543
−0,0102	0,0138	0,0546
−0,0098	0,0145	0,0782

Vielen Schülern ist der Unterschied zwischen einem Säulendiagramm und einem Histogramm[6] nicht bewusst, so dass diese oft gleichgesetzt werden. Da im weiteren Verlauf
dieser Unterrichtseinheit für den Übergang zur Normalverteilung auf das erstellte Histogramm zurückgegriffen werden soll, ist unter Umständen an dieser Stelle zunächst eine
kleine Wiederholung bzw. Gegenüberstellung von Histogramm und Säulendiagramm notwendig. In einem Säulendiagramm werden die absoluten bzw. relativen Häufigkeiten als
Höhe von Säulen interpretiert. In einem Histogramm hingegen werden die relativen Häufigkeiten durch den Flächeninhalt der Rechtecke bzw. Säulen repräsentiert. Die Visuali-
sierung der relativen Häufigkeiten als Flächen wird im Abschnitt „Normalverteilung als
Modell zur Aktienkursprognose" als Darstellung von Wahrscheinlichkeiten mithilfe der
Dichtefunktion erneut aufgegriffen.

Für die Erstellung des Histogramms ist zunächst eine Klasseneinteilung notwendig.
Durch die Klasseneinteilung gehen einerseits Informationen verloren, anderseits wird die
Übersichtlichkeit erhöht. Dies ist bei der Wahl der Klassenanzahl zu beachten. Ist die
Klassenanzahl zu hoch, wird unter Umständen die gewünschte Übersichtlichkeit nicht
erreicht, bei zu niedriger Klassenanzahl liefert die Darstellung kaum noch Informationen.
In der Literatur gibt es neben der im Folgenden vorgestellten Faustregel eine Vielzahl
weiterer Empfehlungen für die Bestimmung der Klassenanzahl.

Für die Anzahl n und die Breite Δx der Klassen wähle man:

$$n \approx 5 \log_{10} N \quad \text{und} \quad \Delta x \approx \frac{x_{\max} - x_{\min}}{n},$$

wobei N der Umfang der Stichprobe, $x_{\max}$ der größte und $x_{\min}$ der kleinste Wert der
Stichprobe ist.

Mit der gegebenen Faustregel ergibt sich die in Tab. 12.5 angegebene Klasseneinteilung. Die Anzahl der Klassen beträgt $n = 9$, die Klassenbreite $\Delta x = 0,0150$. Bei der
Erstellung der Histogramme ist darauf zu achten, dass die Flächeninhalte der über den
Klassen abgetragenen Rechtecke den relativen Häufigkeiten der einzelnen Klassen entsprechen. Daher ist aus der Klassenbreite Δx und der relativen Häufigkeit $h_n(x)$ die Höhe
des über der Klasse abgetragenen Rechtecks gemäß der Formel $h = \frac{h_n(x)}{\Delta x}$ zu bestimmen.[7]

---

[6] Im Gegensatz zu der Unterrichtseinheit „Statistik der Aktienmärkte" erfolgt die Analyse mit den
logarithmischen Renditen und erfordert die Darstellung der Verteilung in einem Histogramm.

[7] Wird bei der Erstellung des Histogramms der Computer eingesetzt, ist zu beachten, dass die
meisten Programme (u. a. Excel, Statistiklabor) unter der Funktion „Histogramm" lediglich ein
Säulendiagramm darstellen. Darauf sollten die Schüler aufmerksam gemacht werden. Um die Erarbeitung der Normalverteilung anhand der untersuchten Verteilung zu gewährleisten, sollte für das
Einstiegsbeispiel ein Histogramm erstellt werden. Für die Untersuchung weiterer Beispiele ist die
Darstellung in Säulendiagrammen möglich, da auch hier die typischen Eigenschaften der Verteilung
der Aktienrenditen sichtbar werden.

Tab. 12.5 Absolute und relative Häufigkeiten der logarithmischen Wochenrenditen der Unilever-Aktie im Zeitraum vom 05.05.14 bis zum 27.04.15

Renditebereich	Absolute Häufigkeit	Relative Häufigkeit[8]
$[-0,0567; -0,0417)$	2	0,04
$[-0,0417; -0,0267)$	3	0,04
$[-0,0267; -0,0117)$	9	0,03
$[-0,0117; 0,0033)$	11	0,06
$[0,0033; 0,0183)$	12	0,22
$[0,0183; 0,0333)$	8	0,25
$[0,0333; 0,0483)$	3	0,22
$[0,0483; 0,0633)$	2	0,12
$[0,0633; 0,0783)$	1	0,04

Die Abb. 12.4 zeigt die Darstellung der Häufigkeitsverteilung der 51 Wochenrenditen der Unilever-Aktie in einem Histogramm. Man erkennt, dass betragsmäßig kleinere Renditen und damit verbunden kleinere Kursschwankungen häufiger auftreten als größere. Die Verteilung ist darüber hinaus durch folgende Eigenschaften charakterisiert:

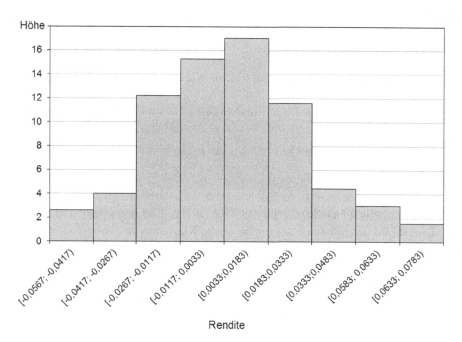

Abb. 12.4 Histogramm der logarithmischen Wochenrenditen der Unilever-Aktie im Zeitraum vom 05.05.14 bis zum 27.04.15

---

[8] Die relativen Häufigkeiten sind auf zwei Nachkommastellen gerundet und ergeben in der Summe daher nicht exakt eins.

- Die Aktienrenditen sind annähernd symmetrisch um ihren Mittelwert verteilt.
- Die Verteilung hat eine fast glockenförmige Gestalt.
- Etwa $\frac{2}{3}$ aller Daten liegen im Intervall $[\overline{L} - s; \overline{L} + s]$, etwa 96 % aller Daten liegen im Intervall $[\overline{L} - 2s; \overline{L} + 2s]$.

Da die letzte genannte Eigenschaft der Verteilung nicht aus dem Histogramm offensichtlich wird, sollten die Schüler dazu angeregt werden, sich auch mit den relativen Häufigkeiten bestimmter Intervalle auseinanderzusetzen.

Die Verteilung der Unilever-Aktie kann durchaus als typische Verteilung von Aktienrenditen angesehen werden. Dies sollte im Anschluss an die Untersuchung der Unilever-Aktie anhand weiterer Beispiele verifiziert werden. Bei der statistischen Analyse der Aktien ist darauf zu achten, dass Aktienverteilungen durchaus vom Idealbild der glockenförmigen Verteilung stark abweichen können. Aus diesem Grund sollte der unterrichtende Lehrer die zu untersuchenden Aktien auf ihre Verteilung hin testen. Besonders gut zur Analyse geeignet sind die Aktien des DAX, da sie ähnliche Verteilungen aufweisen wie die Unilever-Aktie. Mit den beschriebenen Eigenschaften der Verteilung von Aktienrenditen kann zur Normalverteilung und zu Wahrscheinlichkeitsaussagen künftiger Aktienkurse übergegangen werden.

Lehrziele Angesichts der beschriebenen Unterrichtsinhalte ergibt sich für den Abschnitt „Statistische Analyse von Renditen" das folgende Lehrziel. Die Schüler ...

- ... erstellen ein Histogramm aus den gegebenen Aktienrenditen und beschreiben die typische Verteilung logarithmischer Renditen.

12.2.5 Normalverteilung als Modell zur Aktienkursprognose

Als Einstieg in diesen Abschnitt ist eine Diskussion darüber sinnvoll, inwiefern Aktienkurse prognostiziert werden können.

Können anhand der statistischen Daten Wahrscheinlichkeitsaussagen zum „morgigen" Aktienkurs bzw. zur „morgigen" Rendite getroffen werden?

Mit der Schätzung von Wahrscheinlichkeiten durch relative Häufigkeiten, die die Schüler aus dem anfänglichen Stochastikunterricht kennen, sind erste Wahrscheinlichkeitsaussagen möglich. Diese resultieren unmittelbar aus der für das Histogramm vorgenommenen Klasseneinteilung und den zu den einzelnen Klassen gehörenden relativen Häufigkeiten (siehe Tab. 12.5). So liegt beispielsweise die „morgige" Wochenrendite der Unilever-Aktie mit einer Wahrscheinlichkeit von 0,06 in dem Intervall $[-0,0117; 0,0032)$. Durch Variation der Intervallgrenzen werden die Schüler schnell die Grenzen dieses ersten einfachen Modells zur „Aktienkursprognose" erkennen. Es ist zwar möglich, für alle beliebigen

Intervalle eine Wahrscheinlichkeit anzugeben, aber bei jeder Änderung der Intervallgrenzen ist die relative Häufigkeit erneut zu bestimmen, was einen erheblichen Zeitaufwand
darstellt. Dies wird noch deutlicher, wenn die Schüler aufgefordert werden, aus größeren Datenmengen (z. B. 200 Tagesrenditen) die Wahrscheinlichkeiten beliebiger Intervalle
anzugeben, in die die „morgige" Rendite fällt. Die Grenzen dieses Modells sollten Motivation genug für die Einführung eines weiteren, weniger zeitintensiven Modells sein. Das
nächste Ziel wird daher sein, eine Funktion zu suchen, die die Verteilung der Renditen
und damit verbunden die Realität gut beschreibt und dennoch einfach zu handhaben ist.
Anhand folgender Frage, in der auf das im Abschnitt „Statistische Analyse von Renditen"
erstellte Histogramm zurückgegriffen wird, können zunächst Bedingungen erarbeitet werden, die die Funktion ausgehend von der beobachteten Verteilung erfüllen muss, um zur
Beschreibung der Realität zu dienen.

> *Welche Eigenschaften muss die gesuchte Funktion besitzen, damit sie die beobachtete Vertei-*
> *lung der Aktienrenditen gut beschreibt?*

Die beobachtete Verteilung legt eine glockenförmige Gestalt der gesuchten Funktion nahe, die darüber hinaus symmetrisch zum Mittelwert der logarithmischen Renditen
sein sollte. Weiterhin beträgt der gesamte Flächeninhalt unter der Funktion eins und der
Flächeninhalt unter der Funktion in einem bestimmten Intervall entspricht der relativen
Häufigkeit, mit der die Renditen in diesem Intervall vorkommen. Der Aspekt, dass der
Flächeninhalt unter der Funktion die Wahrscheinlichkeit repräsentiert, ist neu und muss
daher mit den Schülern gemeinsam in einer Diskussion erarbeitet werden. Die Abb. 12.5
verdeutlicht die Idee der gesuchten Funktion.

Ausgehend von den genannten Eigenschaften wird die allgemeine Normalverteilung[9]
eingeführt.

Eine stetige Zufallsgröße X ist genau dann normalverteilt mit den Parametern μ und
σ^2 ($\mu, \sigma \in \mathbb{R}$, $\sigma > 0$), wenn sie folgende für alle $x \in \mathbb{R}$ definierte Dichtefunktion
besitzt:

$$\varphi_{\mu,\sigma^2}(x) = \frac{1}{\sigma\sqrt{2\pi}} \cdot e^{-\frac{1}{2}\left(\frac{x-\mu}{\sigma}\right)^2}.$$

Man sagt auch: X besitzt eine Normalverteilung mit den Parametern μ und σ^2.
Man schreibt: $X \sim N(\mu, \sigma^2)$.

---

[9] Die Normalverteilung findet in vielen auch nicht-finanzmathematischen Fällen Anwendung. Dies
sollte auch aus den im Unterricht eingesetzten Beispielen deutlich werden.

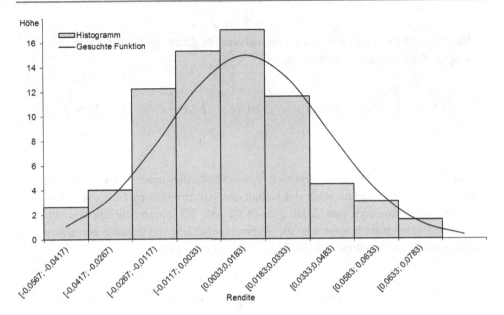

Abb. 12.5 Eigenschaften der gesuchten Funktion

In diesem Zusammenhang sind unter Rückgriff auf die Kenntnisse aus dem Bereich der Analysis die analytischen Eigenschaften der Dichtefunktion φ_{μ,σ^2} zu untersuchen und je nach Kenntnisstand und zur Verfügung stehender Zeit zu beweisen. Dabei können u. a. folgende Gesichtspunkte erarbeitet werden:

- Die Dichtefunktion ist achsensymmetrisch bezüglich der Geraden $x = \mu$, d. h., die Werte von X fallen mit gleicher Wahrscheinlichkeit in Intervalle, die symmetrisch bezüglich der Geraden $x = \mu$ liegen.
- Der Parameter σ^2 bestimmt die Steilheit des Graphen: Je größer σ^2 ist, desto mehr streuen die Werte um μ und desto flacher muss der Graph sein. Dies resultiert unmittelbar aus der Forderung, dass der Flächeninhalt unter dem Graphen immer eins beträgt.
- Die Dichtefunktion besitzt die Grenzwerte:

$$\lim_{x \to \infty} \varphi_{\mu,\sigma^2}(x) = 0 \quad \text{und} \quad \lim_{x \to -\infty} \varphi_{\mu,\sigma^2}(x) = 0.$$

- Die Funktion φ_{μ,σ^2} besitzt ein Maximum bei $x_m = \mu$ und Wendestellen in $x_1 = \mu - \sigma$ und $x_2 = \mu + \sigma$.

Darüber hinaus sind der Erwartungswert und die Varianz einer normalverteilten Zufallsgröße einzuführen.

Eine mit den Parametern μ und σ^2 normalverteilte Zufallsgröße X hat den Erwartungswert $\mathrm{E}(X)$ und die Varianz $\mathrm{Var}(X)$

$$\mathrm{E}(X) = \int_{-\infty}^{\infty} x \varphi_{\mu,\sigma^2}(x)dx = \mu\,, \quad \mathrm{Var}(X) = \int_{-\infty}^{\infty} (x-\mu)^2 \varphi_{\mu,\sigma^2}(x)dx = \sigma^2.$$

Nach der Untersuchung der Eigenschaften schließt sich unter Nutzung der linearen Transformation einer Zufallsgröße das Kalkül der Standardisierung an. Es ist offensichtlich, dass bei normalverteilten Zufallsgrößen für jede Einzelwahrscheinlichkeit $\mathrm{P}(X = x) = 0$ gilt. Interessant hingegen ist die Wahrscheinlichkeit, mit der eine normalverteilte Zufallsgröße in ein beliebiges Intervall $[a;b]$ fällt. Hierfür gilt:

$$\mathrm{P}(a \le X \le b) = \int_{a}^{b} \varphi_{\mu,\sigma^2}(x)dx.$$

Um eine derartige Intervallwahrscheinlichkeit explizit berechnen zu können, muss das Integral

$$\mathrm{F}(x) = \mathrm{P}(X \le x) = \int_{-\infty}^{x} \varphi_{\mu,\sigma^2}(t)dt$$

bestimmbar sein. Die Funktion F, die jeder reellen Zahl x die Wahrscheinlichkeit $\mathrm{P}(X \le x)$ zuordnet, wird auch Verteilungsfunktion von X genannt. Sie lässt sich nicht explizit als elementare Funktion angeben. Für dieses Problem gibt es zwei Auswege. Man kann einerseits auf Computerprogramme zurückgreifen, in denen diese Funktion numerisch implementiert ist. In Excel etwa lautet der entsprechende Befehl NORMVERT($x;\mu;\sigma;1$). Der klassische Ausweg führt eine beliebige normalverteilte Zufallsgröße X auf die standardnormalverteilte Zufallsgröße $X^* \sim N(0,1)$ zurück. Als Einstieg in diese Problematik kann folgende Aufgabe dienen.

Aufgabe 12.2.6 *Sei $X \sim N(\mu,\sigma^2)$. Geben Sie den Erwartungswert und die Varianz der standardisierten Zufallsgröße $X^* = \frac{X-\mu}{\sigma}$ an.*

Zur Bestimmung des Erwartungswertes und der Varianz einer standardisierten Zufallsgröße werden die Eigenschaften des Erwartungswertes und der Varianz stetiger Zufallsgrößen unter linearer Transformation benötigt. Diese besagen:

Sei X eine stetige Zufallsgöße mit dem Erwartungswert $E(X)$ und der Varianz $Var(X)$. Dann besitzt $Y = a \cdot X + b$ den Erwartungswert $E(Y)$ und die Varianz $Var(Y)$ mit:

$$E(Y) = a \cdot E(X) + b, \qquad (\text{***})$$

$$Var(Y) = a^2 \cdot Var(X). \qquad (\text{****})$$

Unter Ausnutzung der Eigenschaften (***) und (****) werden der Erwartungswert $E(X^*)$ und die Varianz $Var(X^*)$ der standardisierten Zufallsgröße bestimmt. Es gilt:

$$E(X^*) = E\left(\frac{X - \mu}{\sigma}\right) = E\left(\frac{1}{\sigma} \cdot X - \frac{\mu}{\sigma}\right) \overset{(\text{***})}{=} \frac{E(X) - \mu}{\sigma} = \frac{\mu - \mu}{\sigma} = 0,$$

$$Var(X^*) = Var\left(\frac{X - \mu}{\sigma}\right) \overset{(\text{****})}{=} \frac{1}{\sigma^2} Var(X) = \frac{1}{\sigma^2} \cdot \sigma^2 = 1.$$

Sind den Schülern die entsprechenden Eigenschaften von Erwartungswert und Varianz für Funktionen diskreter Zufallsgrößen bekannt, wird stillschweigend davon ausgegangen, dass diese auch für stetige Zufallsgrößen gelten. Auf einen Beweis der Aussagen wird verzichtet. Kennen die Schüler diese Eigenschaften aus dem bisherigen Unterricht nicht, werden diese für stetige Zufallsgrößen eingeführt und mit der einführenden Aufgabe gefestigt. Nach Bearbeitung der Aufgabe lässt sich zusammenfassend der folgende Satz festhalten:

Wenn X normalverteilt mit den Parametern μ und σ^2 ist, dann ist die standardisierte Zufallsgröße $\frac{X-\mu}{\sigma}$ normalverteilt mit den Parametern 0 und 1.

Auf den Nachweis, dass die Zufallsgröße X^* normalverteilt ist (vgl. Adelmeyer/Warmuth 2003, S. 69), wird im Unterricht verzichtet. Die Normalverteilung mit den Parametern 0 und 1 heißt Standardnormalverteilung. Ihre Verteilungsfunktion Φ ist tabelliert (siehe Kap. 13). Mithilfe des Standardisierens können nun Wahrscheinlichkeitsaussagen beliebiger normalverteilter Zufallsgrößen auf die Standardnormalverteilung zurückgeführt werden:

Wenn $X \sim N(\mu, \sigma^2)$, dann gilt für alle $a, b \in \mathbb{R}$ mit $a < b$:

$$P(a \leq X \leq b) = P\left(\frac{a - \mu}{\sigma} \leq X^* \leq \frac{b - \mu}{\sigma}\right) = \Phi\left(\frac{b - \mu}{\sigma}\right) - \Phi\left(\frac{a - \mu}{\sigma}\right).$$

Abb. 12.6 Beobachtungs- und
Modellebene

Anschließend können die Schüler die Wahrscheinlichkeiten der so genannten $k\sigma$-Intervalle bestimmen. Es gilt:

Wenn $X \sim N(\mu, \sigma^2)$, so gilt:

$$P(\mu - \sigma \leq X \leq \mu + \sigma) \approx 0{,}683$$
$$P(\mu - 2\sigma \leq X \leq \mu + 2\sigma) \approx 0{,}954$$
$$P(\mu - 3\sigma \leq X \leq \mu + 3\sigma) \approx 0{,}997.$$

Ausgehend von den Kenntnissen zur Normalverteilung werden im Anschluss künftige Aktienkurse bzw. Aktienrenditen unter der Annahme der Normalverteilung modelliert. Dabei ist zunächst folgende Problematik zu klären.

Die Untersuchung der Verteilungen logarithmischer Renditen hat uns gezeigt, dass sich die Annahme einer Normalverteilung der Renditen gut zur Modellierung von Aktienkursen eignet. Wie sind jedoch μ und σ^2 zu wählen, um möglichst gut die Realität zu beschreiben?

Als Schätzwerte für die Parameter μ und σ^2 dieser angenommenen Normalverteilung wählt man den beobachteten Mittelwert $\overline{L}$ sowie das Quadrat der empirischen Standardabweichung s^2 der Renditen. Diese Festlegung der Parameter μ und σ^2 beruht auf dem Gesetz der großen Zahlen: Der Mittelwert aus vielen unabhängig beobachteten Werten einer normalverteilten Zufallsgröße X liegt in der Nähe von μ, die empirische Standardabweichung der beobachteten Werte in der Nähe von σ. Umgekehrt dienen der Mittelwert und die empirische Standardabweichung vieler unabhängiger Beobachtungen einer normalverteilten Zufallsgröße als Schätzwerte für μ und σ. Die Abb. 12.6 verdeutlicht diese Interpretation.

Mit diesem Wissen sind die Schüler in der Lage, Wahrscheinlichkeitsaussagen zu künftigen Aktienkursen unter Annahme der Normalverteilung zu treffen und Aufgaben folgender Art zu lösen.

Aufgabe 12.2.7 *Die logarithmische Monatsrendite der BMW-Aktie sei normalverteilt mit den Parametern $-0{,}017$ und $0{,}057^2$. Der Aktienkurs dieser Aktie lag am 01.06.15 bei € 100,75.*

(a) *Berechnen Sie die Wahrscheinlichkeit dafür, dass der Aktienkurs einen Monat später auf über € 110,00 gestiegen ist.*

(b) *Berechnen Sie die Wahrscheinlichkeit dafür, dass der Aktienkurs nach einem Monat um mehr als 25 % gesunken ist.*[10]

(c) *Geben Sie ein Intervall an, in dem der Aktienkurs nach einem Monat mit 95 %iger Wahrscheinlichkeit liegt.*[11]

An dieser Stelle wird nur die Lösung für die erste Aufgabe skizziert. Der Aktienkurs soll auf über € 110,00 steigen. Dies ist genau dann der Fall, wenn die entsprechende logarithmische Rendite rund 0,088 beträgt.

$$P(S_1 > € 110{,}00) = P(L > 0{,}088) = 1 - P(L \leq 0{,}088)$$
$$= 1 - P(L^* \leq \frac{0{,}088 + 0{,}017}{0{,}057})$$
$$\approx 1 - \Phi(1{,}84) = 1 - 0{,}967 = 0{,}033.$$

Die Wahrscheinlichkeit dafür, dass der Aktienkurs einen Monat später auf über € 110,00 gestiegen ist, beträgt ca. 3,3 %.

Den Abschluss dieses Abschnitts zu normalverteilten Aktienrenditen sollte eine kritische Auseinandersetzung mit der Modellierung von Aktienkursen mittels Normalverteilung bilden. Das Modell sollte insbesondere hinsichtlich seiner Modellannahmen kritisch hinterfragt werden. Als Einstieg in die Diskussion über mögliche kritische Stellen im Modell kann die Aufgabe 12.2.8 dienen.

Aufgabe 12.2.8 *In einem mathematischen Modell wird stets versucht, die Realität zu beschreiben und diese zu idealisieren. Die Wirklichkeit wird meist stark vereinfacht, es werden nicht alle Faktoren bei der Modellierung berücksichtigt. Daher ist es wichtig, immer wieder zu hinterfragen, ob das Modell die Beobachtungen der Realität gut beschreibt. Überlegen Sie, was in unserem Modell kritisch zu beurteilen ist und welche Vorteile das Modell hat.*

Im Verlaufe einer Diskussion werden folgende Vorteile (+) und Nachteile (−) der Modellierung von Aktienkursen mittels Normalverteilung herausgearbeitet:

+ Das Modell ist einfach zu handhaben, da lediglich die Parameter μ und σ^2 geschätzt werden müssen.

+ Das Modell passt die Verteilung in einigen Bereichen gut an und trifft die Gestalt der Verteilung gut.

---

[10] $P(S_1 < 0{,}75 \cdot S_0) = P(L < \ln 0{,}75) \approx P(L^* < -4{,}75) \approx 0.$

[11] Der Kurs liegt mit einer Wahrscheinlichkeit von 95 % im Intervall (€ 88,38; € 111,01). Dies entspricht dem 2σ-Intervall.

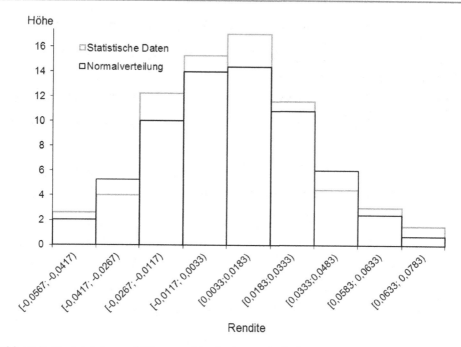

Abb. 12.7 Vergleich der modellierten und beobachteten Aktienkurse

— In der Mitte der Verteilung und an den Rändern existieren teilweise sehr starke Abweichungen. In der Mitte weist die beobachtete Verteilung wesentlich mehr Werte auf, als es das Modell vorgibt. Dann fällt die reale Verteilung gegenüber dem Modell steiler ab, besitzt aber gewichtigere Flanken, die für extreme Kursschwankungen stehen.
— Drift und Volatilität einer Aktie werden als für die Zukunft konstant angenommen. Die Güte der Prognose ist dabei abhängig von der Genauigkeit der Schätzwerte.
— Firmenrelevante Daten (z. B. Entwicklungsprognosen) und andere Faktoren wie etwa Anlegermentalitäten oder unvorhersehbare Ereignisse werden nicht berücksichtigt.

Fällt den Schülern eine kritische Auseinandersetzung schwer, wird unterstützend die Abb. 12.7 eingesetzt.

Die Abbildung stellt die relativen Häufigkeiten, mit denen die Renditen der Unilever-Aktie im Zeitraum vom 05.05.14 bis 27.04.15 auftraten, den unter der Annahme der Normalverteilung bestimmten Wahrscheinlichkeiten gegenüber. So wird ein direkter Vergleich zwischen den modellierten und statistischen Daten möglich. Diese Abbildung kann als durchaus typisch für die Anpassung einer Renditeverteilung durch eine Normalverteilung angesehen werden, wobei diese Aussage im Unterricht durch weitere Beispiele zu verifizieren ist.

Lehrziele Angesichts der beschriebenen Unterrichtsinhalte ergeben sich für den Abschnitt „Normalverteilung als Modell zur Aktienkursprognose" die folgenden Lehrziele. Die Schüler ...

- ... wissen, was man unter einer normalverteilten Zufallsgröße versteht, kennen wichtige Eigenschaften der Normalverteilung und können diese beweisen.
- ... berechnen mithilfe der Standardisierung und der Tabelle im Kap. 13 Wahrscheinlichkeiten von normalverteilten Zufallsgrößen.
- ... erfassen das Modell der Normalverteilung zur Prognose von Aktienkursen und wenden dieses an.
- ... beurteilen das Modell der Normalverteilung zur Aktienkursprognose hinsichtlich seiner Grenzen und Möglichkeiten kritisch.

12.2.6 Beurteilung eines Wertpapieres

Im Zentrum dieses Unterrichtsabschnittes steht die selbstständige Beurteilung des im Abschnitt „Ökonomische Grundlagen" vorgestellten Wertpapieres. Dazu erhalten die Schüler die Aufgabe 12.2.9, die auch in Gruppenarbeit gelöst werden kann.

Aufgabe 12.2.9 *Ein Anleger möchte seine Chance für die maximale Zinszahlung einschätzen. Bestimmen Sie mithilfe eines von Ihnen entwickelten Modells die Wahrscheinlichkeit dafür, dass die jährliche Verzinsung € 5,00 beträgt. Skizzieren Sie dabei zunächst die Ihrem Modell zugrunde liegenden Annahmen und nennen Sie nach erfolgter Berechnung Vorschläge zur möglichen Verbesserung des Modells.*

Im Idealfall wird den Schülern ein Computer mit Internetzugang zur Verfügung gestellt. Sie haben so die Möglichkeit, sich die nach ihrem Ermessen wichtigen Informationen selbstständig zu besorgen und diese entsprechend ihren eigenen Modellüberlegungen zu verarbeiten. Ist kein Internetzugang vorhanden, sind weitere Informationen vorzugeben. Im Folgenden wird ein mögliches – von Schülern entwickeltes – Modell zur Bewertung des VarioZins Garant vorgestellt.

Wir legen unserem Modell zunächst folgende Annahmen zugrunde:

- *Die Renditen aller im Aktienkorb befindlichen Aktien sind normalverteilt mit den Parametern μ und σ^2, die wir noch schätzen werden.*
- *Die Aktienkursentwicklung in einem Monat ist unabhängig vom bisherigen Geschehen.[12]*
- *Alle Aktien entwickeln sich unabhängig voneinander.*

---

[12] Gemeint ist hier und im Folgenden die stochastische Unabhängigkeit.

Tab. 12.6 Schlusskurse, Driften und Volatilitäten vom 27.12.10 der im Aktienkorb des VarioZins Easy Garant 2010/3 enthaltenen Aktien

Aktie	Schlusskurs	Drift	Volatilität
Aegon	€ 4,53	−0,001	0,127
AXA S.A.	€ 12,66	−0,007	0,163
BMW	€ 59,22	0,042	0,083
BNP Paribas	€ 48,92	0,021	0,105
Deutsche Börse	€ 52,19	0,001	0,113
Deutsche Lufthansa	€ 16,66	0,017	0,095
Deutsche Telekom	€ 10,75	−0,004	0,057
Ericsson B Fria	€ 77,50	0,012	0,075
Rio Tinto Plc	£ 4573,00	0,055	0,101
Vodafone Group Plc	€ 97,88	0,009	0,051

- *Wir nehmen an, dass alle im Aktienkorb enthaltenen Aktien dieselbe Drift und dieselbe Volatilität besitzen und zwar das arithmetische Mittel der Mittelwerte und Standardabweichungen der Monatsrenditen aller Aktien der letzten 24 Monate.*

In der Tab. 12.6 sind die Schlusskurse der im Aktienkorb enthaltenen Aktien vom 27.12.10 und deren Driften und Volatilitäten der letzten 24 Monate zusammengefasst. Aus allen Mittelwerten und Standardabweichungen bestimmen wir jeweils die Mittelwerte und erhalten:

$$\mu = 0,0145 \quad \text{und} \quad \sigma = 0,097.$$

Wir nehmen diese Werte als gemeinsame Drift und Volatilität für alle Aktien im Aktienkorb an. Nach unserer Annahme ist $L \sim N(\mu, \sigma^2)$, d. h. $L \sim N(0,0145, 0,097^2)$. Nun können wir zunächst die Wahrscheinlichkeit dafür bestimmen, dass eine beliebige Aktie nach einem Monat über der 75 %-igen Kursbarriere bleibt. Es gilt:

$$\begin{aligned}
P(S_b \geq 0,75 \cdot S_a) &= P(e^L \cdot S_a \geq 0,75 \cdot S_a) \\
&= P(L \geq \ln 0,75) \\
&= P\left(L^* \geq \frac{\ln 0,75 - 0,0145}{0,097}\right) \\
&\approx 1 - P(L^* \leq -3,11) \\
&= 1 - \Phi(-3,11) = \Phi(3,11) = 0,9991.
\end{aligned}$$

Die Wahrscheinlichkeit, dass eine Aktie nach einem Monat die 75 %-ige Kursbarriere nicht unterschreitet, beträgt also 0,9991. Mit den Annahmen, dass sich alle Aktien unabhängig voneinander und unabhängig vom vorherigen Monat entwickeln, lässt sich die Wahrscheinlichkeit dafür, dass alle zehn Aktien in den nächsten zwölf Monaten nicht unter die 75 %-Kursbarriere fallen, bestimmen. Dies entspricht der gesuchten Wahrscheinlich-

Auftakt zur Kristallkugelolympiade

07. Januar 2005. Zum Jahresauftakt ist wieder Hochkonjunktur für Propheten und Wahrsager: der Rücktritt Schröders im Jahr 2004, die Attentate auf George Bush und den Papst und die Zerstörung von Los Angeles – nur kleine Rückschläge in der jährlichen Kristallkugelolympiade, die angesichts erfolgreicher Prognosen („Deutschland wird 2004 in der Olympiade weder Verlierer noch Gewinner sein") rasch verblassen. Auch in der Finanzbranche findet in diesen Tagen der jährliche Prognosemarathon seinen ersten Höhepunkt, nur daß sich die Finanzauguren besser gerüstet fühlen als ihre für Klatsch, Kabalen und Katastrophen zuständigen Kollegen: Statt Pendel und Karten setzen sie auf Prognosemodelle und Kurscharts – streng wissenschaftlich fundiert. Und doch müssen sie jedes Jahr der gleichen Skepsis begegnen: Selbst ein Affe, der mit Dartpfeilen auf ein Kursteil werfe, so die landläufige Kritik, sei besser als ein professioneller Analyst. Ein ganzer Berufsstand – ein Fall für den Zoo?

Die Kritik an der Prognosequalität der Kapitalmarktexperten hat Tradition: Bereits im Jahr 1933 fragte Alfred Cowles, Namensgeber der berühmten Cowles Commssion, in einer Publikation nach der Prognosekraft von Börsenbriefen und Anlageprofis, indem er fast 12000 Empfehlungen prüfte und zu dem Ergebnis kam, daß es keine Hinweise auf besondere prognostische Fähigkeiten gebe - ein Ergebnis, das er 7000 Empfehlungen und elf Jahre später in einer weiteren Studie bekräftigte.

Mittlerweile ist die Zahl der Studien über die Analysekraft der Analysten Legion, und der Tenor ist oft eindeutig: Ein Münzwurf würde es auch tun. Das daran anknüpfende bösartige, mittlerweile schon als Gemeinplatz gehandelte Diktum vom pfeileverfenden Affen hat seinen Ursprung in der Wissenschaft: In seinem Buch „Random Walk down Wall Street" beschrieb der Wirtschaftswissenschaftler Burton Malkiel die Theorie der effizienten Kapitalmärkte – jegliche verfügbare Information sei jederzeit in die Aktiekurse eingepreist. Wenn aber alle für die Aktie wichtigen Informationen bereits im Preis enthalten sind, so können sich die Kurse nur durch neue, unbekannte Ereignisse ändern – also nur nicht vorhersehbare Ereignisse können die Kurse bewegen. Damit ist eine Prognose schlichtweg nicht möglich. Im Extremfall, so folgert Malkiel, bedeute das, daß ein Affe, der mit verbundenen Augen auf einen Kurszettel werfe, ein Portfolio auswählen könne, das genauso gut sei wie ein Profi-Portfolio.

Seitdem gibt es eine Fülle von Berichten über Dart-Portfolios – von denen das bekannteste wohl das Wall Street Dart Board sein dürfte: Fast fünfzehn Jahre traten dort Profis gegen die Dartpfeile der Redaktion und später auch gegen die Leser an. Das überraschende Ergebnis dieses Wettbewerbs: Über diese Zeit hinweg verzeichneten die Profi-Portfolios einen Wertzuwachs von 9,6 Prozent jährlich, während das Pfeile-Portfolio um 2,9 Prozent und der Dow-Jones-Index um 5,1 Prozent jährlich zulegte. Allerdings muß angemerkt werden, daß der Test nicht buchstabengetreu ausgeführt wurde: Das „Wall Street Journal" verzichtete auf den Affen – ob aus Tierschutz- oder Sicherheitsgründen, ist nicht bekannt. Haben Analysten also doch bessere Fähigkeiten als ein Dartpfeil. Das „Wall Street Journal" ist zurückhaltend und kürt keinen Gewinner....

Frankfurter Allgemeine Zeitung (07.01.05)

Abb. 12.8 Zeitungsartikel „Auftakt zur Kristallkugelolympiade". Quelle: Frankfurter Allgemeine Zeitung vom 07.01.05

keit für die Zahlung der maximalen Zinsen von jährlich € 5,00.

$$P(\text{„€ 5,00 Zinsen"}) = (0{,}9991^{12})^{10} \approx 0{,}90.$$

Nach unserem Modell besteht eine 90 %-ige Chance, den Höchstzinssatz zu erhalten. Kritisch an unserem Modell ist neben allen Kritikpunkten, die wir bereits bei der Modellierung von Aktienkursen mit der Normalverteilung formulierten, insbesondere die Annahme, dass alle Aktienkurse dieselbe Drift und Volatilität haben. Es lässt sich verfeinern, indem wir für alle Aktienkurse die Wahrscheinlichkeiten, dass die 75 %-ige Kursbarriere nicht gebrochen wird, mit den gegebenen Daten in der Tabelle bestimmen.

Die entwickelten Modelle sind im Anschluss den Mitschülern vorzustellen. Diese beurteilen die Modelle kritisch. Wichtig ist hierbei, den Schülern bewusst zu machen, dass die entwickelten Modelle durchaus im Rahmen ihrer Modellannahmen eine Berechtigung besitzen, dass jedoch einige Modelle für die Sachlage besser geeignet sind als andere.

Den Abschluss der Unterrichtsreihe „Die zufällige Irrfahrt einer Aktie" bildet eine Diskussion über die Frage, welchen Wert die erarbeiteten Modelle haben und ob der Versuch

Sinn macht, Aktienkurse zu prognostizieren. Dies kann z. B. auf der Grundlage eines Artikels aus der Frankfurter Allgemeinen Zeitung[13] (Abb. 12.8) erfolgen. Mit der abschließenden Diskussion können die Ergebnisse der Unterrichtseinheit zusammengefasst und durch die Schüler kritisch reflektiert werden.

Lehrziele Angesichts der beschriebenen Unterrichtsinhalte ergeben sich für den Abschnitt „Beurteilung eines Wertpapieres" die folgenden Lehrziele. Die Schüler ...

- ... entwickeln selbstständig Modelle zur Analyse eines VarioZins-Wertpapieres.
- ... führen auf der Grundlage der entwickelten Modelle Berechnungen für die Wahrscheinlichkeit, den Höchstzinssatz zu erreichen, durch.
- ... interpretieren ihre Ergebnisse bezüglich der Realität und unterbreiten Vorschläge zur Verbesserung ihrer Modelle.
- ... diskutieren den Wert von Modellen zur Prognose von Aktienkursen.

12.3 Die Ergänzungsmodule

12.3.1 Modellierungsprozess

Da die gesamte Unterrichtseinheit, vor allem aber die selbstständige Bewertung des Zertifikats zum Ende der Unterrichtseinheit, auf Modellierungsprozesse abzielt, ist es sinnvoll, in den Einführungsstunden einen Modellierungsprozess näher zu charakterisieren. Das Reflektieren der einzelnen Phasen von Modellierungsprozessen verdeutlicht den Schülern, wie mit mathematischen Mitteln an reale Problemsituationen herangegangen werden kann. Die meisten Schüler bringen konkrete Vorstellungen zum Begriff „Modell" mit. Sie kennen Modelle sowohl aus anderen Unterrichtsfächern als auch aus dem alltäglichen Leben, z. B. in Form eines Spielzeugautos oder eines Globus. Dennoch sind ihnen aus dem bisherigen Mathematikunterricht die einzelnen Modellierungsschritte oft nicht bewusst geworden. Dies liegt daran, dass in der Schulpraxis weitestgehend auf das Durchführen vollständiger Modellierungsprozesse verzichtet wird. Es gibt viele Möglichkeiten, diesen Prozess zu beschreiben. Ausgangspunkt zahlreicher Ausführungen ist das Modell von Blum (1996), das die einzelnen Phasen eines Modellierungsprozesses sehr anschaulich verdeutlicht und aus diesem Grund auch Ausgangspunkt für die Betrachtungen im Mathematikunterricht sein kann. Die Abb. 12.9 stellt den Modellierungskreislauf nach Blum schematisch dar. Ausgehend von dieser Abbildung und den Erfahrungen der Schüler kann eine Diskussion über Modellierungsprozesse mit dem folgenden Auftrag eröffnet werden:

---

[13] Auch wenn der Artikel aus dem Jahr 2005 stammt, halten wir diesen für die Abschlussdiskussion für sehr geeignet. Trotz intensiver Recherche haben wir keine vergleichbaren Artikel jüngeren Datums gefunden.

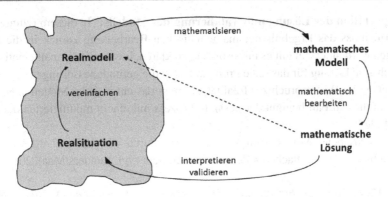

Abb. 12.9 Phasen des Modellierungskreislaufs, eigene Darstellung nach Blum (1996)

Beschreiben Sie die einzelnen Schritte der mathematischen Modellierung. Verdeutlichen Sie diesen Prozess anhand eines von Ihnen gewählten Beispiels.

Der Modellbildungsprozess ist ein Vorgang, der in der Regel aus vier Phasen besteht, die im Folgenden ausführlich erläutert werden.

1. Schaffung eines Realmodells: Ausgangspunkt des Modellierens ist stets eine problemhaltige Situation in der Realität, die aufgrund ihrer Komplexität idealisiert, vereinfacht und strukturiert werden muss. Dadurch entsteht das so genannte Realmodell. Dieses sollte einerseits möglichst gut die Eigenschaften der Realität beschreiben, andererseits aber einfach zu handhaben sein.

2. Mathematisierung des Realmodells: Das Mathematisieren, d. h. das Übersetzen des Realmodells in die Mathematik z. B. mithilfe von Mengen, Funktionen, Gleichungen und Matrizen, führt zu einem mathematischen Modell der ursprünglichen Situation. Dabei kann es für die gleiche Situation mehrere mathematische Modelle geben, die alle ihre Berechtigung besitzen. In diesem Fall kann erst durch einen Vergleich der Modellergebnisse mit der Realität festgestellt werden, welches Modell eine bessere Beschreibung der Situation liefert.

3. Erarbeitung einer mathematischen Lösung: Im Idealfall wird nun im Rahmen des gebildeten mathematischen Modells mithilfe bekannter mathematischer Verfahren (z. B. Lösung eines Gleichungssystems) oder ggf. mit dem Computer eine Lösung des mathematischen Problems gesucht. Wird eine Lösung gefunden, so ist dieser Teil der Modellbildung abgeschlossen. Wird keine Lösung gefunden, so kann nach neuen und bisher unbekannten Lösungsverfahren gesucht bzw. geforscht werden. Eine alternative Vorgehensweise ist die weitere Vereinfachung des Realmodells, so dass nun eine mathematische Lösung erfolgreich gefunden werden kann (gestrichelte Linie in Abb. 12.9).

4. Interpretation der Lösung und Validierung des Modells: In diesem (zumeist) letzten Schritt muss das Ergebnis der mathematischen Bearbeitung zurück in die Realität übertragen werden. Dabei gilt es insbesondere zu klären, inwieweit die mathematische Lösung auch eine Lösung für das reale Problem ist. Ist die gefundene Lösung unbefriedigend oder steht sie im Widerspruch zur Realität, so muss das entwickelte Modell angezweifelt werden. In diesem Fall beginnt der gesamte Prozess mit einem modifizierten oder einem neuen Modell.

Der beschriebene Modellierungsprozess wird durch das Beispiel 12.3.1, das die menschliche Körperoberfläche modelliert, verdeutlicht (vgl. Leuders/Maaß 2005).

Beispiel 12.3.1 *Untersuchungen haben gezeigt, dass die Wirkung der Medikamente in einer Chemotherapie in einem Zusammenhang mit der Größe der Körperoberfläche steht. Daher ist es für die Dosierung wichtig, die Körperoberfläche des Patienten zu kennen (Realsituation). Die reale Körperfläche wird durch „Glätten" idealisiert, d. h. Poren, Körperöffnungen, Hautfalten, Ohren, Finger, Nase bleiben unberücksichtigt. Wir vereinfachen den menschlichen Körper zu einer Röhre (Realmodell). Mathematisch gesehen ist die Röhre ein Zylinder (Mathematisierung). Die Oberfläche A_O des Zylinders berechnet sich gemäß der Formel $A_O = 2\pi r h + 2\pi r^2$, wobei die Körperhöhe h und die Körperbreite $2r$ entsprechen soll. In Abhängigkeit von r und h werden Ergebnisse zwischen $1{,}5\,\mathrm{m}^2$ und $2\,\mathrm{m}^2$ ermittelt (mathematische Lösung). Das Ergebnis der gewählten Modellierung scheint ein akzeptabler Wert zu sein, der vom in der Literatur angegebenen Mittelwert der Körperoberfläche eines Erwachsenen mit $1{,}6\,\mathrm{m}^2$ nicht stark abweicht. Dennoch ist es möglich, dass in der chemotherapeutischen Behandlung dieses Modell zu ungenau ist, denn zahlreiche Details wurden vernachlässigt. Neue Modelle können z. B. darauf abzielen, dass der menschliche Körper nicht durch einen Zylinder, sondern durch viele verschiedene Zylinder für Rumpf, Arme und Beine angenähert wird. Mit dem nun verfeinerten Modell beginnt der neue Modellierungsprozess.*

Der Unterschied zwischen Realmodell und mathematischem Modell kann wie in diesem Beispiel mitunter sehr klein sein. So ist es möglich, dass der Schritt des Mathematisierens nicht immer bewusst vollzogen wird. Bei der Thematisierung des Modellierungsprozesses im Mathematikunterricht sollte daher auf eine saubere Formulierung der einzelnen Phasen geachtet werden. Weitere konkrete Beispiele für das Durchlaufen des Modellierungskreislaufs findet man u. a. bei Fischer/Malle (1985) oder Humenberger/Reichel (1995).

Lehrziele Angesichts der beschriebenen Unterrichtsinhalte ergeben sich für das Ergänzungsmodul „Modellierungsprozess" die folgenden Lehrziele. Die Schüler ...

- ... beschreiben den Modellierungsprozess nach Blum.
- ... charakterisieren die einzelnen Phasen des Modellierungsprozesses anhand eines Beispiels.

12.3.2 Korrelationsanalyse

Mithilfe der Korrelationsanalyse[14] können Aussagen über Abhängigkeiten zwischen Renditen verschiedener Aktien in gleichen Zeiträumen getroffen werden. Es stellt sich z. B. die Frage, ob ein Kursanstieg der Münchener Rück-Aktie in der Regel begleitet wird durch einen Kursanstieg der Allianz-Aktie. Auf wirtschaftliche Zusammenhänge abzielend kann eine einleitende Diskussion z. B. mit der folgenden Frage eröffnet werden.

Schätzen Sie die Situation ein: Wie reagieren Aktien von Unternehmen gleicher Branchen auf bestimmte Ereignisse, wie reagieren Aktien von Unternehmen verschiedener Branchen? Sind Ihnen Beispiele bekannt, in denen sich Aktienkurse gleichläufig oder gegenläufig verhalten?

Möglicherweise stellen die Schüler bereits Vermutungen über Zusammenhänge zwischen Renditen verschiedener Aktien an. Es ist durchaus vorstellbar, dass die Aktie des Sportartikelherstellers Adidas auf einen Kursabfall der Aktie eines anderen Sportartikelherstellers, z. B. Nike, mit einem Kursanstieg reagiert, etwa in dem Fall, wenn jahrelange Großkunden, wie Fußballvereine, Nike ihre Aufträge zugunsten von Adidas entziehen.

Die statistische Untersuchung dieser Zusammenhänge zwischen den Renditen verschiedener Aktien kann mit der Aufgabe 12.3.2 begonnen werden. In dieser Aufgabe wird der Begriff der Korrelation, ohne diesen explizit zu gebrauchen, zunächst graphisch erarbeitet und interpretiert.

Aufgabe 12.3.2 *Anleger investieren üblicherweise nicht ihr gesamtes Geld in eine einzige Aktie, sondern verteilen es auf verschiedene Aktien. Dabei ist es sinnvoll, zu untersuchen, inwieweit sich die Kursverläufe der Aktien gegenseitig beeinflussen. Die Tab. 12.7 zeigt die einfachen Monatsrenditen der Allianz-, der Münchener Rück-, der Lufthansa- und der Deutsche Post-Aktie über einen Zeitraum von fast zwei Jahren.*

(a) Untersuchen Sie den statistischen Zusammenhang der einfachen Monatsrenditen der Allianz- und der Münchener Rück-Aktie. Fassen Sie dazu in jedem Monat die einfachen Renditen beider Aktien zu einem Paar zusammen und stellen Sie die Paare als Punkte in einem Koordinatensystem dar.

(b) Untersuchen Sie ebenso den statistischen Zusammenhang der einfachen Aktienrenditen von Lufthansa und der Deutschen Post.

(c) Welche Aussagen lassen sich aus Ihren Diagrammen ableiten? Berücksichtigen Sie dabei auch die Abb. 12.10, in der die Liniencharts (a) der Allianz-Aktie und der Münchener Rück-Aktie und (b) der Lufthansa-Aktie und der Deutsche Post-Aktie dargestellt sind.

---

[14] In diesem Abschnitt wird mit den einfachen Renditen gearbeitet, damit der statistische Zusammenhang zwischen den Renditen verschiedener Aktien deutlicher wird.

Tab. 12.7 Einfache Renditen der Allianz-, Münchener
Rück-, Lufthansa- und Deutsche Post-Aktie

Monat		Allianz	Münchener Rück	Lufthansa	Deutsche Post
			Einfache Rendite in %		
Jul	13	4,4	5,5	−3,5	10,3
Aug	13	−7,5	−7,6	−10,3	3,7
Sep	13	7,2	4,7	6,7	12,2
Okt	13	6,6	6,5	−1,0	1,6
Nov	13	3,2	4,6	12,1	4,4
Dez	13	2,0	−0,5	−3,5	1,8
Jan	14	−5,0	−4,4	14,6	−3,1
Feb	14	4,8	3,6	6,4	6,0
Mrz	14	−5,4	0,0	1,2	−0,9
Apr	14	1,8	4,9	−4,9	0,6
Mai	14	−0,4	−2,3	7,0	0,3
Jun	14	−2,2	−0,4	−19,0	−2,9
Jul	14	2,6	−1,9	−15,3	−9,1
Aug	14	3,9	−3,9	−0,8	3,6
Sep	14	−1,1	2,6	−5,1	2,0
Okt	14	−1,3	0,2	−5,7	−1,3
Nov	14	9,3	5,6	21,8	6,6
Dez	14	−0,8	0,1	−3,7	1,2
Jan	15	6,6	7,4	8,9	6,4
Feb	15	2,2	4,2	−13,0	5,8
Mrz	15	8,2	8,2	−0,2	−4,4
Apr	15	−5,7	−12,9	−5,2	1,6
Mai	15	−6,5	−3,9	3,2	−7,1

Soll graphisch untersucht werden, inwieweit Daten statistisch miteinander zusammenhängen, bietet sich die Darstellung in so genannten Streudiagrammen an. Die Abb. 12.11a
zeigt die Renditepaare der Allianz- und der Münchener Rück-Aktie im gleichen Zeitraum, Abb. 12.11b die Renditepaare der Lufthansa- und der Deutsche Post-Aktie. Die
Renditen gleicher Zeiträume der Allianz-Aktie und der Münchener Rück-Aktie lassen
einen statistischen Zusammenhang vermuten, die Punktewolke der Renditepaare weist
einen linearen Trend auf. Sie liegt in der Nähe einer Geraden mit einem positiven Anstieg. Man sagt auch, dass die Renditen der Allianz-Aktie und der Münchener Rück-Aktie
positiv korreliert sind. Was bedeutet dies für die Kursentwicklungen der Aktien? Die Allianz-Aktie und die Münchener Rück-Aktie entwickeln sich gleichläufig, wie auch aus der
Abb. 12.10a deutlich wird. Ein Kursanstieg bzw. ein Kursabfall der Allianz-Aktie ist in
der Regel begleitet von einem Kursanstieg bzw. einem Kursabfall der Münchener Rück-
Aktie. Im Beispiel von Lufthansa und Deutsche Post hingegen sind die Renditepaare mehr
oder weniger gleichmäßig auf die vier Quadranten verteilt, die Renditen sind unkorreliert.

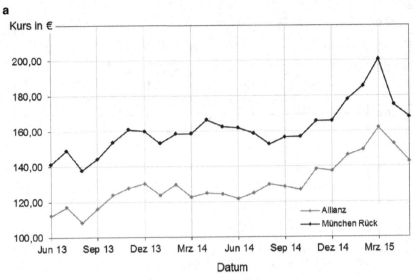

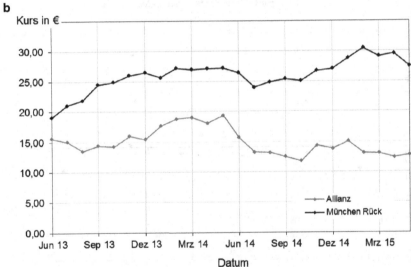

Abb. 12.10 Liniencharts **a** der Allianz-Aktie und der Münchener Rück-Aktie sowie **b** der Lufthansa-Aktie und der Deutsche Post-Aktie

Alle vier Kombinationen „beide Aktienkurse steigen", „beide Aktienkurse sinken", „Kurs der Lufthansa-Aktie steigt, Kurs der Deutsche Post-Aktie sinkt" und „Kurs der Lufthansa-Aktie sinkt, Kurs der Deutsche Post-Aktie steigt" sind möglich und treten etwa gleichhäufig auf. Dies spiegelt sich auch im Aktienchart beider Aktien in Abb. 12.10b wider.

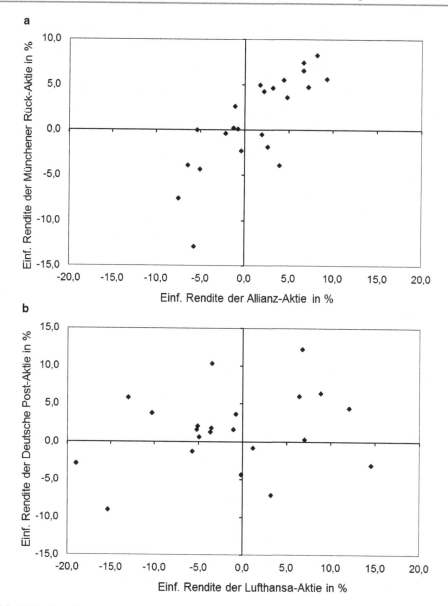

Abb. 12.11 Streudiagramm zur Untersuchung der empirischen Korrelation zwischen **a** der Allianz-Aktie und der Münchener Rück-Aktie sowie **b** der Lufthansa-Aktie und Deutsche Post-Aktie

Nachdem mit der einführenden Aufgabe zunächst ein erster Eindruck von Korrelation entstanden ist, wird anschließend in einer Diskussion zusammengetragen, wie Korrelationen im Allgemeinen aufgespürt werden und in welchen statistischen Zusammenhängen Korrelationen auftreten können. Um Korrelationen aufzudecken, werden empirische Daten, wie beispielsweise die gleichzeitigen Renditen zweier Aktien, zu einem Renditepaar zusammengefasst und als Punkte in ein Koordinatensystem eingetragen. Sind alle Renditepaare mehr oder weniger gleichmäßig auf die vier Quadranten verteilt, so sind die gleichzeitigen Renditen unkorreliert. Erhalten wir hingegen eine Punktewolke, die einen linearen Trend aufweist und somit in der Nähe einer Geraden, der so genannten Regressionsgeraden, liegt, bezeichnet man die Renditen als korreliert. Wir sprechen von positiver Korrelation, wenn der Anstieg der Regressionsgeraden positiv ist. Im anderen Fall sprechen wir von negativer Korrelation. Die Abb. 12.12 verdeutlicht die graphische Darstellung von Korrelationen. Wie in der gesamten beschreibenden Statistik sind auch bei der Analyse von Renditen die Begriffe der Korrelation und der Kausalität zu unterscheiden. Liegt beispielsweise eine positive Korrelation zwischen Renditen verschiedener Aktien vor, so kann daraus nicht unbedingt auf einen wirtschaftlichen Zusammenhang zwischen den Aktiengesellschaften geschlossen werden. Ein ursächlicher Zusammenhang kann vorliegen, muss aber nicht.

Im Anschluss an diese Zusammenfassung wird mit der Aufgabe 12.3.3 der Nutzen der Korrelationsanalyse für Aktionäre erarbeitet (vgl. Adelmeyer 2006, S. 56). Gleichzeitig wird ein kleiner Einblick in die Portfolio-Theorie[15] gegeben. Weitergehende Informationen zur Portfolio-Theorie sind Adelmeyer/Warmuth (2003) zu entnehmen.

Aufgabe 12.3.3 *Ein Aktionär investierte im Mai 2014 jeweils € 5000 in Telekom- und in HeidelbergCement-Aktien. Die Entwicklung dieses Aktienkorbes, auch Portfolio genannt, soll über einen Zeitraum von einem Jahr statistisch analysiert werden.*

(a) *Die Abb. 12.13 zeigt den statistischen Zusammenhang der monatlichen Renditepaare eines Jahres. Beurteilen Sie die beiden Aktien hinsichtlich ihrer Korrelation. Welche Veränderungen hinsichtlich der Chancen auf hohe Gewinne bzw. des Risikos von hohen Verlusten des Portfolios vermuten Sie?*

(b) *In der Tab. 12.8 sind die einfachen Monatsrenditen der Aktien und des Portfolios sowie der Wert der Aktien und des Portfolios in den einzelnen Monaten zusammengefasst. Bestimmen Sie jeweils die Driften und Volatilitäten der einzelnen Aktien und des Portfolios. Beurteilen Sie das Portfolio hinsichtlich seiner Chancen und Risiken auch im Vergleich zu den Einzelaktien. Inwieweit werden die statistischen Kenngrößen durch eine Kombination von Aktien beeinflusst?*

Die Renditen der Telekom-Aktie und der HeidelbergCement-Aktie waren im betrachteten Jahr nahezu unkorreliert. Die Renditepaare beider Aktien sind über alle vier Quadranten verteilt. Die statistischen Kenngrößen der Telekom-Aktie (Index T) und der HeidelbergCement-Aktie (Index H) betragen $\overline{E}_T = 2{,}3\,\%$, $s_T = 7{,}2\,\%$, $\overline{E}_H = 1{,}6\,\%$ und $s_H = 7{,}5\,\%$. Dies bedeutet, dass beide Aktien bezüglich des Risikos und der Chancen im betrachteten Jahr als etwa gleichwertig einzuschätzen sind. Für das Portfolio ergeben sich eine Drift von $\overline{E}_P = 1{,}9\,\%$ und eine Volatilität von $s_P = 6{,}5\,\%$. Die Kombination der beiden Aktien hat also die gleiche durchschnittliche Monatsrendite wie die beiden

---

[15] Unter einem Portfolio versteht man alle Anlagen, die ein Investor hält.

Abb. 12.12 a Negativ korrelierte, **b** unkorrelierte, **c** positiv korrelierte Datenpaare

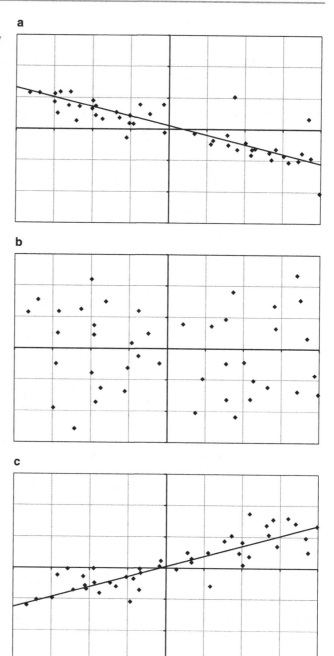

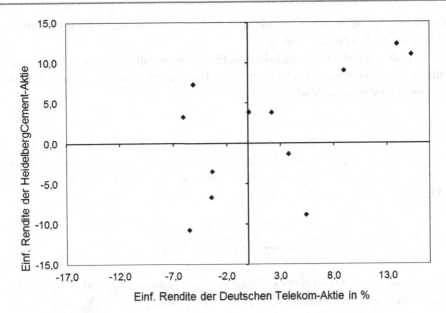

Abb. 12.13 Streudiagramm zur Untersuchung des statistischen Zusammenhangs der monatlichen Renditen der Telekom- und HeidelbergCement-Aktie innerhalb eines Jahres

Tab. 12.8 Renditen und Werte beider Aktien und des Portfolios aus diesen Aktien

Monat	Wert in € am Monatsende			Rendite in %		
	Telekom	HeidelbergC.	Portfolio	Telekom	HeidelbergC.	Portfolio
Mai 14	5000,00	5000,00	10.000,00			
Jun 14	5192,70	4932,73	10.125,43	3,9	−1,3	1,3
Jul 14	4910,75	4402,50	9313,25	−5,4	−10,7	−8,0
Aug 14	4616,63	4544,16	9160,79	−6,0	3,2	−1,6
Sep 14	4868,15	4140,55	9008,70	5,4	−8,9	−1,7
Okt 14	4876,27	4298,83	9175,10	0,2	3,8	1,8
Nov 14	5557,81	4825,10	10.382,91	14,0	12,2	13,2
Dez 14	5375,25	4654,16	10.029,42	−3,3	−3,5	−3,4
Jan 15	6200,81	5164,61	11.365,42	15,4	11,0	13,3
Feb 15	6762,68	5629,15	12.391,83	9,1	9,0	9,0
Mrz 15	6916,84	5841,25	12.758,08	2,3	3,8	3,0
Apr 15	6683,57	5448,72	12.132,29	−3,4	−6,7	−4,9
Mai 15	6346,86	5845,20	12.192,06	−5,0	7,3	0,5

Einzelaktien. Das Risiko, gemessen durch die Volatilität, wurde durch das Portfolio gesenkt. Die Anlage des Geldes in eine einzige Aktie ist für einen risikoscheuen Aktionär also nicht sinnvoll, da das gesamte Risiko auf dieser einen Aktie liegt. Vielmehr sollten Anleger versuchen, ein Portfolio zusammenzustellen, das Aktien enthält, deren Renditen unkorreliert oder gar negativ korreliert sind. So lässt sich das Risiko für hohe Verluste – gemessen an der Volatilität – senken.

Mithilfe des empirischen Korrelationskoeffizienten kann der Zusammenhang zwischen Renditen quantifiziert werden. Die Korrelation lässt sich mit diesem rechnerisch bestimmen. Dieser wird anschließend eingeführt.

Sind $X_0^1, X_1^2, \ldots, X_{n-1}^n$ die Renditen einer Aktie in n aufeinanderfolgenden Zeiträumen und $Y_0^1, Y_1^2, \ldots, Y_{n-1}^n$ die Renditen einer anderen Aktie in denselben Zeiträumen, dann berechnet sich der Korrelationskoeffizient ρ der Renditen der beiden Aktien gemäß der Formel:

$$\rho = \frac{1}{n} \sum_{i=0}^{n-1} \frac{X_i^{i+1} - \overline{X}}{s_X} \cdot \frac{Y_i^{i+1} - \overline{Y}}{s_Y}.$$

Dabei bezeichnen $\overline{X}$ und s_X bzw. $\overline{Y}$ und s_Y das arithmetische Mittel und die Standardabweichung der Renditen $X_0^1, X_1^2, \ldots, X_{n-1}^n$ bzw. $Y_0^1, Y_1^2, \ldots, Y_{n-1}^n$.

Der Korrelationskoeffizient misst die durchschnittliche Korrelation der Datenpaare. Korrelationskoeffizienten haben stets einen Wert zwischen -1 und $+1$. Je näher ρ bei $+1$ oder -1 liegt, desto mehr schmiegt sich die Punktewolke einer Geraden an. Liegt der Korrelationskoeffizient nahe $+1$, so sind die Datenpaare überwiegend positiv korreliert. Ist der Korrelationskoeffizient nahe -1, so sind die Datenpaare überwiegend negativ korreliert. Liegt der Korrelationskoeffizient in der Nähe von 0, so sind die Datenpaare gleichmäßig verteilt. Die Punktewolke lässt keinen linearen Trend erkennen, die Datenpaare sind unkorreliert. Die Berechnung des Korrelationskoeffizienten kann zunächst für das Beispiel aus Aufgabe 12.3.3 geübt werden. In diesem Fall ergibt sich ein Korrelationskoeffizient von $\rho = 0{,}58$.

Abschließend bietet sich die Aufgabe 12.3.4 an, die neben der Untersuchung von Korrelationen auch den Begriff der Rendite, der Drift und der Volatilität wiederholt und somit die wichtigsten Bestandteile der statistischen Analyse von Aktienrenditen bündelt.

Aufgabe 12.3.4 *In der Tab. 12.9 sind für die Vierwochenperioden eines Jahres die Schlussstände des Deutschen Aktienindexes (DAX) und des Dow Jones Indexes (DJI) angegeben.*

(a) *Berechnen Sie die einfachen Renditen der beiden Indizes und stellen Sie deren Verläufe graphisch dar. Bestimmen Sie darüber hinaus die dazugehörigen Driften und Volatilitäten.*

(b) *Untersuchen Sie graphisch, ob ein statistischer Zusammenhang zwischen den einfachen Renditen beider Indizes besteht. Bestätigen Sie Ihre Vermutung mittels Berechnung des Korrelationskoeffizienten.*

Tab. 12.9 Schlussstände des DAX und DJI für die Vierwochenperiode eines Jahres

Woche Nr.	Datum	DAX	DJI
1	05.05.14	9581,45	16.583,34
5	02.06.14	9987,19	16.924,28
9	30.06.14	10.009,08	17.068,26
13	28.07.14	9210,08	16.493,37
17	25.08.14	9470,17	17.098,45
21	22.09.14	9490,55	17.113,15
25	20.10.14	8987,80	16.805,41
29	17.11.14	9732,55	17.810,06
33	15.12.14	9786,96	17.804,80
37	12.01.15	10.167,77	17.511,57
41	09.02.15	10.963,40	18.019,35
45	09.03.15	11.901,61	17.749,31
49	07.04.15	12.374,73	18.057,65

Die Abb. 12.14 zeigt (a) den graphischen Verlauf der Renditen und (b) den statistischen Zusammenhang zwischen beiden Indizes. Die Renditepaare sind vorwiegend im ersten Quadranten verteilt, wobei sie einen linearen Zusammenhang erkennen lassen. Es ist daher anzunehmen, dass die Renditen des DAX und des DJI leicht positiv korrelieren. Durch Bestimmung des Korrelationskoeffizienten, der 0,63 beträgt, lässt sich diese Vermutung bestätigen.

In diesem Unterrichtsabschnitt kann auch die so genannte Autokorrelation untersucht werden. In diesem Fall stellt sich die Frage, wie die Renditen einer Aktie in unterschiedlichen Zeiträumen voneinander abhängen.

Lehrziele Angesichts der beschriebenen Unterrichtsinhalte ergeben sich für das Ergänzungsmodul „Korrelationsanalyse" die folgenden Lehrziele. Die Schüler ...

- ... erklären den Begriff der empirischen Korrelation ausgehend von konkreten Beispielen graphisch und erläutern die Begriffe unkorreliert, positiv korreliert und negativ korreliert.
- ... erfassen den Begriff des Korrelationskoeffizienten und berechnen diesen.
- ... interpretieren den Korrelationskoeffizienten im Zusammenhang mit der wirtschaftlichen Abhängigkeit zwischen verschiedenen Aktien.

12.3.3 Random-Walk-Modell

Mit dem Random-Walk-Modell steht den Schülern ein diskretes Mehrperiodenmodell zur „Prognose" künftiger Aktienkurse bei der Beurteilung des Wertpapieres zur Verfügung.

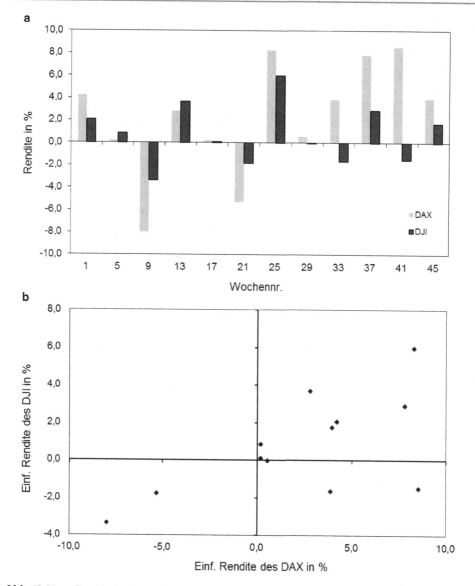

Abb. 12.14 a Graphischer Verlauf der Renditen und **b** statistischer Zusammenhang zwischen dem DAX und DJI innerhalb eines Jahres

Das Random-Walk-Modell ist aufgrund seiner Einfachheit sehr gut verständlich, so dass es sich anbietet, dass die Schüler dieses Modell mit einem Fachtext aus diesem Buch (Abschn. 5.9) selbstständig wiederholen bzw. erarbeiten. Dient der Text der Einführung in das Random-Walk-Modell, sollte sich eine Anwendungsphase (siehe Abschn. 11.3.2) anschließen. Zur Anwendung des Random-Walk-Modells bei der Bewertung des Zertifikats werden unter Ausnutzung der Kenntnisse der Binomialverteilung oder der Pfadregeln für

Abb. 12.15 Allgemeiner
Baum eines Random-Walk-
Modells mit drei Perioden

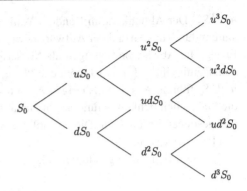

mehrstufige Zufallsexperimente die Wahrscheinlichkeiten, mit der die modellierten Aktienkurse im Random-Walk-Modell auftreten, bestimmt. Dazu eignet sich beispielsweise die folgende Aufgabe 12.3.5.

Aufgabe 12.3.5 *Die Abb.* 12.15 *zeigt den allgemeinen Baum eines Random-Walk-Modells, in dem die Zeit in drei Perioden unterteilt wurde. Dabei ist* S_0 *der Aktienkurs zum Zeitpunkt* $t = 0$, $u = e^{L+s_L}$ *der Faktor, um den der Aktienkurs in einer Periode steigt* ($u =$ „up"), *und* $d = e^{L-s_L}$ *der Faktor, um den der Aktienkurs in einer Periode sinkt* ($d =$ „down").

(a) Bestimmen Sie die Wahrscheinlichkeiten dafür, dass der Aktienkurs nach drei Perioden bei $u^3 S_0$, $u^2 d S_0$, $u d^2 S_0$ *bzw.* $d^3 S_0$ *liegt.*

(b) Geben Sie die Wahrscheinlichkeit dafür an, dass der Aktienkurs in einem Random-Walk-Modell nach fünf Perioden den Wert $u^2 d^3 S_0$ *annimmt.*

(c) Geben Sie eine allgemeine Formel an, mit der die Wahrscheinlichkeit dafür bestimmt werden kann, dass der Aktienkurs in einem Random-Walk-Modell mit n *Perioden am Ende der betrachteten Zeit insgesamt* k*-mal gestiegen ist.*

Die Abb. 12.15 ist eine etwas durch Verkürzung ungewohnte Darstellung für ein den Schülern bereits bekanntes Baumdiagramm. Mithilfe der Pfadregeln für mehrstufige Zufallsexperimente lassen sich die gesuchten Wahrscheinlichkeiten für (a) bestimmen:

Wert für S_3	$u^3 S_0$	$u^2 d S_0$	$u d^2 S_0$	$d^3 S_0$
Wahrscheinlichkeit	$\left(\frac{1}{2}\right)^3$	$3 \cdot \left(\frac{1}{2}\right)^3$	$3 \cdot \left(\frac{1}{2}\right)^3$	$\left(\frac{1}{2}\right)^3$

Analog lässt sich durch Fortsetzen des Baumes in Abb. 12.15 und erneutes Anwenden der Pfadregeln die unter (b) gesuchte Wahrscheinlichkeit bestimmen. Im 5-Perioden-Modell sind insgesamt $2^5 = 32$ Kursentwicklungen möglich. Damit tritt jede einzelne Kursentwicklung mit einer Wahrscheinlichkeit von $\frac{1}{32}$ auf. Wie viele Pfade führen zu

$u^2 d^3 S_0$? Der Aktienkurs im Random-Walk-Modell ist nach fünf Perioden eindeutig bestimmt durch die Anzahl der Aufwärtsbewegungen. Die Aufwärtsbewegungen können als Erfolg, die Abwärtsbewegungen als Misserfolg in einer Bernoulli-Kette betrachtet werden. Damit gibt es $\binom{5}{2} = 10$ mögliche Pfade, die uns nach fünf Perioden zum Aktienkurs $u^2 d^3 S_0$ führen. Aus den bisherigen Ausführungen lässt sich eine allgemeine Formel für die Wahrscheinlichkeit dafür, dass in einem n-Perioden-Modell der Aktienkurs genau k-mal gestiegen ist, ableiten. Die Anzahl der Aufwärtsbewegungen ist binomialverteilt mit den Parametern n und $p = \frac{1}{2}$.

Es ergibt sich die folgende Formel:

$$P(S_T = u^k d^{n-k} S_0) = \binom{n}{k} \left(\frac{1}{2} \right)^n.$$

Mit der Herleitung der allgemeinen Formel kann dieses Modul beendet werden.

Lehrziele Angesichts der beschriebenen Unterrichtsinhalte ergeben sich für das Ergänzungsmodul „Random-Walk-Modell" die folgenden Lehrziele. Die Schüler . . .

- . . . wiederholen bzw. erarbeiten das Random-Walk-Modell zur Prognose von Aktienkursentwicklungen mithilfe eines Fachtextes.
- . . . charakterisieren die Anzahl der Aufwärtsbewegungen im Random-Walk-Modell als binomialverteilte Zufallsgröße und ermitteln Wahrscheinlichkeiten für das Auftreten bestimmter Aktienkurse im Random-Walk-Modell.

Literatur

KMK (Hrsg.): Bildungsstandards im Fach Mathematik für die Allgemeine Hochschulreife: Beschluss vom 18.10.2012. Bildungsstandards als PDF-Datei verfügbar unter http://www.kmk.org/fileadmin/veroeffentlichungen_beschluesse/2012/2012_10_18-Bildungsstandards-Mathe-Abi.pdf (Stand: 28.05.2015)
Adelmeyer, M., Warmuth, E.: Finanzmathematik für Einsteiger. Vieweg-Verlag (2003)
Blum, W.: Anwendungsbezüge im Mathematikunterricht. In: Trends und Perspektiven – Beiträge zum 7. Internationalen Symposium zur Didaktik der Mathematik in Klagenfurt, S. 15–38. Hölder-Pichler-Tempsky (1996)
Leuders, T., Maaß, K.: Modellieren – Brücken zwischen Welt und Mathematik. PM Praxis der Mathematik in der Schule **47**(3), 1–7 (2005)
Fischer, R., Malle, G.: Mensch und Mathematik: Eine Einführung in didaktisches Denken und Handeln. BI Wissenschaftsverlag (1985)
Humenberger, J., Reichel, C.: Fundamentale Ideen der angewandten Mathematik. BI Wissenschaftsverlag (1995)
Adelmeyer, M.: Aktien und ihre Kurse. Mathematik lehren **134**, 52–58 (2006)

Anhänge

13

Anhang A: Berechnung der Vorsorgepauschale

Die Berechnung der abzugsfähigen Vorsorgepauschale im Rahmen der Lohnsteuerermittlung ist verhältnismäßig komplex. Die Vorsorgepauschale wirkt sich grundsätzlich in allen Steuerklassen steuermindernd aus. Lediglich privat versicherte Arbeitnehmer mit Steuerklasse 6 fallen aus dieser Regelung heraus, da die Beiträge zur privaten Krankenversicherung stets unabhängig von der Höhe des Einkommens sind. Mehrfachbeschäftigungen führen daher nicht wie bei sozialversicherungspflichtigen Arbeitnehmern zu höheren Versicherungsbeiträgen. Die Vorsorgepauschale setzt sich gemäß §39b Abs. 2 Satz 5 EStG aus den drei folgenden Teilbeträgen zusammen:

- Teilbetrag Rentenversicherung
- Teilbetrag Krankenversicherung oder Mindestvorsorgepauschale
- Teilbetrag Pflegeversicherung oder Mindestvorsorgepauschale.

Grundlage für die Berechnung der einzelnen Teilbeträge ist dabei das Bruttojahresgehalt bis höchstens zur jeweils gültigen Beitragsbemessungsgrenze. Im Folgenden schauen wir uns näher an, wie die einzelnen Teilbeträge bestimmt werden:

Teilbetrag für die Rentenversicherung Im Jahr 2015 sind 60 % vom Arbeitnehmeranteil[1] zur gesetzlichen Rentenversicherung steuerfrei und somit abzugsfähig. Da derzeit 9,35 % des Bruttogehalts vom Arbeitnehmer in die gesetzliche Rentenversicherung zu zahlen sind, sind also 60 % von 9,35 % zu bestimmen. Es gilt: $0,6 \cdot 0,0935 = 0,0561$. Insofern gehen 5,61 % des sozialversicherungspflichtigen Bruttogehalts als Teilbetrag in die Vorsorgepauschale ein. Angesetzt wird dieser Teilbetrag allerdings nur bei Arbeitneh-

---

[1] Dieser steuerfreie Anteil des Arbeitnehmeranteils zur gesetzlichen Rentenversicherung steigt jährlich um 4 Prozentpunkte.

© Springer Fachmedien Wiesbaden 2016
P. Daume, *Finanz- und Wirtschaftsmathematik im Unterricht Band 1*,
DOI 10.1007/978-3-658-10615-7_13

mern, die in der gesetzlichen Rentenversicherung pflichtversichert oder wegen Versicherung in einem berufsständischen Versorgungswerk von der gesetzlichen Rentenversicherung befreit sind.

Teilbetrag für die Kranken- und Pflegeversicherung oder Mindestvorsorgepauschale
In diesem Fall wird zwischen gesetzlich und privat versicherten Arbeitnehmern unterschieden. Bei gesetzlich Krankenversicherten (auch bei freiwillig Versicherten) sind die Teilbeträge pauschal zu ermitteln, d. h. insbesondere werden die tatsächlich bezahlten Krankenversicherungsbeiträge nicht berücksichtigt. Derzeit beträgt die Vorsorgepauschale für die Krankenversicherung 7,6 %, der Teilbetrag für die Pflegeversicherung 0,975 % (bei Kinderlosen über 23 Jahre 1,225 %) des Bruttogehalts.

Hat der Arbeitnehmer ein geringes Einkommen oder zahlt er keine Arbeitnehmerbeiträge zur Kranken- oder Pflegeversicherung, wird eine Mindestvorsorgepauschale angesetzt. Diese beträgt 12 % des Bruttojahresgehalts, höchstens jedoch € 1900 in den Steuerklassen I, II, IV, V und VI und maximal € 3000 in der Steuerklasse III. Sind dem Arbeitgeber die Höhen der Beiträge zur privaten Kranken- bzw. Pflegeversicherung bekannt, kann wie auch im gesetzlichen Fall die entsprechende Pauschale berechnet werden. Im Folgenden sollen zwei Beispiele zur Berechnung der Vorsorgepauschale betrachtet werden.

1. Ein verbeamteter, alleinstehender Mann (Lohnsteuerklasse I) verdiene monatlich € 3201 brutto, das Bruttojahresgehalt beträgt folglich € 38.412. Da er als Beamter nicht in die Rentenversicherung einzahlt, wird für diesen Teilbetrag nichts fällig. Darüber hinaus ist er nicht gesetzlich kranken- bzw. pflegeversichert, so dass der Passus der Mindestvorsorgepauschale greift. Dabei ergeben 12 % des Bruttojahresgehalts einen Betrag in Höhe von € 4609,44. Da die Obergrenze für die Mindestvorsorgepauschale auf € 1900 festgelegt ist, kann lediglich diese Summe als Vorsorgepauschale zur Berechnung der Lohnsteuer herangezogen werden.
2. Eine angestellte, verheiratete Lehrerin (Lohnsteuerklasse IV) mit einem Kind verdiene ebenfalls € 3201 brutto. Aufgrund des Angestelltenverhältnisses zahlt die Frau sowohl in die gesetzliche Kranken- und Pflegeversicherung als auch in die Rentenversicherung ein. Daher ergibt sich die Vorsorgepauschale aus den drei genannten Teilbeträgen, sie werden wie folgt bestimmt:
   - Teilbetrag zur Rentenversicherung: $0,0561 \cdot € 38.412 = € 2154,91$
   - Teilbetrag zur Krankenversicherung: $0,07 \cdot € 38.412 = € 2688,84$
   - Teilbetrag zur Pflegeversicherung: $0,00975 \cdot € 38.412 = € 374,52$.

Damit ergibt sich aus der Summe der einzelnen Teilbeträge eine Vorsorgepauschale von € 5219 (aufgerundet).

Anhang B: Tabelle zur Normalverteilung

Normalverteilung: $\Phi_{0,1}(x) = \frac{1}{\sqrt{2\pi}} \cdot \int_{-\infty}^{x} e^{-0{,}5t^2}\, dt$

x	0	1	2	3	4	5	6	7	8	9
0,0	0,5000	0,5040	0,5080	0,5120	0,5160	0,5199	0,5239	0,5279	0,5319	0,5359
0,1	5398	5438	5478	5517	5557	5596	5636	5675	5714	5753
0,2	5793	5832	5871	5910	5948	5987	6026	6064	6103	6141
0,3	6179	6217	6255	6293	6331	6368	6406	6443	6480	6517
0,4	6554	6591	6628	6664	6700	6736	6772	6808	6844	6879
0,5	0,6915	0,6950	0,6985	0,7019	0,7054	0,7088	0,7123	0,7157	0,7190	0,7224
0,6	7257	7291	7324	7357	7389	7422	7454	7486	7517	7549
0,7	7580	7611	7642	7673	7703	7734	7764	7794	7823	7852
0,8	7881	7910	7939	7967	7995	8023	8051	8078	8106	8133
0,9	8159	8186	8212	8238	8264	8289	8315	8340	8365	8389
1,0	0,8413	0,8438	0,8461	0,8485	0,8508	0,8531	0,8554	0,8577	0,8599	0,8621
1,1	8643	8665	8686	8708	8729	8749	8770	8790	8810	8830
1,2	8849	8869	8888	8907	8925	8944	8962	8980	8997	9015
1,3	9032	9049	9066	9082	9099	9115	9131	9147	9162	9177
1,4	9192	9207	9222	9236	9251	9265	9279	9292	9306	9319
1,5	0,9332	0,9345	0,9357	0,9370	0,9382	0,9394	0,9406	0,9418	0,9429	0,9441
1,6	9452	9463	9474	9484	9495	9505	9515	9525	9535	9545
1,7	9554	9564	9573	9582	9591	9599	9608	9616	9625	9633
1,8	9641	9649	9656	9664	9671	9678	9686	9693	9699	9706
1,9	9713	9719	9726	9732	9738	9744	9750	9756	9761	9767
2,0	0,9772	0,9778	0,9783	0,9788	0,9793	0,9798	0,9803	0,9808	0,9812	0,9817
2,1	9821	9826	9830	9834	9838	9842	9846	9850	9854	9857
2,2	9861	9864	9868	9871	9875	9878	9881	9884	9887	9890
2,3	9893	9896	9898	9901	9904	9906	9909	9911	9913	9916
2,4	9918	9920	9922	9925	9927	9929	9931	9932	9934	9936
2,5	0,9938	0,9940	0,9941	0,9943	0,9945	0,9946	0,9948	0,9949	0,9951	0,9952
2,6	9953	9955	9956	9957	9959	9960	9961	9962	9963	9964
2,7	9965	9966	9967	9968	9969	9970	9971	9972	9973	9974
2,8	9974	9975	9976	9977	9977	9978	9979	9979	9980	9981
2,9	9981	9982	9982	9983	9984	9984	9985	9985	9986	9986
3,0	9987	9987	9987	9988	9988	9989	9989	9989	9990	9990
3,1	9990	9991	9991	9991	9992	9992	9992	9992	9993	9993
3,2	9993	9993	9994	9994	9994	9994	9994	9995	9995	9995
3,3	9995	9995	9996	9996	9996	9996	9996	9996	9996	9997
3,4	9997	9997	9997	9997	9997	9997	9997	9997	9997	9998

Hinweis: Es gilt $\Phi_{0,1}(-x) = 1 - \Phi_{0,1}(x)$.

Stichwortverzeichnis: Fachwissenschaft

Stichwortverzeichnis: Fachdidaktik

Printed in the United States
By Bookmasters